Helmut Veil
Mitten im Umsturz Europas

Helmut Veil

Mitten im Umsturz Europas

Der Geologe und Revolutionär Faujas de Saint-Fond (1741 bis 1819)

Humanities Online

Bibliografische Information der Deutschen Nationalbibliothek
Die Deutsche Nationalbibliothek verzeichnet diese Publikation in der Deutschen Nationalbibliografie; detaillierte bibliografische Daten sind im Internet über http://dnb.ddb.de abrufbar.

Frankfurt am Main, Germany
www.humanities-online.de
info@humanities-online.de

ISBN 978-3-941743-27-4

Umschlaggestaltung: Uwe Adam
Titelbild: Château de Rochemaure. Ausschnitt. Kupferstich aus: Faujas de Saint Fond, *Recherches sur les Volcans Éteints du Vivarais et du Velay,* 1778
Printed in Germany

Inhalt

Vorwort

Barthélemy Faujas de Saint-Fond (1741-1819) war zu Lebzeiten ein bekannter Mann. Er hatte, fasziniert von den Ideen der Aufklärung und den Leistungen der britischen Industrie, seinen Posten eines Amtsrichters in Montélimar, einer kleinen Provinzstadt des Dauphiné im Süden Frankreichs, verkauft und mit einem reich illustrierten Folianten über erloschene Vulkane seiner Heimat den ungekrönten König der Naturwissenschaften, Buffon in Paris, verführt. Er wird der erste Geologieprofessor Frankreichs und Bergwerksinspektor. Aber das ist es nicht, was ihn zu einer schillernden Figur in aufgeregten Zeiten macht. Es sind seine theatralischen Auftritte, seine Wandlungsfähigkeit vom Royalisten zum Jakobiner und zurück, seine versteckten und offenen Spionageeinsätze und seine Raubzüge in Frankreichs Diensten, die ihn über seine wissenschaftliche Selbstüberschätzung hinausführen. Es ist ein Leben, in dem auf den Pariser Urknall sein provinzielles Echo folgt und auf den Tyrannen tötenden Krieg ein Wissenschaftler als menschheitsbeglückender Requisiteur. Frankreichs Historiker haben einen Bogen um ihn gemacht und ihn außerhalb des kleinen Kosmos des botanischen Gartens weitgehend ignoriert. Er gehörte nicht auf den Olymp einer Wissenschaft der neuen Zeit, die mit Lamarck der Biologie, mit Cuvier der Geologie und mit Lavoisier der Chemie ihren Stempel aufgedrückt hat. Faujas de Saint-Fond ist vielmehr zum schmutzigen schwarzen Schaf unter diesen gesäuberten Heroen geworden, mit dem kein revolutionärer Staat zu machen ist, auch weil er ohne Skrupel prahlen und lügen konnte und sich gelegentlich mit fremden Federn schmückte.

Abbildung 1: Faujas de Saint-Fond. Stich von Ambroise Tardieu

Seine Welt war weitläufiger und breiter gefächert als die des vergleichenden Anatomen Cuvier, der Paris nicht verlassen hat, und seine Stärken lagen nicht in seiner Spezialdisziplin, in der er reüssieren wollte, in der er von der schwächelnden Erdtheorie seines Mentors Buffon nicht losgekommen ist und mit fehlerhaften Schnellschüssen von sich Reden machte, sondern in seiner lebhaften Offenheit für Innovationen in Industrie und Landwirtschaft. Er dokumentierte in einem nie gesehenen Medienrummel die ersten Ballonaufstiege. Er versuchte, auf seiner Domäne in Loriol bei Montélimar eine wissenschaftliche Landwirtschaft zu betreiben, und stürzte sich als Mineninspektor auf eigene Faust in Geschäfte mit Kohle, Teer und vulkanischem Gestein. Er war ständig unterwegs und so beweglich, dass seine Spuren bei verdeckten Einsätzen verschiedener Herrn nur mit kriminalistischem Spürsinn zu verfolgen sind. Obwohl das Musterbeispiel eines arrivierten Profiteurs des *Ancien Régime*, wird er zum hitzigen Revolutionär, der in seiner Provinzheimat Kirche und Adel attackiert, in Paris mit seinen Kollegen eine verknöcherte Wissenschaftsorganisation demokratisiert und es im Gegensatz zu vielen seiner Freunde schafft, nicht auf der Guillotine zu landen oder in den Fallstricken des blutigen Parteiengezänks zu straucheln. Von Napoleon wird er zum Ritter der Ehrenlegion geschlagen, und die zurückgekehrten Bourbonen krümmen ihm kein Haar. Wie der Polizeiminister Fouché ist Faujas de Saint-Fond ein Überlebenskünstler, dessen Kreislauf ohne Blessuren bei den gleichen Herren endet, wo er begonnen hat. Blessuren werden ihm jedoch in den wissenschaftlichen Auseinandersetzungen um die Bewertung von Fossilien beigebracht, so schwerwiegende, dass er kaum noch beachtet wurde und ihm außer seiner geologischen Sammlung nur der nackte Professorentitel blieb.

Einem solchen Menschen auf den Fersen zu bleiben, käme der Verfolgung eines Hasen gleich. Statt ihm immer nur hinterher zu hecheln, werde ich unter Beibehaltung des chronologischen Rahmens Aktivitäten zusammenfassen, die als Schwerpunkte seines umtriebigen Lebens mitten im Umsturz Europas gelten können.

Jesuitenzögling und Provinznotabler

Barthélemy Faujas wurde am 17.5.1741 in eine alteingesessene Familie von Notablen des Dauphiné in Montélimar hineingeboren. Sein erster Schrei war das Signal zum Aufbruch in den Paragraphendschungel. Er bekam den Namen seines Vaters, eines Kanzleischreibers (*greffier de justice*) und Notars, und er war der älteste von vier Söhnen und zwei Töchtern. Auch die Mutter Marie Boisset stammte aus einer sehr alten Familie von Amtsträgern des Dauphiné mit Königlichen Räten, Advokaten und Steuereintreibern (*Receveur des tailles*). Sein Großvater hieß ebenfalls Barthélemy und war Notar und sein Urgroßvater Jacques war Anwalt (*Procureur*). Eine männliche anwaltliche Ahnenreihe wurde ab 1762 zur zwingenden Voraussetzung für die Erlaubnis zum Kauf des Amtes eines Advokaten in Grenoble. Alle Blicke dieser kleinen Schicht von steuerbefreiten Ämterkäufern richteten sich auf Grenoble, den Hauptverwaltungsort des Dauphiné, von wo alle höheren Provinzkarrieren ihren Ausgang nahmen.

Die kleine 6000-Seelen-Stadt Montélimar inmitten einer fruchtbaren Ebene mit Wein-, Gemüse- und Weizenfeldern war der von einer Zitadelle beherrschte Sitz eines erstinstanzlichen Gerichts und einer Unterpräfektur, eine wichtige Passage an der Rhône zwischen Valence und Avignon mit zahlreichen Handwerksbetrieben. Wie in vielen Orten der Region mit einem leichtem Zugang zu den Seidenmanufakturen Lyons gab es auch hier Seidenraupenzucht in den Maulbeerbaumplantagen mit ihren *Magnaneries*, die den Domänenbetreiber und Wissenschaftler sein Leben lang beschäftigen wird (Abbildung 3, S. 10). Und mit dem in der Handwerkerstadt geschulten Blick für

Abbildung 2: Montélimar.
Aus: Andrea Toresani, Vues de plusieurs villes en Europe. Brescia 1727

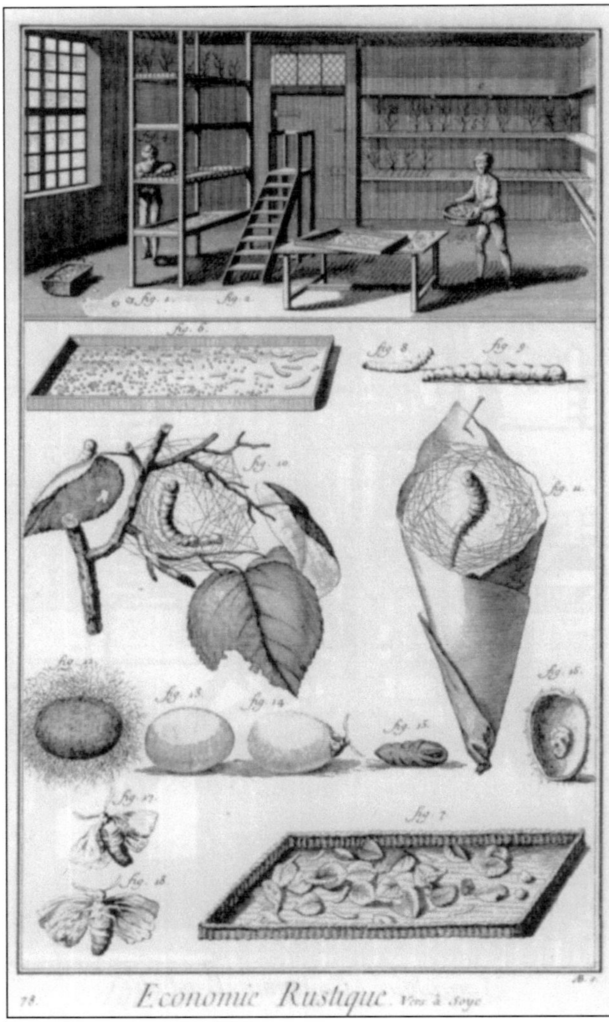

Abbildung 3: Blick in eine Seidenraupenzucht (Magnanerie). Aus: Diderot et d'Alembert, Encyclopédie. Recueil de planches sur les sciences, les arts libéraux et les arts méchaniques avec leur explication. Paris 1762

Werkzeuge des Alltags, für Sägen, Hämmer, Hacken und Sensen, wird Faujas Modelle in Holland und Deutschland requirieren und den Franzosen zur Nachahmung empfehlen.

Verantwortlich für den aufmüpfigen revolutionären oder auch konterrevolutionären Geist der Familie und für Barthélemy waren vor allem die Verwandten der Mutter. Sie war die Tante von Joseph-Antoine Boisset (1748-1813), dem späteren revolutionären Abgeordneten der Drôme in der Nationalversammlung und umstrittenen Bevollmächtigten im Süden während der überhitzten Phase der Revolution. Er wird sich nach Napoleons Staatsstreich vom 18. *brumaire* (9.11.1799) aus der Politik zurückziehen. Joseph-Antoine Boisset hat seinem Bruder Joseph-Valérian, trotz dessen anfänglicher Opposition zur Revolution, zu einer steilen militärischen Karriere verholfen, die ihn 1793 zum General im Krieg in Deutschland machte, aus dem er auffallend reich zurückkehrte und sich für ein Spottgeld Nationalgüter kaufte. Er lebte später in Pont St. Esprit und heiratete die Witwe des Monsieur d'Hargenvilliers, der in Nîmes wegen Föderalismus guillotiniert worden war. In Pont St. Esprit wird Faujas 1814 etwas voreilig die Rückkehr des Königs mit seinen Verwandten feiern.

Ein anderer Neffe der Mutter, Claude-Joseph Boisset-Ségur, emigrierte als Offizier der Pioniere nach Spanien und beteiligte sich von dort aus im Herbst 1793 an der Verteidigung des Forts Lamalgue bei Toulon, das Föderalisten und Royalisten im Verbund mit der britischen und spanischen Flotte gegen die republikanischen Truppen Robespierres zu halten versuchten. Der Fall der Festung begündete den Mythos des jungen Artilleriehauptmanns Bonaparte. Nach der Amnestie vom 18. *brumaire* kehrte Boisset nach Frankreich zurück, wurde wegen Verdachts auf royalistische Intrigen in Pont St. Esprit interniert, unter Louis XVIII Oberstleutnant der Pioniere, mit dem Orden eines *Chevalier de Légion d'Honneur* belohnt und schließlich Bürgermeister seiner Gemeinde an der Rhône. Das waren alles Vettern von Faujas.

Barthélemys drei Brüder wurden Soldaten. Einer von ihnen war Offizier im *Régiment de Conti*, das in Nîmes stationiert war, wo er die naturhistorische und numismatische Privatsammlung des Jean-François Séguier besichtigte und seinem Bruder Barthélemy den Weg in das wichtigste wissenschaftliche Netzwerk des Südens ebnen half.

Der starke Arm der Tradition schob Barthélemy mit zwölf selbstverständlich in das *Collège de la Trinité* der Jesuiten von Lyon, die erste Adresse für die Notabilität der Provinz. Er wird diese Kaderschmiede fünf Jahre lang besuchen. Wenn Barthélemy der Sprössling der besonders reichen Notablen oder des Beamtenadels gewesen wäre, hätte er die Reise nach Paris ins *Collège Louis le Grand* und zur *Sorbonne* angetreten. So aber absolvierte er die seit Jahrhunderten vorgeschriebenen *Études classiques* einer höheren Schulbildung vor der Haustüre in Lyon. Klassische Studien, das bedeutete in scholastischer Tradition Theologie, Philosophie, Physik, Mathematik mit Astronomie und Rhetorik. Das *Collège de la Trinité* war berühmt für seine Dichter der »Schule von Lyon« im 16. Jahrhundert und hat später bedeutende Astronomen und

Mathematiker hervorgebracht. Seine Grundausbildung hat Barthélemy im *Collège* der Jesuiten in Grenoble erhalten, die wie alle anderen nach dem Jesuitenverbot 1763 geschlossen und bald darauf den Grundstock der Bibliothek des *Museum d'histoire naturelle* und des *Cabinet de curiosités* beherbergen wird. Der Gründer der Bibliothek war der Arzt, Notable und Großvater Stendhals, Henri Gagnon. Stendhal skizzierte seine Erinnerungen mit leichterhand hingeworfenen Skizzen der Räumlichkeiten des ehemaligen Kollegs und bescheinigte den Provinznotablen eine liebenswert notorische, aber engstirnige Ablehnung Pariser Lebensart.

Lyon hatte noch keine Universität, aber dieses *Collège de la Trinité*, das heutige *Lycée Ampère,* war hervorragend ausgestattet mit einem riesigen Bibliotheksaal, 50 Meter lang, 10 Meter breit und 15 Meter hoch mit einer umlaufenden Galerie, in dem rund 50000 Bände die Wände schmückten. Ihr Bestand war durch Donationen und die Sammelleidenschaft einzelner Jesuiten ständig vergrößert worden, und sie war schon damals öffentlich zugänglich. Es gab ein Münz- und Antiquitätenkabinett, einen Kupferstichsaal, ein Observatorium mit wissenschaftlichen Geräten und in einem Seitenflügel einen wie ein Giftschrank durch Gitter abgetrennten Saal mit naturhistorischen Büchern und Papierproben verschiedener Baumarten. Im Innenhof waren römische Grabsteine mit Inschriften, von einer 25 Meter langen Terrasse hatte man einen umwerfender Blick auf die herrschaftlichen Gebäude am baumgeschmückten Kai der Rhône und auf die in der Ferne liegenden Alpen. Das Gebäude war das »schönste und weitläufigste in Frankreich« (Mylius)[1], die Kirche reich bemalt und mit Marmor veredelt. Das *Collège* wurde auch als Internatsschule betrieben, und die *pensionnaires* führten Tragödien und Komödien auf, die extra für diesen Zweck gedruckt wurden. Das hat den Heranwachsenden zu eigener Verseschmiede animiert, und das war die Schule, in der seine Jugendträume Gestalt annehmen konnten.

Der *Père* Laurent Béraud (1703-1777) war dort seit 1740 Lehrer für Mathematik und Leiter des Observatoriums, zur Zeit Faujas' Direktor und Lehrer von späteren Berühmtheiten wie dem Mathematiker Charles Bossut, dem Astronomen Jerôme Lalande und dem Historiker der Quadratur des Kreises Jean-Etienne Montucla. *Père* Béraud war in beiden wissenschaftlichen Gesellschaften Lyons aktiv, war korrespondierendes Mitglied der *Académie des Sciences* und Mitglied der *Académie des Sciences, belles-lettres et arts de Lyon* und korrespondierte mit *der* Anlaufstelle für Natur- und geschichtsinteressierte des Südens, mit dem Sammler Séguier in Nîmes. Faujas' Nachrufschreiber

1 Zur Bibliographie, den Nachweisen der Zitate und zur Zitierweise siehe im Anhang S. 205 und S. 215.

Freycinet hält jedoch *Père* Amiot für den Lehrer, der mit den Worten, wenn er glücklich werden wolle, solle er die Poesie sein lassen, Faujas' dichterische Ergüsse konterkarierte. Aber er kann es nicht gewesen sein, denn Jean Joseph Marie Amiot verließ Frankreich schon im Dezember 1749 über Macao nach China, wo er bis zu seinem Lebensende blieb und das erste *Dictionnaire tatare-mantchou-français* veröffentlichte. Vielleicht war es Faujas, der an der Legende vom *Père* Amiot strickte, um nicht mit *Père* Béraud in Verbindung gebracht zu werden, der sich in der weithin bekannt gewordenen Affäre Tolomas auf die falsche Seite geschlagen hatte, und es ihm für sein weiteres Fortkommen nicht hilfreich erschien, mit einem Gegner der Enzyklopädisten in Verbindung gebracht zu werden.

Der Bibliothekar des *Collège de la Trinité* und Akademiemitglied, Charles Pierre Xavier Tolomas (1705-1762), hatte im November 1754 d'Alembert in einer großen Versammlung zum Schuljahresbeginn auf Latein beleidigt, nachdem d'Alembert in der *Encyclopédie* die öde Form des Unterrichts in den *Collèges* mit trockenem Latein und leerer Philosophie angeprangert hatte. Nach zehn Jahren Unterricht, die man zu den zehn wertvollsten des Lebens eines jungen Mannes rechnen müsse, verlasse er das *Collège* mit dem unvollkommenen Wissen einer toten Sprache, rhetorischer und philosophischer Prinzipien, die man schnell zu vergessen suche, und oft mit verdorbenen Sitten. Der Jesuit Tolomas reagierte vor versammelter Schülerschaft mit einem Schlag unter die Gürtellinie und brachte mit einem Vers von Horaz die uneheliche Geburt und Mittellosigkeit d'Alemberts ins Spiel (Cui nec est pater nec res = der weder Vater noch Vermögen hat). Seine Mutter, die Marquise de Tencin, hatte ihn an einer Kirchhofsmauer in Paris abgelegt; d'Alembert wurde von der Frau eines Glasermeisters groß gezogen und der leibliche Vater, General Louis Camus Destouches, hatte für eine gute Ausbildung gesorgt.

Vier Wochen später schrieb d'Alembert einen Beschwerdebrief an die *Société Royal* in Lyon, die sich um eine Antwort drückte und vorgab, keiner sei dabei gewesen und niemand könne Stellung nehmen. Schließlich antwortete Faujas' Lehrer *Père* Béraud, er habe im Vortrag von Tolomas keine persönliche Beleidigung erkennen können. Aber d'Alembert beharrte auf Satisfaktion und verlangte von der *Société* die Veröffentlichung aller Briefe und des Vortrages von Tolomas, während Voltaire, wie Tolomas Mitglied der *Académie Royale* von Lyon, d'Alemberts Artikel in der *Encyclopédie* gegen die »Boshaftigkeiten« des Tolomas verteidigte. Voltaire hatte sich Ende 1754 drei Wochen lang in Lyon aufgehalten und verließ fluchtartig das mufffige geistige Klima einer Stadt der reichen Seiden- und Hutmanufakturen, des zyklischen Arbeiterelends und allgegenwärtiger Bigotterie, statt wie geplant, dort Unterschlupf zu suchen.

Es ist heute nicht mehr festzustellen, ob die von d'Alembert verlangte Veröffentlichung erfolgte, aber die Affäre spaltete die Gemeinde der Wissenschaftler in den beiden Lyoner Gesellschaften in Befürworter und Gegner der Enzyklopädisten. Am Ende stand der Austritt von fünf Mitgliedern der *Académie des sciences et belles lettre*, die sich den Encyclopädisten zugehörig fühlten. Die Affäre, deren Wogen noch in Paris zu spüren waren, fällt in die Schulzeit von Faujas. Da war er 13 bis 14 Jahre alt und dürfte zum ersten Mal von den Enzyklopädisten und den Anfeindungen gegen sie gehört haben, und er konnte hautnah erleben, welchen kämpferischen Nutzen die *Societas Jesu* aus den klassischen Studien zu ziehen wusste.

1758 begann Faujas ein Jurastudium an der Universität von Valence, die schon 25 Jahre zuvor nach Grenoble transferiert werden sollte, was jedoch bis zum Ende des *Ancien Régime* im Projekteschmieden stecken blieb. Beide in Frage kommenden Universitäten in der Nähe, Valence und Orange, hatten einen schlechten Ruf, in denen sich die jungen Reichen kostspieligen Vergnügungen hingaben und am Ende ihre Abschlüsse kauften. Es war kaum nötig, an den Kursen teilzunehmen. Colbert hatte 1679 in der Juristenausbildung ein Eintrittsalter von mindestens 16 Jahren vorgeschrieben, eine Studiendauer von zwei Jahren fürs *Baccalauréat,* drei für die *Licence* und Leistungskontrollen. In Valence wurde kaum kontrolliert. Nach Freycinet hat Faujas in Grenoble studiert, aber in Valence den Abschluss gemacht, d.h. nach üblicher Praxis ihn möglicherweise gekauft.

In Valence studierte auch der spätere Deputierte der Nationalversammlung Jean-Louis Cheynet (1741-1809), mit dem Faujas befreundet und verwandt war. Dessen Onkel, Louis Cheynet, hatte Claudine Faujas geheiratet, Barthélemys Tante. Man blieb unter sich. Die Notablen bildeten eine Kaste, die argwöhnisch über die Pfründe des *Ancien Régime* wachten, sie unter sich verteilten und durch Heirat aufeinander häuften. Jean-Louis Cheynet wurde Advokat in Grenoble und Montélimar, 1787 Bürgermeister von Montélimar und schließlich Gouverneur des Dauphiné. Als Deputierter wurde er in die Generalstände gewählt. Mit seiner Frau verband Faujas wohl mehr als nur nachbarliche Freundschaft. Der Agronom Arthur Young beschreibt einen Besuch bei Faujas im August 1789, bei dem die bewundernswerte Schönheit Madame Cheynet als Nachbarin des Landsitzes von Faujas in Loriol anwesend war. Auch andere Besucher bekamen sie zu sehen. Faujas hatte die Domaine Saint Fond Ende der 60er Jahre von seinem Onkel Jean Faujas geerbt, der sie 1762 für 24000 Livres vom Präsidenten des Rechnungshofes des Dauphiné, Charles de Chabrières gekauft hatte, so viel wie der Posten eines Amtsrichters kostete. Inzwischen war dort ein Park mit 1345 Bäumen entstanden, darunter eine Eibe und eine chinesische Nuss. Der Domänenbesitzer Faujas nannte sich von nun an mit dem selbst verliehenen Adelstitel »de Saint-Fond«, den er je nach Spielbedarf um Rang und Namen in den unruhigen Zeitläufen variieren oder ganz ablegen wird.

Advokat und Amtsrichter im Ancien Régime

Um 1762 wird Faujas Advokat im *Parlement* von Grenoble, das später zu einem wichtigen Kulminationspunkt der Auseinandersetzungen der vorrevolutionären Zeit werden sollte. Die Hauptkontrahenten waren Vidaud de la Tour, ein strammer Royalist und später Subskribent von Faujas' Folianten über erloschene Vulkane und sein Gegenspieler Michel Antoine Servan, ein Anhänger Voltaires. Das *Parlement* war kein gewähltes Parlament, sondern die oberste Institution des Rechts in Paris oder in einer Provinz, ein Appellationsgericht, von denen es in Frankreich zwölf gab, und der Transmissionsriemen für königliche Gesetze. Die 67 höheren Ämter wurden unter den herrschenden Familien meist weitervererbt oder innerhalb des engen Kreises weiterverkauft (*Conseiller, Avocat général, Procureur général, Président, Premier Président, Chevaliers et gens du roi, avocat, procureur*). Sie hatten zwar für die Umsetzung der königlichen Rechtssprechung und Gesetze zu sorgen, haben aber in der zweiten Hälfte des 18. Jahrhunderts einige königliche Steuergesetze nicht abgesegnet und damit nicht in Kraft gesetzt. So z. B. ein königliches Steueredikt vom April 1763, das vom *Parlement* in Grenoble mit einer Begründung abgelehnt wurde, deren Formulierung den Einfluss Montesquieus erkennen lässt, der ein Verfechter der Gewaltenteilung war: »Dass es uns erlaubt ist zu sagen, wenn die Nation ihnen Gehorsam schuldet, dann schulden sie ihr die Freiheit der Gesetze«. Und natürlich die Rechte der Besitzenden, um die es vorrangig gegangen war (Coulomb, S. 395).

Voltaire beschreibt den Ursprung dieser Appelationsgerichte in einem Brief an Friedrich II. Sie beruhte auf einem Register königlicher Befehle, die der Pariser Stadtvogt zur Zeit Ludwigs des Heiligen Anfang des 14. Jahrhunderts anlegte, aus dem später die Gewohnheit der Könige wurde, sich ihre Rechte in den sogenannten *lettres patentes* verbriefen zu lassen. Einsprüche dagegen gab es erstmals unter Franz I. in der ersten Hälfte des 16. Jahrhunderts, die über 100 Jahre später in der *fronde parlementaire* von 1648, verbunden mit Volksaufständen in Paris und der Befreiung gefangener Richter, gegen die Kriegssteuerhebung des Finanzministers Mazarin gipfelten.

Faujas war als Advokat mit seinen 21 Jahren Mitglied des *Parlement*, des obersten Gerichts des Dauphiné geworden. Es gab sogar noch jüngere, selbst im höheren Posten eines *avocat général*, der dem *procureur général*, dem Bevollmächtigten des Parlaments zuzuarbeiten hatte, da die Sitze käuflich waren und einflussreiche Familien ihre Söhne platzierten, ohne dass diese eine entsprechende Ausbildung durchlaufen hatten. Die Zahl der Juristen hat sich im Verlauf des 18. Jahrhunderts von 233 auf über 530 am Vorabend der Revolution erhöht, für den König ein einträgliches Geschäft, da alle Ernennungen mit einer *Charge* gekauft werden mussten. Grenoble war so nach Paris zum mitgliederstärksten Appellationsgericht in Frankreich geworden, weit vor Lyon und Marseille. Clarisse Coulomb nennt unglaubliche Fälle von Missbrauch, dessen prominentester der des späteren ersten Präsidenten Jean-Jacques Vidaud de la Tour ist. Er hatte das *Collège Louis le Grand* in Paris absoviert, ein weiteres Jahr im *Collège Lisieux* verbracht und wurde ohne Universitätsstudium mit 19 Jahren Advokat, »weil mein Onkel das verlangt hat«.

In die 60er Jahre fallen auch im Dauphiné die großen Auseinandersetzungen mit den Ideen der Aufklärung, der *Lumière*. Das *Parlement* von Paris hatte 1759 die *Encyclopédie* und das Erscheinen von *L'Esprit* des Helvetius verboten, das *Parlement* von Toulouse den Protestanten Calas dazu verurteilt, gerädert zu werden, weil er seinen Sohn umgebracht haben soll, um ihn am Abschwören seines Protestantismus zu hindern, und das Tribunal von Abbeville den 17-jährigen Chevalier La Barre zum Feuertod, weil er vor einer Prozession nicht den Hut gezogen hatte. Die Appelation beim *Parlement* von Paris wandelte die Strafe in einen Tod durch Enthauptung um. Voltaire schäumte und nannte die Parlamentarier *boeuf-tigre* und *bêtes féroces*, Ochsentiger und wilde Tiere. Michel Joseph Antoine Servan, der Generaladvocat des *Parlement* von Grenoble, war für Voltaire der Beweis, dass »die Generaladvokaten der Provinz die der Hauptstadt weit hinter sich lassen«.

Der Kanzler René Charles Maupeou, der selbst zur alten *noblesse de robe* gehörte, versuchte 1770 diesen Auswüchsen von Ämterkauf, der Überzentralisierung von Gerichtsverfahren und den sich häufenden Widersprüchen gegen königliche Gesetzesvorlagen in einer nach ihm benannten Reform ein Ende zu bereiten, die auch die Kostenfreiheit von Prozessen beinhaltete. Er löste damit den sofortigen Streik aller Gerichte aus, der auch durch fünf Kabinettsbefehle des Königs nicht gebrochen wurde. Daraufhin wurden die *Parlements* mit Waffengewalt auseinander getrieben, ihre Mitglieder ins Exil geschickt, für die Mitglieder des obersten Gerichts des Dauphiné ein Hinauswurf vor die Tore von Grenoble. Unter großem Jubel kehrten sie immer wieder zurück. Die Besitzbürger sahen im *Parlement* die einzige Instanz, die dem absolutistischen Durchgriff des Königs auf ihre Geldbeutel Widerstand entgegen setzen konnte. Schließlich wurde ein in seinen Rechten geschwächtes *Parlement* etabliert, und viele der Richter reichten ihren Abschied ein. Die Reform Maupeou endet in einen Flickenteppich lokaler Gerichte mit nur sechs großen Provinzialgerichten und Richtern, die vom König bezahlt wurden.

Voltaire hat die Reform als einen Schlag gegen die alte erbliche und käufliche Gerichtsbarkeit begrüßt, aber die ihrer Privilegien verlustig gegangenen Mitglieder der alten Parlamente betrachteten die Reform als

Triumph der Tyrannei, und sie werden keine Ruhe mehr geben. Nach einer Ablehnung von Stempelsteuergesetzen und einer Staatsanleihe, mit denen 1788 Louis XVI die Staatsfinanzen aus ihrer gefährlichen Schieflage befreien wollte, kam es am 21. Juli 1788 beim Versuch, das *Parlement* aus Grenoble zu exilieren, zum »Tag der Ziegel«, an dem die Bevölkerung die Soldaten mit Dachziegeln bewarf und eine Versammlung von 491 Provinznotablen im Schloss von Vizille bei Grenoble erstmals eine Verfassung forderte. Die französische Revolution begann mit einer konservativen Rebellion. Aus Montélimar waren es die üblichen Verdächtigen, die sich 1788 in dieser zugespitzter Lage eindeutig und öffentlich auf die Seite des *Parlement* von Grenoble stellten. Faujas war da schon zehn Jahre in Paris und hatte gerade seinen Mentor Buffon verloren. Es waren: Serret, der Bevollmächtigte des Königs, Cheynet, der Bürgermeister von Montélimar, der Direktor des Hospitals von Montélimar, de Freycinet, der 1820 einen Nachruf auf Faujas schreiben wird, zwei Subskribenten von Faujas' Buch über die erloschenen Vulkane, der Graf de Marsane-Fontjuliane und La Coste de Maucune, und Leute aus dem Umfeld von Faujas' Familie, Boisset, Laurans (der Mädchenname seiner Großmutter).

Als der Prozess gegen die Jesuiten in Grenoble im März 1762 eröffnet wurde, war Faujas dabei. Obwohl das *Parlement* tief gespalten war, gelang im August 1763 ein Beschluss zur Auflösung des Ordens. Einige hatten Schwierigkeiten mit dem Verbot und argumentierten, sie verdankten den Jesuiten ihre Erziehung. Das würde auch für Faujas gelten. Durch die Intervention Louis' XV trat das landesweite Verbot erst im November 1764 in Kraft, obwohl die *Collèges* schon nach einem Beschluss des *Parlement* von Paris im April 1763 geschlossen worden waren. Vorausgegangen war der Bankrott der jesuitischen Mission auf Martinique, deren Schiff mit Waren im Wert von zwei Millionen Livres an Bord während des Krieges mit England gekapert worden war. Die Gläubiger verlangten vom *Parlement* in Paris die Anerkennung der Schuld durch den König, was die Richter mit dem Argument verweigerten, die Jesuiten betrieben eine private Mission, weshalb der Staat nicht haften müsse. Der Prozess führte Gegner der Jesuiten zusammen, die alle ihre eigenen schlechten Erfahrungen mit ihnen gemacht hatten: Madame de Pompadour, der die Jesuiten die Absolution verweigert hatten, die Jansenisten, die Professoren der *Sorbonne*, die Enzyklopädisten, den Außenminister, Freund der Enzyklopädisten und frühere Botschafter in Rom, Étienne-François Duc de Choiseul (Catholic Encyclopedia). Als die Jesuiten sich dann noch weigerten, auf die Offerte des Königs einzugehen, sich von Rom loszusagen, wenn sie ein Verbot vermeiden wollten, nahm die Verbotsmaschinerie ihren Lauf.

In dieser aufrührerischen Stimmung wird Rousseau nach der Verurteilung des *Émile* bei seiner Flucht aus Paris im *Parlement* von Grenoble freundlich, teilweise enthusiastisch empfangen, und einer von ihnen, der Conseillers Meffray de Cézarges, stellt Rousseau sein Schloss in Maubec zur Verfügung, wo er von Februar 1769 bis Juni 1770 bleibt. Sein Verfolgungswahn treibt in wieder aus Grenoble nach Bourgoin, auf halber Strecke nach Lyon. Dort lässt er weitere Korrespondenzen kopieren, um sie als Bestandteil von *les confessions* der Nachwelt zu überliefern. Er versieht viele der Kopien mit Bemerkungen, so auch einen Brief an Liotard in Grenoble, mit dem er eine zeitlang botanisiert hatte, in dem er davon spricht, dass er das Orginal von Faujas de Saint-Fond erhalten habe und es ihm zurückgeben wolle. Danach sieht es so aus, dass Faujas Rousseau in Bourgoin besucht hat. Und zum ersten Mal ist hier sein Namenszusatz »de St-Fond« dokumentiert. Der Brief findet keine Aufnahme in die *confessions* mehr, sie enden im Oktober 1765.

Zur Hochzeit am 22.1.1765 lässt die Familie Faujas in Taulignan antanzen. Seine Frau wird Marguerite Richon-Desmarais, die Tochter von Pierre Richon und Marguerite Magnet. Die Richons gehörten zu den ältesten Familien von Montélimar (Riconis), die mit den tonangebenden Colas, Serret und Demarest verschwägert waren. Wahrscheinlich war die Schwiegermutter Marguerite Magnet eine Magnet-Chevalier, die mit Seidenspinnerei in Taulignan zu Wohlstand gekommen war. Das Vermögen, das seine Frau Marguerite mit in die Ehe einbrachte, muss ordentlich gewesen sein, denn es erlaubte Faujas ausgedehnte geologische Reisen, wie Peyrard vermutet. 1869 hieß eine der vier Seidenspinnereien in Taulignan Faujas de Saint-Fond.

In der Korrespondenz zwischen dem Kommandeur des Maltheserordens Gaillard und dem Medizinprofessor Esprit Calvet aus Avignon ist zu lesen, dass Faujas in seinem Karrierezirkus keine familiären Rücksichten kannte. 1774 hatte er sich, mit dem Regierungsauftrag zu einer Naturgeschichte des Dauphiné in der Tasche, aus dem Staub gemacht. In den folgenden zehn Jahren war er selten in Montélimar aufgetaucht und in den frühen 80er Jahren endgültig nach Paris verschwunden. Frau und Kinder blieben unversorgt zurück, aber Marie-Marguerite ließ das nicht auf sich sitzen und wandte sich 1783 hilfesuchend an die beiden engen Freunde ihres Mannes, Calvet und Gaillard. Eingeschaltet war auch der Neffe von Marguerites Vater, Gros, der den Amtsnachfolger Faujas' in Montélimar, Salomon, vergeblich zu involvieren suchte, da dieser »für die Unverschämtheiten ihrer Launen« kein Verständnis zeigte. An ihn hatte Faujas 1778 seine *charge* eines Amtsrichters für 24 000 Livres verkauft. Als Faujas 1784 über königliche Einkünfte verfügte, ließ er Madame daran teilhaben. Was aus ihr geworden ist, geht aus der Korrespondenz des Kommandeur Gaillard nicht hervor, die, für diese Zeit ganz ungewöhnlich, persönliche Angelegenheiten dokumentiert, und das wohl nur, weil sich Marguerite nicht einfach abschütteln ließ. Die letzten Hinweise auf Marie-Marguerite finden sich in einem Brief

Buffons aus dem Jahre 1786, der Faujas' Kinder in Paris kennenlernen will. Irgendwann muss sie aus seinem Leben verschwunden sein, denn er hat in fortgeschrittenem Alter seine Cousine geheiratet.

Es lässt sich schwer feststellen, welche Rolle die vier Kinder in seinem Leben spielten. Ihre Kindheit hat er wohl kaum wahrgenommen, als er nahezu ununterbrochen im Dauphiné und Vivarais an der Karriere eines Naturforschers arbeitete. Wie üblich, ist am wenigsten über seine Tochter Marie-Marguerite zu erfahren, die er mit seiner Cousine Valériane Boisset gezeugt haben soll und die er erst kurz vor seinem Tod geheiratet hat. Aber dass sie die Mutter war, ist nicht sicher. Jedenfalls hat er ihr 1783 aus Paris Briefe geschrieben. Marie-Marguerite sei Künstlerin gewesen. Spuren dieser Tätigkeit sind nicht überliefert.

Seine Söhne waren in dieser Zeit ständiger Kriege Soldaten, Louis-Barthélemy fiel als Hauptmann, der Hauptmann Claude-Bernard wurde mit einer Tochter des Medizinerclans Gros aus Grenoble verheiratet, und Alexandre-Balthazar Aymard, der 1773 geborene älteste, hat es bis zum Feldmarschall und unter der Restauration zum Gouverneur von Gouadeloupe gebracht. Dessen frühe militärische Einsätze bei der Besetzung Hollands, Belgiens und der rechtsrheinischen Gebiete des Heiligen Römischen Reiches Deutscher Nation laufen nahezu parallel zur Requisitionstätigkeit seines Vaters. Später ist sein Leben mit der Kolonialgeschichte Frankreichs und mit der Kriegsführung Napoleons gegen England eng verwoben. Der 1773 geborene Alexandre-Balthazar Aymard wird 1803 ein Jahr, nachdem Napoleon die Sklaverei wieder eingeführt hatte, als Hauptmann und Adjudant des Generals Ernouf zur besonderen Verwendung nach Gouadeloupe geschickt. Er war Kurier, der ständig zwischen den aufständischen Inseln der kleinen Antillen und Frankreich pendelte und dabei das Missfallen Napoleons erregte. In einem Brief aus Mailand vom 14.5.1805 beschwerte er sich beim Vizeadmiral Decrès, dass er vom Adjudanten Faujas die Nachrichten aus der Kolonie nicht auf der Stelle erhalten hat, verordnete einen 48-stündigen Arrest und seinen Ersatz durch einen Kurier niedrigeren Ranges. Napoleon hatte ihn erst ein halbes Jahr zuvor zum Obersten befördert und ihm den Orden der *Légion d'Honneur* verliehen. Auch die Ehe, die Alexandre Aymar mit der reichen Amélie de Clygny 1807 auf Goudeloupe geschlossen hat, dürfte Napoleon nicht gepasst haben, denn die zweite Ehe Amélies mit dem ehemaligen britischen Gouverneur von Dominique war von ihm aus Gründen der Staatsraison annulliert worden. Jedenfalls war Aymar mit dieser Heirat ganz oben in der kolonialen Verwaltungshierarchie angesiedelt. Ein halbes Jahr nach dem Beschwerdebrief Napoleons an Vizeadmiral Decrès wird der junge Faujas von den Engländern gefangen genommen, war aber spätestens im Februar 1807 wieder frei.

Im Jahr der Hochzeit Faujas' kauft seine Familie vom Prinzen von

Monaco in dessen Eigenschaft als Herzog von Valence (*duc de Valentinois*), den Posten eines *vice-sénéchal* in Montélimar, den er bis 1778 freudlos bekleidet. Der *vice-sénéchal* entsprach einem Präsidenten des erstinstanzlichen Gerichts, der vom Herzog als Lehnsherr des französischen Königs eingesetzt wurde, der *sénéchal* der höheren Gerichtsbarkeit des Dauphiné in Grenoble direkt vom König. Montélimar war zusammen mit Crest, Romans, Valence und anderen Ländereien den Grimaldis von Monaco als Kompensation für Neapel von Louis XIII 1642 »auf immer« in männlicher Erbfolge mit allen feudalen Rechten überlassen worden. Die Grimaldis tragen die Titelhülle heute noch.

Schon nach drei Jahren wollte er sich den Mühlen des feudalen Justizapparates entziehen, wurde aber in einem Brief des Generalbevollmächtigten Vidaud de la Tour aufgefordert, seine Arbeit fortzusetzen. Er wusch Faujas den Kopf und stellte in entwaffnender Deutlichkeit klar, in wessen Interesse er Recht zu sprechen habe:

»Stellen Sie sich vor, dass man für Seinesgleichen nützlich sein muss, arbeiten Sie für sie, bereiten Sie ihnen Wohlbefinden selbst auf Kosten Ihres eigenen, und in der Hauptsache ist es doch so, dass derjenige, der einen Status hat, seine Schwäche und Faulheit eingesteht, wenn er ihn verlässt, während Sie mit den Talenten, die Sie haben, der Vater seiner Mitbürger werden kann« (Brief vom 24.8.1763, eigene Übersetzung).

Der Prozess Comte de Suze gegen Mademoiselle Bon in Montélimar und Grenoble

Der nur noch widerwillig seinen Beruf ausübende Faujas schien verstanden zu haben. Er war nur wenige Monate nach dem Brief Vidaud de la Tours mit einer Entscheidung im Vorfeld dieses Aufsehen erregenden Prozesses befasst, die für ihn eine Zerreißprobe gewesen sein musste. Nach der Reform Maupeou saß er zwischen allen Stühlen: als Provinzrichter zur steuerbefreiten Notabilität gehörig, als Bewunderer Voltaires Befürworter der Reform, als Gegner der verkrusteten Adelskaste des *Ancien Régime* auf Seite der Revolte.

Der Prozess wird in der Hauptverhandlung am 18.6.1772 in Grenoble vor dem nach der Reform Maupeou erneuerten *Parlement* unter Vorsitz des *avocat général* Servan in einer immer noch aufgeheizten Atmosphäre eröffnet. Die beiden Beteiligten sind ein 48-jähriger Adliger mit einem ganzen Rattenschwanz von zahlreiche Besitzungen bezeichnenden Titeln, Louis-Charles de la Baume, comte de Suze et de Rochefort, marquis de Bressieu, baron de Barbaras, seigneur de Lestagnol, de la Cardannière et *autres places* und die 32-jährige Sängerin einer Truppe, die von Bordeaux bis Marseille Opern aufführte, Marie-Louise Bon. Sie bezog ein für ihre Tätigkeit außergewöhnlich hohes Gehalt von 3000 Livres. Der Comte de Suze hatte von ihr, seiner ehemaligen

Maitresse, Geld geliehen, was er vehement bestritt und es als Geschenk deklarierte. Er weigerte sich zu zahlen, wandte sich mit einer Bittschrift an den König und erwirkte die Ungültigkeitserklärung der Zahlungsverpflichtung. Sie wurde am 24.4.1769 vom Amtsrichter Faujas bestätigt, ein formaler Akt, der den Gnadenakt des Königs wieder in die prozessualen Niederungen zurückholte und so Mademoiselle Bon die Möglichkeit erhielt, ihre Interessen weiter gerichtlich zu verfolgen. Und genau das machte sie und strengte vor dem Appelationsgericht, dem *Parlement* von Grenoble, eine Widerrufsklage an, die unter massiver Beteiligung der Öffentlichkeit und verleumderischen Pamphleten gegen den Generaladvokaten Servan verhandelt wurde. Das Gericht musste in ein Amphitheater umziehen.

Das Plädoyer des weit über die Grenzen des Dauphiné hinaus bekannten und von Voltaire hochgeschätzten Servan sollte mehrere Tage dauern. Er war sich bewusst, dass er einen schweren Stand haben würde, weil er das ungeliebte *Parlement* der Reform Maupeou repräsentierte und die Öffentlichkeit sich längst auf die Seite der armen Sängerin geschlagen hatte. Servan hielt in Sorge um die öffentliche Moral den Comte für nicht schuldig und begnügte sich damit, ihn zur Zahlung aufzufordern. Das reichte der Mehrheit der Richter im *Parlement* nicht. Sie sprach den Comte de Suze unter dem Jubel der Menge schuldig. Servan demissionierte, ohne sein später von ihm veröffentlichtes Plädoyer beendet zu haben.

Die Parallelwelt eines frustierten Juristen

Faujas hat neben seiner Richtertätigkeit die geologischen Ausflüge seiner Studentenzeit beibehalten. Kontakte zu Personen, die das wissenschaftliche Netzwerk des Südens bildeten, mehren sich seit Mitte der 60er Jahre. Es gelingt ihm, Fühler nach Paris auszustrecken, das er erstmals 1774 besuchen wird.

Einer der frühen einflussreichen Freunde war der Infanterieoffizier und Mineraloge François-Augustin de Genton du Barsac (1745-1825) aus Saint-Paul-Trois-Châteaux, ca. 30 km südlich von Montélimar. Genton hatte eine Bleimine bei Condorcet in der Nähe von Nyon und nicht weit davon eine Kohlemine entdeckt, am Sitz der Condorcets, die den berühmten Mathematiker und radikalen Aufklärer hervorgebracht hat. Genton war der Freund, der Faujas über Condorcet mit den *lumières* in Paris bekannt gemacht hat.

Vom 6. Juni 1772 bis Ende Dezember 1773 gab es mehrere Erdbebenschwärme in der Gegend von Saint-Paul-Trois-Châteaux, der Heimat Gentons. Faujas führte ein Journal und stützte sich dabei Ende Januar neben seinen eigenen auf Beobachtungen von Gemeindebeamten und des Beauftragten des Intendanten des Dauphiné, Christophe Pajot de Marcheval, der verhindert hat, dass die Bewohner fliehen und ihr Vieh im Stich lassen. In Tulette, drei Meilen von Clanssaye sah Faujas wackelnde Würste am Kamin des örtlichen Priesters, hörte Geräusche mit einer Abfolge von Kanonenschlägen, die in die Ferne ausrollen und den Beben vorausgehen, typisch für Erdbebenschwärme. Er wollte nicht entscheiden, ob die Phänomene auf einer elektrischen Flüssigkeit in der Tiefe beruhen, wie das von einigen Wissenschaftlern behauptet wurde. Ein heftiges Nachbeben am 23.1.1773, dessen Stärke im Nachhinein auf 7 bis 8 auf der Richterskala geschätzt wurde, hat den Kirchturm von Clanssaye zum Einsturz gebracht.

Heute steht das Atomkraftwerk Tricastin nur wenige Kilometer vom Ort des heftigen Bebens entfernt, direkt auf der Bruchstruktur eines tektonischen Störungssystems, das sich vom unteren Rhônetal über den Oberheingraben bis in die Gegend von Oslo verfolgen lässt.

So lief das im *Ancien Régime*. Über Kanäle, die nur schwer aufzudecken sind, flossen Gelder und gelang es, Einfluss zu gewinnen. Der Duc du Praslin (César Gabriel Choiseul-Praslin), der von 1766-1770 Marineminister war, soll 18 000 Livres Talentförderung an Faujas gezahlt haben, wie es in einem polemischen Artikel des M. Chevalier de Sade über den Missbrauch der freihändigen Geldvergabe zu lesen ist. Der Duc war seit 1769 auch Ehrenmitglied der *Académie des sciences*. Welches Talent Faujas' wollte der Duc fördern, wenn die Angaben de Sades stimmen? Noch war er ja Richter in Montélimar. Zur Entlastung des Ministers kann man vermuten, er habe von Faujas' Bemühungen um das Pouzzolan erfahren, das den kriegstauglichen Ausbau der Häfen von Brest und Toulon durch seine Fähigkeit, unter Wasser auszuhärten, beschleunigen könnte. Oder man kann vermuten, dass er im Zuge der kriegswichtigen Entdeckung einer Bleimine bei Condorcet von Genton de Barsac auf Faujas aufmerksam gemacht worden war. Der Marineminister und Condorcet haben sich regelmäßig zum *Soupé* bei Madame du Deffand getroffen. Oder es war Condorcet, der mit dem Marineminister eine Umwegfinanzierung zugunsten seiner verwitweten und verarmten Mutter ausheckte, falls Faujas in Montélimar in die schwierigen Verhandlungen der Notare zur Abwicklung ihrer heruntergekommenen Immobilien in Montélimar verwickelt gewesen sein sollte. Welches dieser Talente dem Marineminster 18 000 Livres wert gewesen war, muss offen bleiben. Dagegen wird Faujas' Talent, sich über Beziehungen aus der Provinz bis ins Zentrum der Entscheidungsträger heranzuarbeiten, immer deutlicher sichtbar.

Die wissenschaftlich interessierten Liebhaber der Natur im Süden Frankreichs blieben gewöhnlich unter sich und unterhielten nur ausnahmsweise Kontakte zu Ihresgleichen ins beargwöhnte und verderbte Paris. Die drei wichtigsten Knotenpunkte dieses sehr persönlichen Netzwerks waren Avignon mit dem Medizinprofessor, Naturliebhaber, Antiquitäten- und Münzsammler Esprit-Claude-François Calvet, Nîmes mit dem Notablen, Botanisierer, Münzsammler und Präsidenten der wissenschaftlichen Gesellschaft, Jean-François Séguier, und Grenoble mit den Gründern des naturhistorischen Museums, dem Franziskanermönch *Père* Ducros, dem Arzt Gagnon, und Pajot de Marcheval. Sie bildeten eine Art Tauschbörse für ihre Sammlungen mit sporadischem wissenschaftlichen Austausch.

1771 wollte Faujas Calvet die ersten beiden Bände von Buffons Naturgeschichte der Vögel besorgen, und Calvet wollte sie mit nicht mit Geld, sondern mit Antiquitäten bezahlen. Faujas, so ist dabei zu erfahren, sammelte nicht nur Fossilien, sondern auch Schmetterlinge und Fische und kümmerte sich um seinen Garten. Er sandte Calvet einige vulkanische und kristalline Fundstücke von Le Bourg-d'Oisans bei Grenoble und setzte solche Sendungen noch jahrelang fort.

Calvet schrieb zwei weitere Briefe an Faujas, die aus einer sehr viel späteren Zeit datieren und vom nun arrivierten Professor der Geologie in Paris einer Antwort nicht mehr für Wert befunden wurden. Der altmodische Calvet versuchte im Mai 1797 immer noch, Beweise für die Sintflut als Erklärung für das Massensterben von Arten, jetzt aus japanischen und chinesischen Quellen beizubringen, und wandte sich gegen die auch schon in die Jahre gekommene Meerschrumpfungstheorie von Buffon. Sein wichtigster Beweis für die Richtigkeit der Sintfluttheorie waren die säulenförmig übereinander geschichteten Fossilien auf den

Gipfeln der Berge. Dass die Korrespondenz 1771 abbrach, lag an Faujas. Er hatte sich über seinen Nachbarn in Montélimar, den Kommandeur des Maltheserordens und Münzsammlers Gaillard, bei Calvet für das Ausbleiben von Antworten entschuldigen lassen. Er sei zu beschäftigt, von Arbeit überhäuft. Aber Gaillard, der eine Zeit lang im Haus von Faujas in Montélimar wohnte, schätzte ihn eher als faul und frivol ein und war über ihn so verärgert, dass er eigentlich mit ihm brechen wollte. Möglicherweise hatte der Maltheser eine zu enge Moral, aber es gab einen Anlass, der ihm Recht zu geben scheint: die Verantwortungslosigkeit gegenüber seiner Familie. Gaillard notierte mit Befremden, dass Faujas die Bücher in seinem Besitz mit einem Exlibris versehen hatte, dessen hervorstechendes Merkmal ein Wappen war, obwohl er keineswegs als adlig gelten konnte. Er soll des öfteren die Rückgabe geliehener Bücher vernachlässigt haben, so an den ersten Konsul von Aix und Bevollmächtigten für die Provence, den großen Bibliophilen Marquis de Méjanes, weshalb Calvet dem Aufsteiger aus Montélimar niemals Bücher ausgeliehen habe. Das waren wenig schmeichelhafte Charakterbeschreibungen aus seiner näheren Umgebung, als sich Faujas in eine wissenschaftliche Karriere stürzte.

Was für Gaillard dass Fass zum Überlaufen brachte, war eine Reise nach Paris, die Faujas 1774 zur Besichtigung naturhistorischer Sammlungen unternahm. Er sei so begeistert gewesen, schreibt Gaillard an Calvet, dass er einige seiner besten Fossilien als Geschenk dagelassen habe, doch Gaillard misstraute diesen Geschichten: »Er berichtet Unglaubliches von seiner Reise, aber ich kann nicht alles für bare Münze nehmen.« Pariser, das waren für den provinziellen Gaillard Blender, nur äußerlich fein und sonst nichts. Wer sich auf sie einließ, war selber einer.

Als Faujas im Oktober 1774 Kontakt zu Séguier in Nîmes aufnahm, wusste er genau, was er von ihm wollte. Es ging ihm um die Inschrift auf einem Ärmel der schwarzen Jungrau von Nôtre Dame du Puy in der Auvergne, von der Faujas geglaubt hatte, sie würde an ägyptische Schriftzeichen erinnern, was Séguier verneinte. Faujas wird diese Statue in allen Einzelheiten in seinem Werk über erloschene Vulkane behandeln, von Veyrenc zeichnen lassen und ihre Herkunft in Ägypten oder der Levante ausmachen, aber nun mit griechischen Zeichen auf dem Mantel. Er war für seine Untersuchungen im Herbst 1777 drei Mal in Le Puy, als Geologe, der die Naturgeschichte so ernst genommen hat wie die Spuren menschlicher Geschichte. Seine Darstellung dient heute noch als Referenz für die Forschung über die Herkunft der Jungfrau, da das Orginal an Pfingsten 1794 auf einem atheistischen Scheiterhaufen auf dem *place du Matouret* verbrannt worden war. Es wäre schön zu wissen, was der Revolutionär Faujas von diesem Akt antireligiösen Vandalismus' am Objekt seiner wissenschaftlichen Begierde gehalten hat.

Der Alpenforscher Saussure ließ sich die Sammlung Séguiers im Oktober 1776 nicht entgehen, nachdem er mit Faujas eine Tour zu den Vulkanen der Auvergne unternommen hatte. Saussure hat die fossilen Fische in der Sammlung in seiner *Voyage dans les Alpes* beschrieben, und Faujas wird mit dieser Bekanntschaft wuchern und Saussures Briefe allesamt veröffentlichen. Mit einem alten Freund Séguiers, dem Arzt und Mineralogen Jean Étienne Guettard, bricht Faujas zur Erkundung des Dauphiné auf. Der Amtsrichter Faujas schwamm nun ganz oben auf einer anschwellenden Woge naturhistorisch interessierter Priester, Ärzte, Advokaten und Adligen der Provinz.

Der Intendant des Dauphiné in Grenoble, Christophe Pajot de Marcheval, ließ 1775 und 1776 auf Staatskosten diesen Trupp begeisterter Naturliebhaber zur Bereicherung des naturhistorischen Museums in Grenoble den Dauphiné durchstreifen. Neben Faujas waren dabei die Botaniker Dominique Villars (1754-1815) und Pierre Liotard (1729-1796). Villar war der Sohn eines Schreibers bei einem Adligen und hatte Medizin in Grenoble mit einem Stipendium von Parjot de Marcheval studiert, der ihn später zum Direktor des botanischen Gartens macht. Villars wird als Ergebnis seiner Erkundungen über 2700 Pflanzen beschreiben. Liotard war Arbeitersohn, hat jahrelang in verschiedenen Betrieben Grenobles gearbeitet, sich als Soldat verdingt und schließlich für den Kräuterhandel seines Onkels Pflanzen gesammelt. Er konnte kaum lesen und schreiben und hat sich trotzdem in das Pflanzensystems Linnés perfekt eingearbeitet. Mit ihm hatte Rousseau botanisiert, als er nach Grenoble ausgewichen war. Der Arzt und Mineraloge Guettard hatte schon mit vielen Größen der wissenschaftlichen Welt zu tun gehabt: Kurator der naturhistorischen Sammlung Réaumurs, der sich mit Insekten und Temperaturmessung beschäftigte; Leibarzt und Leiter der naturhistorischen Sammlung des Herzogs von Orléans, Zusammenarbeit mit dem Revolutionär der Chemie Lavoisier beim ersten mineralogischen Atlas Frankreichs, Reisen mit dem großen Freund der Enzyklopädisten Malesherbes in die Auvergne, deren vulkanische Natur sie bereits 1751 erkannten. Er wird 1779 die Mineralogie des Dauphiné beschreiben und Faujas wird seine vierbändig geplante Naturgeschichte 1781 wegen der Publikationen seiner ihm überlegenen Mitstreiter auf einen einzigen beschränken.

Sie haben in den hintersten Winkeln der Berge des Dauphiné botanisierende Priester aufgestöbert, die mit wissenschaftlichen Gesellschaften korrespondierten. Im August 1775 ist Faujas in Begleitung des Geographen Duvernay beim *Abbé* Culet in Huez (Alpe-d'Huez, 30 Kilometer östlich von Grenoble). Der *Abbé* hatte im *Journal de Genève* von der Entdeckung eines verfallenen Ortes mit rund 100 Häusern berichtet, der 1300 toisen (knapp 2000 Meter) über dem Meeresspiegel liegt. Faujas findet die Zeichen von im 17. Jahrhundert aufgelassenen Silberminen,

Grabungen, Stollen, Haufen von Schlacken und schwere Schleifsteine in den Schluchten. Er trifft in Baux, einem 200-Seelen-Flecken in der Nähe von Gap, auf den Pfarrer Dominique Chaix, der die entdeckten seltenen Pflanzen in seinem Garten kultivierte und Herbarien anlegte. Villars hat Chaix 170 Briefe geschrieben, die in der Bibliothek des *Muséum* Grenoble aufbewahrt werden und ihn in zahlreichen Pflanzennamen verewigt. Ganz in der Nähe war der Champsaur, das in der Eiszeit entstandene Hochtal des gewalttätigen Nebenflusses der Isère, Drac, das Hauptausflugsziel von Villar und Faujas.

Vor der Gründung des öffentlich zugänglichen *Muséum d'histoire naturelle* gab es in Grenoble und im Dauphiné eine ganze Reihe hervorragend ausgestatteter privater Kabinette. Neben den üblichen Dilettanten, den Priestern, Äbten und Bischöfen, die sich mit Naturgeschichte beschäftigen, findet man auch einen ehemaligen Generalleutnant der Polizei, der Steine gesammelt und einen M. Raby, der von seiner Reise nach Amerika eine Muschelsammlung mitgebracht hat. Ihnen allen zollt Faujas Respekt. Vor allem aber gab es diesen Franziskanermönch Ducros, der in der Anfangsphase des Museums der ständig präsente Ansprechpartner gewesen ist und der durch Stendhal in mythische Höhen entrückt wurde. Stendhal stammte aus Grenoble und hat als Kind die frühen Jahre des Museumsaufbaus erlebt. Für ihn war *Père* Ducros ein Genie, der beim Ausstopfen von Vögeln seine Gesundheit eingebüßt hatte, weil er dauernd mit Giften hantierte. Ihm, dem Arzt Gagnon, und Parjot de Marcheval ist es zu verdanken, dass die naturhistorische Sammlung und die Bibliothek durch eingebrachte Privatsammlungen schnell eine außerordentliche Qualität erreichte und Grenoble in den letzten 20 Jahren des 18. Jahrhunderts zu einem Mekka der alpinen Naturforscher und zu einer wichtigen Schaltstelle wissenschaftlicher Netzwerke machte, aus denen der ehrgeizige Faujas seinen Vorteil zu ziehen wusste. Aber sich Richtung Paris zu orientieren wie Faujas, der 1776 Verbindung zu Buffon aufnahm, war für die Provinznotablen Fahnenflucht auf feindliches Territorium, aus einer Haltung heraus, die Stendhal so charakterisiert: »Noch zu meiner Zeit war nach der Überzeugung meines Großvaters und meiner Tante Elisabeth, die wahrhaft die kraftvollen und hochherzigen Gefühle der Familie verkörperten, Paris alles andere als ein Vorbild; es war eine ferne, feindliche Stadt, deren Einfluss man fürchten musste« *(Vie de Henry Brylard).*

Als Faujas fünf Jahre später seine Erfahrungen dieser Inspektions- und Sammelreise niederlegt, hat er bereits ein wissenschaftliches Arbeitsprogramm, das er im Vorwort vorstellt (*Histoire naturelle de la province du Dauphiné*). Es ist ein revolutionäres Programm der Verwertbarkeit naturwissenschaftlicher Erkenntnisse zum Wohle der Menschheit, das den patriotischem Geist fördern und die Menschen dieser Provinz aus ihren rückständigen Arbeitsmethoden und ihrer unproduktiven Lethargie reißen soll. Deshalb schreibt er in über der Hälfte des Buches über Mergel, Maulbeerbäume, Seidenraupen und Wein und propagiert eine wissenschaftlich betriebene Landwirtschaft, die er bis an sein Lebensende auf seiner Domäne in Loriol selbst erprobt. Noch glaubt Faujas an den wissenschaftlichen Gehalt der Wünschelrute, aber das wird sich schnell ändern, als die Wünschelrutengänger in Paris als Scharlatane verschrien waren. Auf dem Gebiet der Luftanalyse ist Faujas auf der Höhe der Zeit und referiert ihre neu entdeckten Bestandteile, die beim Wachstum der Pflanzen eine Rolle spielen, und setzt die Seidenwürmer Stickluft aus. Als er die Beschreibung des Verlaufs der Rhône, der Isère und der Durance und die Analyse des von ihnen transportierten Gerölls beendet hat, macht er sich Gedanken über die Finanzierung einer Kanalisierung der Drôme, die zwischen Crest und ihrer Einmündung in die Rhône bei Livron schwere Überschwemmungen verursachte.

Der Band, eher eine Sammlung von Essays zu verschiedenen Themen, enthält auch den Bericht über das Erdbeben von Clansayes bei Saint-Paul-Trois-Châteaux, die Beschreibung versteinerter Muscheln, Überlegungen zum Granit und die Wiederholung des Berichts über den Fund eines fossilen Hirschgeweihs. Gefunden wurde es im Sommer 1775 beim Graben eines Brunnens in der Umgebung von Montélimar. Wir lesen jedoch nichts zu Funden, die von ihm dem Museum in Grenoble zugeführt worden sind

Es lag also ganz auf der Linie einer durch wissenschaftliches Herangehen geförderten Produktivität der Landwirtschaft und der Entwicklung handwerklicher Fertigkeiten, wenn sich Faujas, immer noch Richter in Montélimar, 1777 an die Neuausgabe der Werke Palissys machte. Der Alchemist, Geologe und Hugenotte Bernard Palissy (1510-1589) endete trotz königlicher Begeisterung über die Erfindung einer weißen Emaillefarbe in der Bastille, weil er sich geweigert hatte, seinem Glauben abzuschwören. Seine Theorie der Pflanzenernährung durch Salze war es, die spätere Chemiker einschließlich Liebig nicht mehr losließen, und auch Buffon hat sich sehr anerkennend zu Palissy geäußert. Das war für Faujas sicher ein Grund, sich mit einer Neuveröffentlichung zu empfehlen. Das Ergebnis, das die beiden Herausgeber Faujas und Gobet abgeliefert haben, ist allerdings wenig Vertrauen erweckend. Es enthält einige Palissy fälschlicherweise zugeschriebene Texte.

Der Mitherausgeber Nicolas Gobet, der wie Faujas Anmerkungen beisteuerte, war Sekretär und Archivar des Staatsrates des Comte d'Artois, des späteren Charles X der Restauration, und hatte sich durch Studien über die alten Mineralogen Frankreichs empfohlen, die nach seinem Tod im Irrenhaus der Charenton veröffentlicht wurden. Ob er durch die Auseinandersetzung mit Faujas im Zuge der Herausgabe verrückt geworden ist, lässt sich nicht klären, aber diese Auseinandersetzung konnte an die Nerven gehen. Sie war ein kleinkarierter Reflex der Kämpfe zwischen den *Lumières,* und den Vertretern des *Ancien Régime.*

Faujas hatte sich gegenüber dem Verleger Ruault vehement gegen Bemerkungen Gobets zu geologischen Fragen und gegen die von Gobet plazierte Kritik an Voltaire zur Wehr gesetzt. Gobet hatte sich eine bitterböse antiklerikale, 1768 anonym erschienene Satire Voltaires vorgenommen, die Briefe eines Kapuziners an seinen Oberen, des *Réverend Père* l'Escabotier, in der Weinbergschnecken ohne Köpfe auftauchen, ihre nicht enden wollende kopulierende Zwittersexualität genüsslich beobachtet und das Leib-Seele-Problem durch den Kakao gezogen wird. Darin eine eher harmlose Bemerkung Voltaires zu Palissy: Er sei ein Visionär gewesen, ein Mann mit Erscheinungen also. Und Gobet unterstellt dem Mitglied zahlreicher Akademien, er habe Palissy nicht gelesen. Das ist alles. Dass Faujas wegen dieser Lappalie versucht hat, bei Voltaire zu petzen, zeugt von inquisitorischem Kleingeist und Geltungssucht. Er schrieb an Saussure, dieser an Voltaire, Voltaire an Saussure, aber wohl nicht an Faujas. Das Ergebnis des niveaulosen Streites war ein fauler Kompromiss des Verlegers, mit dem Faujas sein Gesicht wahren und Glaubensgrundsätze seines wissenschaftlichen Arbeitens unterbringen konnte. Gobets Beiträge, mit denen Faujas nicht einverstanden war, bekamen ein Sternchen. Die vorgesehene Widmung an Benjamin Franklin und sein Porträt wurden aus vorgeschobenen Kostengründen gestrichen. Der unter den Aufklärern hoch angesehene Franklin hielt sich nach der Unabhängigkeitserklärung der Vereinigten Staaten als Verhandlungsführer für eine Allianz mit Frankreich in Paris auf.

Bergbau als vermutete Geldquelle

1773 lässt Faujas die Eisenerzmine von La Voulte, die direkt gegenüber seiner Domäne Saint-Fond in Loriol auf der anderen Seite der Rhône liegt, auf eigene Kosten öffnen. Den Einwohnern waren die Eisen- und Kupfervorkommen schon länger bekannt. Die Armen des Ortes gruben sie aus und verkauften das Roherz, erzählte der ortsansässige Priester Jean-Louis Touzet schon zehn Jahre vorher. Das Eisen lag in Form von Hämatit vor, dessen deutscher Name Blutstein gut die rote Farbe des Eisenoxids beschreibt. Mit Schaufeln und Hacken die Oberfläche anzukratzen war natürlich etwas anderes, als einen bergmännischen Abbau zu betreiben und die Erzschmelze in Gang zu setzen. Der Generalkommissar für die Minen des Languedoc, Étienne de Gensanne, hielt eine Ausbeutung der reichen Vorkommen für aussichtslos. Es fehlte an Holz, mit dessen Kohle in Frankreich immer noch die Hochöfen angefahren wurden.

Das Problem der Bereitsstellung von Energie für die Förderanlagen, für die Pumpen in den Stollen und die Blasebälge für die Hochöfen war ohne Wasserräder nicht zu lösen. Die Hochöfen waren am besten mit Kohle oder Koks zu befeuern, der in England schon im Einsatz war. Nichts davon war da, wo es gebraucht wurde. Faujas hat deshalb Genton du Barsac nach dessen erster Rückkehr aus Saint-Domingue 1787 in seiner Funktion als »Kommissar des Königs zur Inspektion der Fabriken, der Kanonen und der Wälder des Königreiches« beauftragt, nach einer Kohlemine bei Châteauneuf-du-Rhône 10 Kilometer südlich von Montélimar zu suchen, um endlich mit der Ausbeutung der Eisenerzvorkommen von La Voulte beginnen zu können. Er musste die Suche wegen fehlender Mittel abbrechen, nicht ohne auch dort eine reiche Eisenmine zu vermuten.

Ein Jahr später versuchte Faujas den Unternehmer der Eisengießereien von Creusot, Ramus, für die notwendigen Investitionen zu gewinnen, aber der wollte sich nicht selbst Konkurrenz machen und scheute die hohen Kosten. Inzwischen hatte Faujas die gigantische Ausdehnung des Vorkommens von La Voulte bis Colombier-le-Vieux bei Tournon nördlich von Valence festgestellt, eine Strecke von mehr als 40 km. Es war vor allem zu klären, woher die Energie zum Schmelzen des Erzes kommen sollte. Es wurden vergeblich Versuche mit schlechter Kohle aus der Umgebung gemacht. Dann holte man Kohle von weit her aus Rive-de-Gier zwischen St. Etienne und Lyon. Als nächstes wurde überlegt, den kleinen Fluss Eyrieux nach La Voulte umzuleiten, um die Energie durch einen Wasserfall zu gewinnen. Dagegen wehrten sich die Landwirtschaft betreibenden Anlieger. Erst unter dem Druck der nationalen Bedrohung und dem Mangel an Kanonen gelang der erste Akt.

1794 wurde die Konzession an die aus La Voulte stammende Familie Azémar auf 50 Jahre vergeben und zwei Jahre später eine Gesellschaft gegründet. Die Konzession konnte, selbst wenn Faujas genügend Mittel gehabt hätte, nicht mehr an ihn gehen, weil er als Instrukteur der vom Wohlfahrtsausschuss neu gegründeten *Agence des Mines* nicht gleichzeitig eine Mine betreiben durfte.

Die Probleme der Hochofenbefeuerung und der Wasserführung wurden jetzt mit wissenschaftlichen Methoden angegangen. Involviert waren Azémar und eine von Dauteville (d'Hauteville) und Boix gegründete Gesellschaft, die umfangreiche Tests durchführen ließen. Dazu transportierte man große Mengen Proben nach Creusot, unterzog sie verschiedenen Methoden des Schmelzprozesses und ließ sie vom Chemiker Darcet analysieren. Die Ergebnisse waren überzeugend. Der *Citoyen* Brezin stellte damit versuchsweise Kanonen und Gewehre von großer Qualität her und gewann einen ausgezeichneten Stahl. Im *Journal des mines* (Sept. 1794) wurde das Ergebnis überschwänglich gefeiert:

»Die glückliche Lage dieser Mine ist so, dass die am Fuß der Fabriken vorbeifließende Rhône wirtschaftlich und schnell die großen Ausrüstungen, die unsere Kriegs- und Handelsmarine braucht, in alle Häfen des Mittelmeers tragen wird. Wir werden einerseits damit aufhören, den Schweden Tribut zu zahlen, die viele Départements des Südens mit Eisen versorgen; andererseits werden wir die Erschöpfung der Minen der Départements Saône und Loire und Doubs nicht mehr zu fürchten haben, deren Produktion fast vollständig von der riesigen Schmelze von Creuzot aufgesogen wird. So wird es in diesem Teil der Republik mit den ausgedehnten Vorkommen von Eisen in ausgezeichneter Qualität im Süden eine Wiederbelebung des gesamten Handwerks und aller Industriezweige, die diese wertvolle Materie herstellen, geben, die Sorge der darniederliegenden Landwirtschaft und ein Mittel gegen die verderbten Tyrannen und Feinde der Freiheit, das sind im kurzen Überblick die Vorteile, die die Entdeckung der Mine von La Voulte eröffnet« (eigene Übersetzung, Abbildung 4, 5).

Enthusiasmus, Aufbruchstimmung und überzogene Erwartungen prägten damals viele Deklamationen des Wohlfahrtsausschusses. In der Praxis reihte sich eine Schwierigkeit an die andere. Zwei Wochen vor diesem hoffnungsvollen Rapport hatten der Mineningenieur Laverrière und der Gießereiunternehmer von Creusot, Ramus, die unsichere Wasserführung bemängelt. Sie beautragten Azémar und d'Hauteville zu untersuchen, ob Wasser aus einer nahgelegenen Mühle durch einen Kanal abgeleitet werden kann und sahen auch bei Verwendung des Wassers der Rhône Schwierigkeiten, die sich bald bestätigen sollten. Der Wasserstand der Rhône schwankte zu stark, und, wie der Bergbauingenieur Jean Blavier bemerkte, es war ein Ofen im Einsatz, der die Schmelze zu schnell abkühlte. Im Juni/Juli 1795 waren die Arbeiten des vergangenen

Abbildung 4: Ruine der Eisengießerei von La Voulte. Foto H.V.

Abbildung 5: Mine von Blanzy bei Le Creusot. Groupe de Theuré-Montmaillot. Im Vordergrund ein Förderschacht für Kohle. Aquarell von François Ignace Bonhommé 1857. Inv. TPO57, Collection Musée des Art et Métiers. CNAM Paris. Photo P. Faligot

Winters erst einmal eingestellt worden, nachdem sie mit intensiven Vorbereitungen im Laufe des Jahres 1794 begonnen hatten.

Der Wasserfall und ein Hafen wurden schließlich in der Rhône angelegt. Die Mine ging 1809 an Frèrejean über. Dessen Konzession soll 1812 von Napoleon in Moskau unterzeichnet worden sein, so wichtig schien ihm das Vorhaben gerade angesichts der sich abzeichnenden Niederlage in Russland. Mit vier Hochöfen blieb die Gießerei 100 Jahre lang in Betrieb. Ihre Ruinen direkt hinter dem Schloss von La Voulte sind Zeugnis des ehrgeizigen Projekts. Die Kompetenzen der involvierten Personen zeigen, weshalb trotz aller Schwierigkeiten auch von Seiten des Staates auf einen Erfolg des Unternehmens hingearbeitet wurde. Es ging um die Produktion von Kanonen.

Jean d'Arcet (Darcet, der wie so viele Adlige während der Zeit des Terrors sicherheitshalber seinen Titel wegbuchstabierte) spielte eine wichtige Rolle in der Kriegsproduktion und gehörte zur *Section des Armes du Comité de Salut Public*, der Abteilung Waffen des Wohlfahrtsausschusses. Mehrere Handbücher zur Metallverarbeitung, Salzgewinnung und Seifenherstellung haben ihn als Mitautor. Später war er einer der verantwortlichen Chemiker in der *Société d'Encouragement d'Industrie Nationale*, der Gesellschaft zur Föderung der nationalen Industrie. Da nannte er sich wieder d'Arcet.

Jean Blavier (1764-1828) war 1794 vor allem mit der Reorganisation des *Corps des mines* befasst und wurde 1795 für kurze Zeit Leiter der 1794 durch englische und österreichische Truppen weitgehend zerstörten, schon mit Dampfmaschinen betriebenen Kohleminen von Anzin im Norden Frankreichs (Pas-de-Calais). Nach der Enteignung und Emigration adliger Aktionäre sollten sie sich zum größten privaten französischen Bergwerksunternehmen des 19. Jahrhunderts mausern.

Michel Brézin machte im wahrsten Sinn des Wortes sein Geld (franz. »argent«) durch Einschmelzen beschlagnahmter Kirchenglocken, aus denen er Silber (franz. »argent«) gewann. Er gehörte in Paris zum radikalen Flügel der Cordelliers und stellte für sie Gedenkmünzen mit revolutionären Parolen her. Er wird später die *Forge d'Aube*, eine mechanisierte Schmiede zur Herstellung von Sensen aus gehärtetem Stahl betreiben.

Louis-Philippe-Vincent-Martial d'Azémar entstammte einer seit langem in La Voulte ansässigen einflussreichen Familie. Sein Vater war der höchste Richter in der Grafschaft La Voulte. Louis-Philippe und sein Bruder Jean-Jacques werden die Konzession für die Mine von La Voulte als »Azémar fils« bekommen, aber die praktischen Hürden waren diesen beiden Nichtfachleuten trotz ihres Enthusiasmus' zu groß. Faujas hat deshalb als Mineninspektor 1809 den Eigentümerwechsel angestoßen, um die verfahrene Situation noch zu retten. Die Mine wird erst unter den neuen Eigentümern, den erfahrenen Kanonengießern Frerejean, ihre Blüte erleben.

Jean-Baptiste Alexandre II Rioufol d'Hauteville, der sich zur Sicherheit Dauteville nennen wird, stammt aus dem nur vier Kilometer von La Voulte entfernten St. Laurent-du-Pape mit dem Château d'Hauteville, das am besagten Eyrieux liegt, der umgeleitet werden sollte, und er war mit Faujas befreundet. M. d'Hauteville war eigentlich Offizier, widmete aber einen großen Teil seinen Lebens der Mine von La Voulte. Er ist der Vater der Marquise de Vichet, die im Schloss mit dem romantischen Dichter des religiös gefärbten Weltschmerzes Chateaubriand ihre Liebesspiele getrieben haben soll.

Die Gebrüder Frerejean hatten schon in den 90er Jahren eine Eisengießerei in Lyon, in der sie Kanonen produzierten. Im September 1793 beschlossen sie, 100 Kanonen den konterrevolutionären Umtrieben in Lyon zu entziehen und zerstörten ihre Produktionsstätte. Sie erhielten wegen ihrer patriotischen Haltung vom Wohlfahrtsausschuss 40000 Livres, den Grundstock für eine Kanonengießerei in Pont-de-Vaux nördlich von Macon. Einer der Brüder, Louis, übernahm La Voulte von den Azémars.

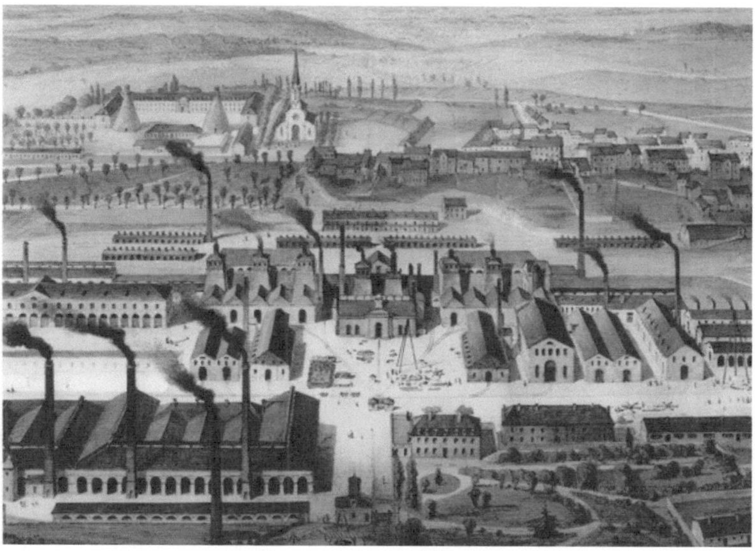

Abbildung 6: Le Creusot 1847. Aquarell von Trémaux. Écomusée de la communauté urbaine de Creusot. 1785 wurde die Produktion von Kanonen in zwei großen Schmieden mit vier Hochöfen aufgenommen. Links oben das *château de verrerie*, eine Kristallmanufaktur für Marie Antoinette

1778: Die anvisierte Landung in Paris gelingt

Während Faujas die Möglichkeiten einer Eisenmine in La Voulte auslotet, arbeitet er sich an Paris und Buffon heran. Georges-Louis Marie Leclerc, Comte de Buffon (1707-1788), war seit beinahe vierzig Jahren der Direktor des Königlichen Gartens in Paris und mit seiner inzwischen auf über 30 Bände angewachsenen Naturgeschichte ihr großer und stilistisch eleganter Popularisierer, von d'Alembert abschätzig als *roi de phraseur* tituliert. Voltaire fand die Naturgeschichte »nicht so natürlich«, aber Diderot und Rousseau hielten große Stücke auf Buffon. Sicher ist, dass er weltweit auf das Denken zweier Generationen naturgeschichtlich Interessierter einen immensen Einfluss ausübte. Ihm hatte Faujas 1777 für den *Jardin du Roi* eine umfängliche Kollektion vulkanischer Fundstücke zukommen lassen, und dieser hat sich mit den ersten vier Bänden seines neuen Werkes revanchiert, der Beginn einer engen und für Faujas' Karriere förderlichen Beziehung.

Faujas' Türöffner für die Vorzimmer Buffons war ein reich mit exzellenten Kupferstichen versehener Folioband über die erloschenen Vulkane seiner Heimat des Vivarais und des Velay (*Recherches sur les volcans eteints du Vivarais et du Velay*) (siehe Abbildungen 7 u. 8, S. 40). Das königliche Druckprivileg bedeutete lebenslange Nutzungsrechte in unbegrenzter Auflage. Geschickt hatte er die Veröffentlichung zwei Verlegern anvertraut, die genügend Beziehungen hatten, um eine eindrucksvolle Liste von Subskribenten aufbieten zu können. Joseph Cuchet in Grenoble war Drucker und Verleger vom Thronfolger Louis Philippe, Duc d'Orléans (1725-1785). Es ist dies der seltene Fall einer annähernd vollständigen Subskriptionsliste mit 255 namentlich Genannten und ca. 300 Exemplaren. Von den 4000 Subskribenten der *Encyclopédie* sind nur 75 namentlich bekannt. Subskribenten wurden von Agenten der Verleger gewonnen, die üblicherweise ganz Frankreich bereisten und Abmachungen mit örtlichen Buchhändlern trafen. Faujas' Buch über die Vulkane benötigte Subskribenten mit viel Geld, die nur vereinzelt in der Provinz, aber zahlreich in Paris zu finden waren. Nimmt man den Durchschnittspreis der Folioausgabe der Diderot'schen *Encyclopédie* für Text- und Bildbände, müsste Faujas' Buch um die 35 Livres gekostet haben. Es kostete aber fast das Doppelte, 61 Livres und 13 sous (1 Livre = 20 Sous), wie von den Behörden des Vivarais dokumentiert. Zum Vergleich: ein Drucker verdiente zwei Livres am Tag und gehörte damit zu den am besten bezahlten Arbeitern in Frankreich.

Die Nähe des Verlegers Joseph Cuchet zum Duc d'Orléans öffnete den Zugang zur gesamten königlichen Entourage. Einige Subskribenten

Abbildung 7: Pavé des géants de Chenavari. Das Pflaster der Riesen am Chenavari, an dessen Gipfel Faujas den Pouzzolansteinbruch betrieb. Aus: Faujas de Saint-Fond, Recherches sur les volcans éteints 1778

Abbildung 8: Mont Jastrié bei St.Jean-le-noir, heute St. Jean- le-centenier in der Nähe von Villeneuve-de-Berg. Aus: Faujas de Saint-Fond, Recherches sur les volcans éteints 1778

stammen aus den südlichen Provinzen, die Faujas bereist hat. Darunter sind Adlige, aber vor allem sind es naturhistorisch Interessierte, die durch Besuche bei Séguier in Nîmes oder Calvet in Avignon vernetzt waren. Dena Goodmann beschreibt, welche Funktion eine öffentlich gemachte Subskription erfüllte: Man trete in eine Gemeinschaft Geichgesinnter unter Bedingungen ein, in denen freie Assoziationen nicht erlaubt waren. Wenn die Subskriptionsliste Faujas' darüber hinaus Ausdruck persönlicher Beziehungen war, dann bewegte er sich schon mitten im Zentrum der Entscheidungsträger des *Ancien Régime*. Die Liste protzt mit großen Namen. Schaut man genauer hin, erkennt man feine Netzwerke, die die Pariser Zentrale mit den Provinzen, die Provinzen mit dem Ausland, mit wissenschaftlichen Gesellschaften, mit dem aufgeklärten Klerus und mit adliger Patronage verknüpfen.

Aus den gleichen Gründen widmet Faujas das opulente Werk dem Cardinal de Bernis, unter Louis XV Sekretär für auswärtige Angelegenheiten. Er war gegen die Verschwendungssucht der Madame de Pompadour aufgetreten, wurde deshalb für sechs Jahre nach Soissons verbannt, nach dem Tod der Pompadour 1764 wieder zurückgerufen und 1769 Botschafter in Rom, wo er am Verbot der Jesuiten beteiligt war. Voltaire hatte 1762 vergeblich versucht, den Kardinal mit der Affäre Calas zu befassen, als er sich wegen hartnäckiger Gichtanfälle bei seinen Nichten in Montélimar aufhielt. Dort könnte ihn Faujas getroffen und ihm vom Stand der Verbotsdiskussion in Grenoble berichtet haben.

Der Erfolg und jahrzehntelange gute Ruf des Buches und seines Autors ist umso bemerkenswerter, als es keine wesentlich neuen Erkenntnisse zutage förderte. Dass die Auvergne vulkanisch geprägt war, haben Jean-Étienne Guettard und Malesherbes bereits 1751 erkannt, und Guettard hat 1752 zusammen mit Desmarest dazu *Mémoires sur quelques montagnes de France qui ont été des volcans* veröffentlicht. Die vulkanische Natur der Umgebung von Montélimar haben Faujas und Guettard 1775 gemeinsam erforscht, was im Dezember des gleichen Jahres im *Journal de Physique* bekannt gegeben wurde. Neu war auch nicht die Erkenntnis, dass der Basalt vulkanischen Ursprungs ist und nicht, wie die Neptunisten aus der Werner'schen Schule glaubten, sich im Wasser absedimentiert hatte. Es waren die bildnerischen Mittel, mit denen Faujas in den großformatigen Kupferstichen die Basaltstrukturen so in Szene setzte, dass allein ihr Anblick den Beweis eines vulkanischen Ursprungs erbringen musste. Wer heute diesselben Orte aufsucht, erkennt die Überzeichnung des vulkanischen Charakters, den Faujas raffiniert hervorhebt, um sein wissenschaftliches Credo zu propagieren. Genau das wird ihm von Buffon in einem Brief aus seinem Landsitz Montbard vom 28.8.1778 bescheinigt, den Faujas stolzgeschwellt und untertänig wortreich als ersten der Briefe im Anhang präsentiert. Buffon lädt ihn ein, auf der Rückfahrt von Paris bei ihm in Montbard vorbeizuschauen. Damit hatte er sein Ziel erreicht. Zwei Monate später ist er Buffons Adjudant.

Weitere im Buch veröffentlichte Briefe dienen der Bestätigung seiner Auffassung durch bereits anerkannte Wissenschaftler. Déodat de Dolomieu schreibt ihm drei Briefe aus Lissabon und einen aus Bern. Lissabon war 1755 durch Erdbeben mit Tsunami fast völlig zerstört worden, und Dolomieu war auf der Suche nach Zusammenhängen zwischen Beben und Vulkanismus. Der ehemalige Professor der Physik am *Collège* von Montpellier und jesuitische *Abbé* Jean-Baptiste Boutavin de Mortesagne, den Faujas 1767 in Montélimar getroffen hatte, entfaltet in sechs Briefen aus Pradelles 30 km südlich von Le Puy ein Panorama der Auvergne und seiner basaltischen Strukturen. Der *adjoint de l'observatoire royale de la marine à Marseille*, Pons-Joseph Bernard, ist ein weiterer Korrespondent. Er war agronomischer Schriftsteller und machte sich Gedanken über die Bändigung der Durance. Er verfertigte die ersten geologischen Karten der Provence, stand mit zahlreichen Wissenschaftlern in Verbindung, u.a. mit dem Arzt von Cotignac, Louis Gerard, der 1761 eine *Flora gallo-Provincialis* herausgegeben und sie Malherbes gewidmet hatte. Alle diese Briefe werden als Ergänzungen zu Faujas eigenen Beobachtungen präsentiert.

Der Briefwechsel mit François Pasumot, einem ehemaligen *Ingénieur Géographe du Roi* und Mitglied der Akademien von Dijon ist von anderer Qualität. In ihm wird von Faujas ein wichtigtuerischer und kleinlicher Streit um die Entdeckung des Zeolithen (Siedestein) in den Laven der Auvergne ausgetragen. Der Zeolith gibt bei Erwärmung große Mengen gebundenes Wasser ab, so als ob er siedet. Wegen der zahlreichen in den Streit verwickelten namhaften Wissenschaftler ist er bei Historikern noch zweihundert Jahre später auf großes Interesse gestoßen und auf seine Stichhaltigkeit abgeklopft worden. Sie haben dabei einen Irrtum um einem weiteren bereichert, während Jean-Etienne Guettard, der mit Desmarest und Faujas 1775 die erloschenen Vulkane des Vivarais untersucht hatte, schon 1783 diesen Disput klug der Lächerlichkeit preisgegeben hat und sich stattdessen gnadenlos mit den wissenschaftlichen Unschärfen in den Argumentationen des über den Siedestein wüst spekulierenden Faujas beschäftigte. Guettard bezeichnet den Streit, wer, wann, wo den Zeolithen in Frankreich entdeckt hat, als kurios und für den Fortschritt der Wissenschaften völlig unwesentlich und hofft, dass Faujas nur von der Frage nach der Wahrheit angetrieben worden sei, als er Veröffentlichungen in ihrem zeitlichen Ablauf abklopfte. Beim Abfassen der *Mémoire* hatte Guettard vor Augen, wie sich Faujas bei den Ballonaufstiegen der Montgolfiers in den Vordergrund geschoben hat und formulierte mit feiner Bissigkeit, welche süße Genugtuung ein Mann wie Faujas gehabt haben musste, als er Pasumot korrigierte. Was ihn wirklich ärgerte, waren die »verwegenen Mutmaßungen« Faujas' über die Natur des Zeolithen, denn verschiedene Chemiker, die sich an die Analyse des Steins gemacht hatten, kamen bisher zu keinem eindeutigen Ergebnis. Das verwundert nicht, da kristalline Struktur und Art der Wasserbindung kompliziert sind und mit den damaligen Mitteln und nur rudimentären Vorstellungen über Kristallbildung nicht zu klären waren. Zum ersten Mal in seinem noch jungen wissenschaftlichen Leben wird Faujas von einem ihm in allen Belangen überlegenen Wissenschaftler an seinen Schwächen gepackt und vorgeführt.

An einem anderen Punkt haben sich einige Historiker festgebissen, aber auch das hat sich nicht gelohnt. Sie scheiterten ganz einfach an einer französischen Unart, die der Apotheker und Chemiker aus Clermont-Ferrand, Ozy, in seinem von Faujas abgedrucken Brief begangen hat: dem Schreiben nicht-französischer Namen nach französischer Diktion. Es wäre nicht erwähnenswert, wenn nicht bei der Korrektur des Fehlers ein interessanter Aspekt im Betrieb von Bergwerken im Frankreich des *Ancien Régime* zum Vorschein käme. Ozy hatte geschrieben, dass 1750, ein Jahr vor Guettard und Desmarest, ein Engländer namens Olzendorff und ein Ire namens Bowls in die Auvergne geschickt worden waren, um nach Blei zu suchen. Er, Ozy, habe mit ihnen diverse Krater bestiegen und vulkanisches Gestein untersucht. Nun war ein Holzendorf (von wegen Olzendorff!) 1749 für kurze Zeit in der Verwaltungsspitze einer *Compagnie Basse-bretonne* tätig, mit der der französische Minenbeauftragte für das Languedoc, de Gensanne, verhandelt hat und in der auch britisches Kapital steckte. Diese *Compagnie* war in Übernahmeverhandlung oder Spekulationen mit der *Compagnie Powis* verwickelt (von wegen der Ire Bowls!), für die ein Ire namens Denis Keghry arbeitete. Besonders im Visier waren die Bleivorkommen in der Auvergne, von denen schon einige bekannt waren. Die beiden Herren stehen für erste Versuche englischen und schottischen Kapitals, in Frankreich Fuß zu fassen, und mussten in gähnende Abgründe von königlichen und adligen Ansprüchen blicken und diese auch noch mit den Eigeninteressen von Bergwerkskommissaren in Einklang bringen.

Die hier vorgenommene Einteilung der Mineralien bezeichnet Faujas bereits nach sechs Jahren als überholt, während er an derjenigen in den *Minéralogie des volcans* noch 20 Jahre danach festhalten wird. Dort stellt er einen Katalog vulkanischen Gesteins zusammen, die im *Jardin du Roi* zusammengetragen, von Faujas klassifiziert, numeriert und zur Demonstration vorbereitet wurden, eine Arbeit, die eng verknüpft war mit den redaktionellen Aufgaben für Buffons *Histoire des minéraux*. Es wurde eine Art Bestimmungsbuch, das im Gelände benutzt werden kann. Der Katalog wird durch Laven vom Ätna ergänzt, die Dolomieu 1782 mitgebracht hat. Dolomieu hat sein Exemplar der *Minéralogie* bei seiner Gefangensetzung in Messina 1799 mit zahlreichen Anmerkungen versehen, die erkennen lassen, dass er verstehen wollte, wie vorbestehende Gesteinsschichten durch aufsteigende Hitze eingeschmolzen, durch Gase und Salze verändert und nach Erkalten zu charakteristischen Zeugnissen eines Vulkanausbruchs werden. Das mag in Teilen noch spekulativer Übermut sein, aber es ist nicht langweilig und wirft Fragen des dynamischen Prozesses auf, den er am Ätna beobachten konnte. Zu dieser Art von lebendiger Durchdringung der toten Materie wird sich Faujas sein Leben lang nicht hocharbeiten können. Er wird immer ein kleinlicher Buchhalter und gieriger Sammler bleiben, der in der Geologie das veranstaltet, was die Botaniker nach Linné versuchen: klassifizieren, klassifizieren und noch einmal klassifizieren.

1778 geht dann alles Schlag auf Schlag. Faujas verkauft seine *charge* eines *vice-sénéchal* in Montélimar für 24000 Livres an Salomon, zu einem Preis, der vier Jahresgehältern entspricht, die er als *Adjoint aux travaux du jardin du Roi* seit dem 8.11.1778 verdienen wird, als Amtsgehilfe für alles, Hiwi für Buffon. Seine Ernennung erfolgte mit *lettres patentes*, die vom *Parlement* bestätigt werden musste und für alle öffentlich gemacht wurde. Ein ziemlich wichtiges Dokument, denn auch die Erklärung der Menschenrechte, die Louis XVI 1789 zu unterzeichnen gezwungen wurde, war ein *lettre patente*. Am 7.1.1779 mit *Déclaration de sa Majesté*, für die sein katholischer Glaube Voraussetzung ist, 6000 Francs für diesen Posten, mit persönlicher Unterschrift des Königs bestätigt am 4.5.1785. Der ehrgeizige Provinzler hatte es geschafft.

Ob er den triumphalen Empfang Voltaires in Paris im Februar 1778 miterlebt hat und bei dessen Tod am 30. Mai in Paris gewesen ist, ist nicht klar. Mit dem Tod Voltaires, das spürten alle, ging eine Ära zu Ende, in der wenige umtriebige Geister mutig ewige Wahrheiten auf den Prüfstein gestellt hatten.

Faujas wird wie so viele Neuankömmlinge in der Stadt eine Bleibe zunächst in wenig erfreulichen Hotels gefunden haben, bis er 1782 einige Zeit beim Comte de Milly in der *rue de Bourbon* unterkommt. Der Graf war Oberst der Dragoner, Mitglied der Akademie der Wissenschaften und als Verfasser einer Abhandlung über Porzellan Initiator der Manufaktur von Sèvres. Milly war Großmeister der Loge *Neuf soeures* und vielleicht ist Faujas damals Freimaurer geworden. Wenig später zieht er zu seinem Freund, Duc de Chaulnes, in die *rue de Bondi*. Der gleichaltrige Marie-Joseph-Louis d'Albert d'Ailly, Duc de Chaulnes, war Chemiker und hat Ägypten bereist. Seine Frau, die angeblich Jungfrau geblieben ist, weil er sich zu sehr um Bäume und Pflanzen kümmerte, gehörte zur Entourage von Marie Antoinette. Seit 1786 (Brief Buffon vom 6.8.1786, der seine Kinder kennenlernen möchte) bewohnt seine Familie eine relativ bescheidene Wohnung in der heutigen *rue Cuvier* N° 33 direkt am *Jardin du Roi*. Dort residierten im *Hôtel Matigny* Buffon, André Thouin, der Direktor des botanischen Gartens, mit dem Faujas noch viel zu tun haben wird, der Chemiker Fourcroy, Bose, der

Chef der Baumschulen Frankreichs und direkt daneben der Physiker Haüy und der Botaniker Jussieu, alles Leute, die die französischen Naturwissenschaften in den nächsten Jahrzehnten prägen werden.

Ein halbherziger Physiokrat: Unternehmer für Pouzzolan

Noch vor der Veröffentlichung des Werkes über die erloschenen Vulkane ging Faujas an die kommerzielle Verwertung seiner geologischen Kenntnisse. Er hatte 1775 am 500 Meter hohen Chenavari gegenüber von Montélimar auf der anderen Seite der Rhône eine ausgedehnte Schicht von rotem Pouzzolan, einem vulkanischen Mörtel gefunden, sie kurz unterhalb des Gipfels geöffnet und steile Trampelpfade angelegt, auf denen das Pouzzolan auf dem Rücken von Eseln abtransportiert wurde. Er hat das Pouzzolan auf eigene Kosten ausgebeutet und Montélimar damit gepflastert. Bisher musste Pouzzolan aus Italien eingeführt werden.

Faujas dürfte auf die Verwendung als Baumaterial erst durch die von ihm ausführlich und mit devotem Unterton zitierte Lektüre von William Hamilton gestoßen sein. Hamilton hatte vom Vesuv über diesen Mörtel seit römischer Zeit berichtet und u.a. Vitruv mit dessen *Pulvere Puteolano* aus Puteoli zitiert, dem heutigen Pozzuoli westlich von Neapel. Unter Wassereinwirkung härtet das Pouzzolan wegen seiner Mischung von Kieselsäure und Kalkhydrat aus, was einen Unterwassereinsatz erlaubt (Abbildung 9, S. 48).

Zeitgleich mit seinem Buch über die Vulkane erscheint ein Auszug als Propagandaschrift zur Verwendung des Pouzzolan beim Terassen- und Straßenbau und zum Bau von Trockendocks der Häfen des Mittelmeers. Faujas adressiert sie an den Marineminister Antoine de Sartine, den ehemaligen Polizeichef von Paris, der ausgiebig von den *lettres de cachet* Gebrauch gemacht hat, mit denen missliebige Personen kurzerhand hinter Gitter kamen. Faujas betont die Wichtigkeit der Unabhängigkeit von italienischem Pouzzolan und den leichten Abtransport über die Rhône. Er hat sich, juristisch geschult, die Qualität von Paulmier de Latour, dem Chefingenieur für die Brücken und Chausseen des Dauphiné – ein Physiokrat – schriftlich bestätigen lassen. Auch der als wissenschaftlicher Gutachter hier auftauchende Mineraloge Balthazar Georges Sage war Physiokrat. Gleichzeitig lässt sich Faujas von seinem Nachfolger in Montélimar, *vice-sénéchal* Baron de Salomon, die Zeugenaussagen seiner Einsätze beim Boden- und Terrassenbau bestätigen, von einem Architekten, von Maurermeistern etc. und nennt den Beginn der Ausbeutung seines Steinbruchs am Chenavari: 1777. Eine weitere Werbeschrift folgt 1780.

Faujas hat vor allem den Hafenbau im Visier. In den *Recherches sur la pouzzolane* schildert er begeistert, wie der von Choiseul beauftragte Ingenieur Antoine Groignard in Toulon das Pouzzolan verwenden will.

Abbildung 9: Der Chenavari im Vivarais mit Säulenbasalt und dem von Faujas ausgebeuteten Steinbruch aus rotem Pouzzolan. Aquarell von Olivier Le May. Bibliothèque Nationale de France. Vûe du Sommet de la montagne de Chanivari [sic] ... ID/Cote: btv1b7742139h.f1

Er möchte einen riesigen, 100 x 30 x 10 Meter großen Kasten aus Holz ins zukünftige Hafenbecken versenken und ihn nach Trockenlegung mit Baumaterial füllen. Seite an Seite mit Schreinern und Maurern arbeiteten Tag und Nacht Ruderknechte aus dem Gefängnis von Toulon. Um das Dock zu öffnen und zu schließen, sehe Groignard eine hölzerne Schiffstüre vor, eine geniale Idee, wie Faujas meint. Das Wasser werde per Hand ausgepumpt. 1778 war die Form des Bassins aus Pouzzolan fertiggestellt, und bald werde man die gleichen am ganzen Mittelmeer bauen. Die *Académie des sciences* hat das Projekt begrüßt und eine Anleihe die Finanzierung gesichert.

Faujas lag mit seiner Unternehmung gut in der Zeit und ganz auf der Linie der involvierten Physiokraten. Sie waren der Meinung, dass die Quelle des Reichtums einer Nation die Arbeit, vor allem die der Bauern ist und Voraussetzung für seine Zirkulation der freie Handel. Das war in einer Gesellschaft, in der der Adlige seinen Titel verlor, wenn er arbeitete, und die merkantilistische Doktrin von Reichtum Schatzbildung in der Hand des Staates war, revolutionär. Sie lief auf eine Entwicklung der Produktion zur Beherrschung der Natur (Physiokratie) hinaus, statt sein Heil in gegenseitiger Übervorteilung im Handel und in der Belastung des Austausches durch Zölle zu suchen. Der Vordenker der Physiokraten, François Quesnay (1694-1774), gehörte zu einem bedeutenden Zirkel am Hof, der von Madame Pompadour bis zu ihrem Tod 1764 unterhalten worden war, und der sich in den 70er Jahren um Mirabeau in den Pariser Salons versammelte. Buffon war bei Quesnay ein- und ausgegangen. Mit Turgot stellten die Physiokraten von 1774 bis 1781 sogar den obersten Finanzkontrolleur Louis' XVI. Die Physiokraten hatten einen nicht unerheblichen Einfluss auf Adam Smith, als er sich von Weihnachten 1765 bis Oktober 1766 in Paris aufhielt.

Faujas lag ganz auf der Linie von Smith (und Hume) im Sinne von Freihandel und argumentierte gegen die Merkantilisten, die den Reichtum durch Zusammenhalten des Geldes im eigenen Land vergrößern und die eigene Wirtschaft durch Schutzzölle oder Einfuhrverbote schützen wollten. Auch Napoleon dachte in diesen Kategorien, als er mit der Abschottung der kontinentalen Wirtschaft maximalen Schaden für die englische Konkurrenz erwartete und durch innerkontinentale Zölle die französischen Staatsfinanzen sanieren wollte. Smith und Konsorten sahen die Vorteile eines umfassenden Austausches von Gütern und Wissen, sie wollten so die Produktivität erhöhen und wie Hume die Kultur verfeinern. Ihr Hauptargument gegen die Merkantilisten war, dass Einfuhrverbote Rückständigkeit Vorschub leisteten, was wiederum die stärkere Wirtschaft behindere, da ihre Waren nicht gekauft werden könnten, weil den zurückgebliebenen Ländern die Mittel fehlten. Und die zurückgebliebenen, zu denen Faujas insbesondere Frankreich zählte, säßen in der Falle ewiger Gestrigkeit. Faujas wird diese Auffassung gegen die Kontinentalsperre Napoleons ins Feld führen, aber sich zum eigenen Vorteil am 23.8.1783 ein Zollrecht auf importiertes Pouzzolan zu 18 sous den Zentner und eine Konzession beschaffen, die zusammengenommen einem Monopol gleichkommt. Dagegen hatte sein alter Bekannter Desmarest erhebliche Einwände, wie aus einem Brief von Faujas an la Rochefoucauld vom Oktober deselben Jahres hervorgeht. Faujas wehrte sich mit einem typisch merkantilistischen Argument, das regelmäßig zur Rechtfertigung von Schutzzöllen herhalten musste: er habe in einem großen finanziellen Engagement beinahe sein ganzes Vermögen eingesetzt.

Das ganze Jahr über hat er für sein Pouzzolan getrommelt. Vom 14.4.1783 ist ein Brief an die beiden bekannten assoziierten Architekten Jacques-Guillaume Legrand und Jacques Molinos erhalten, in dem er die Vorteile des Pouzzolan gegenüber künstlich hergestelltem Zement preist. Diese Vorteile des im Busen der Erde durch unterirdische Feuer entstandenen Mörtels habe er auf alten Terrassen studieren können. Große Mengen seien für Vorhaben des Königs geordert worden. Deshalb könne er nicht sofort liefern. Wenn er bis Mai einen vor einem Notar geschlossenen Vertrag vorliegen habe, dauere es bis Juli. Der Preis bestimme sich am Hafen und sie bräuchten für ihr Vorhaben eine große Menge usw. Die beiden Architekten hatten ihren Ruf durch eine berühmte Konstruktion der *Halles* begründet. Molinos wird 1794 Architekt des botanischen Gartens. Es scheint so, als habe die Anfrage des Generaldirektors für die Gebäude, die Künste, die Gärten und Manufakturen, Comte d'Angiviller, im Oktober 1782 zur Verwendung des Pouzzolan als Baustoff in Versailles Früchte getragen. Der Graf kaufte bereits in ganz Europa Kunstwerke für den projektierten Louvre zusammen.

Im Januar 1783 hatte Faujas Benjamin Franklin vorgeschlagen, Pouzzolan auch in den Häfen Amerikas einzusetzen, und ihm seine Propagandaschrift zur Weiterleitung an den amerikanischen Hafenverantwortlichen zugesandt. Im Augenblick würden mehrere Transporte in verschiedene Länder Europas vorgenommen, und es sei in den Häfen des Mittelmeers, wo es große Vorratslager gebe, besonders preiswert und koste nur 15 sous den Zentner (Quintal). Damals hatte er das Zollrecht noch nicht, das ihm mit 18 sous mehr einbrachte als den Verkäufern des Pouzzolan aus den Magazinen des Mittelmeers. In dieser Höhe war der Zoll gleichbedeutend mit einem Importverbot. Franklin erhält von Faujas auch Muster von rostfreiem Blech und einen Nagel, mit denen die Außenhaut der Schiffe verstärkt werden kann, und einen bitumenhaltigen, Wasser abstoßenden Kalkstein, der von Dolomieu aus Sizilien mitgebracht worden war und sich zum Bau von Bädern eignet. Solche Aktivitäten passen dann wieder ins Bild eines Unternehmers, der sich Neuerungen gegenüber aufgeschlossen zeigt, und in das eines Physiokraten, der ihren freien Austausch fördert.

Faujas war auch bereit, über Alternativen zum Pouzzolan positiv zu berichten. Vom Marinekommissar Daniel Lescallier hatte er erfahren, dass der schwedische Ingenieur Bagge und der Chemiker Bergmann statt Pouzzolan eine Art Schiefer mit ähnlichen Eigenschaften einsetzen und Faujas Proben mitgebracht. Lescallier hatte sich Mitte der 70er Jahre in Schweden im Rahmen einer vom Marineministerium angeordneten Inspektionsreise aufgehalten, angeblich um den jeweiligen Gebrauch der Seemannssprache mit der französischen zu vergleichen. Zu Recht hielten ihn die Engländer für einen Spion, der seine Nase in englische, russische und schwedische Schiffe steckte, um Anregungen für die Modernisierung der französischen Flotte zu bekommen. Lescallier war zwar ein Verfechter der Sklavenbefreiung, aber das wird ihn nicht davon abhalten, die Abschaffung der Abschaffung der Sklaverei durch Napoleon an herausragender Position mit zu vollziehen. Aus den Kolonien hielt er die Verbindung zu Faujas aufrecht und ließ ihm über dessen Sohn Balthazar Aymar Fossilien zukommen. Als Lescallier im

Februar 1806 für mehr als zwei Jahre Marineprefekt in Genua wurde, hatte sich Faujas gerade wochenlang im Hafen herumgetrieben, wofür er Dolmetschergründe angab, vergleichbar denen Lesacalliers 20 Jahre zuvor in Schweden.

Die Epochen der Natur und die Erde ein Schrumpfkopf

Der junge Vikar aus Antraigues in der Nähe von Vals-les-Bains (Ardèche), Jean-Louis Giraud-Soulavie (1751-1813), war dabei, sein achtbändiges Werk über die Geologie des Vivarais, *Histoire naturelle de la France méridionale* (1780-84) herauszugeben, als Faujas mit *Père* Ducros und dem Botaniker Adanson die Ardèche durchstreifte. Soulavie war kein Unbekannter mehr, er verkehrte wie Faujas mit dem naturhistorisch interessierten Comte d'Antraigues auf dessen malerisch auf einem Basaltfelsen thronenden *Château de la Bastide,* war Mitglied verschiedener französischer Akademien und korrespondierte mit denjenigen von St. Petersburg und Kassel. Er wollte sich nach den ersten beiden Bänden eine Empfehlung der Akademie von Paris verschaffen, ein verkaufsfördendes Privileg, aber das ging aus Gründen daneben, die mit Buffons Theorie zu tun haben und mit dem überwältigenden Einfluss, den diese auf das Denken der Naturhistoriker in ganz Europa ausübte. Buffons aus Experimenten abgeleitete Epocheneinteilung der Erdgeschichte war für viele eine praktikable Grundlage zur Beurteilung geologischer Phänomene, die den Zeithorizont der Schöpfungsgeschichte um ein Vielfaches übertraf. Alle Akademiemitglieder vertraten diese Meinung, weshalb Soulavie sich, ohne es zu wollen, mit einem herrschenden System angelegt hat.

In seiner Schmiede in Montbard hatte Buffon an unterschiedlich großen glühenden Eisenkugeln die Zeiten ihrer Akühlung bis zu ihrer Verfestigung bestimmt, die Ergebnisse auf die Größe der Erdkugel hochgerechnet und zigtausende von Jahren alleine bis zur zweiten seiner postulierten sechs Epochen erhalten. Die erste Fassung dieser Theorie von 1749 war von ihm 1779 überarbeitet und als *Époques de la natur* (dt. 1781) veröffentlicht worden.

Danach bestand die Erde in der ersten Epoche aus einer extrem heißen Flüssigkeit, die ein Komet aus der Sonne herausgeschlagen hatte, die sich im Verlauf der zweiten zu einem festen Körper abkühlte. So entstand Granit. In der dritten bildete sich durch weitere Abkühlung Kondenswasser, das die ersten primitiven Berge erodierte, und in den Ozeanen entstand durch spontane Generation erstes Leben bis hin zu komplexeren Formen. In der vierten schrumpften die Ozeane auf ihre heutige Form und überließen das sekundäre Land der Erosion. Erste Vulkane wurden aktiv, die wegen ihrer Wasser benötigenden chemischen Reaktionen an den Rändern der Kontinente zu finden sind, die erloschenen im Zentrum der Landmassen. Auf dem trockenen Land entstanden erste an diese angepasste Organismen. In der fünften Epoche war die Erde immer noch so warm, dass aus den Tropen bekannte Tiere in heute subarktischen Regionen leben konnten. Durch weiteres Abkühlen mit der Ausbildung vereister Regionen verschwanden dort die tropischen Arten. In der sechsten kollabierte die Erdkruste und trennte die Kontinente, doch vorher erschien der Mensch. Seit diesen letzten großen Ereignissen blieb die Erde weitgehend so, wie sie uns heute erscheint, in einem Stadium relativer Ruhe. Aber das könnte sich durch fortgesetztes Abkühlen ändern, die ganze Erde mit Eis bedecken und allem Leben ein Ende setzen (nach Rudwick, S. 139-147).

Die Entwicklung der Erde von einer heißen Flüssigkeit zu einem festen Körper, der unter weiterem allmählichen Temperaturverlust schrumpft und schließlich birst, wobei die Kontinente entstehen, war die theoretische Grundlage für Buffons Arbeitsprogramm: »... so muss die Naturgeschichte in den Archiven der Welt nachsuchen, alte Denkmäler aus den Eingeweiden der Erde hervorziehen, diese zerstreuten Trümmer sammeln, und alle Spuren natürlicher Veränderungen vereinigt als Beweise gebrauchen, die den Forscher zur Bestimmung der verschiedenen Alter der Natur leiten können« (*Époques de la natur*, S. 3). Soulavie hat sich von diesem Programm leiten lassen, nur war er beim Stöbern in den Archiven der Welt nicht bei den Epochen Buffons gelandet, sondern in einer Abfolge von Schichten. Mit Erstaunen hat er registriert, dass nicht der Fundort den Charakter der Fossilien bestimmt, sondern eine Schicht, die sich über sehr lange Strecken verfolgen lässt und an ganz verschiedenen Orten wieder auftauchen kann. Er wollte die Zeitachse der Entwicklung der Erde entlang dieser Abfolge rekonstruieren, wie es die Historiker der menschlichen Geschichte mit den Generationen machen, und sich bei seinen Feldstudien ausschließlich von ihnen leiten lassen. Was damals einer Revolution gleichkam, ist heute gängige Praxis der Geologie.

Nach der Begutachtung wurde Soulavie von den Herren der Akademie aufgefordert, zwei kurze Kapitel aus seinem zweiten Band zu entfernen, wenn er das Privileg der *Académie des Sciences* erhalten wolle – ein klarer Fall von Zensur. Im ersten der inkriminierten Kapitel hat er für die in drei aufeinander folgenden Schichten von Kalkstein gefundenen Fossilien eine »Degeneration« erkannt, die er als Evolution einer Art in eine andere verstand und sie durch eine innere Kraft der Natur erklärte. Im zweiten beanstandeten Kapitel hat er es abgelehnt, für alle Fundorte von Fossilien die Sintflut verantwortlich zu machen. In einer feigen und gewundenen Erklärung wurde Soulavie mitgeteilt, dass sie diese Kapitel weder gutheißen noch verdammen, aber sie könnten diesen »theologischen Teil« seines Werkes nicht formell bestätigen. Soulavie hatte arglos ein unausgesprochenes Stillhalteabkommen zwischen dem großen Buffon und den Theologen verletzt, das es den kirchlichen Oberen erlaubte, Buffon seine wissenschaftliche Position vertreten zu lassen, wenn er nicht mit offenem Visier gegen die biblische Schöpfungsgeschichte ankämpfte (Rudwick, S. 221).

Aus der Reaktion Soulavies ist zu erkennen, dass er den Braten gerochen hat und ganz andere Gründe für die Ablehnung erkannte als die in der Erklärung der Akademie genannten. Er hielt Buffon für den Drahtzieher. Seinen Zensoren warf er vor, sie hätten zwei Dinge verwechselt: die Beschreibung einer Chronologie und die Klärung ihrer Ursachen. Er bestand deshalb darauf, dass die Hypothese einer möglichen zentralen Erdwärme nicht mit der Realität zu verwechseln sei, auch wenn sie für weitere Untersuchungen hilfreich sein könne. Die globale Abkühlung als Uhr einer Chronologie lehnte er ab, was ein Frontalangriff gegen Buffon war, der seiner Abneigung am 3.10.1781 an Faujas Luft verschaffte:

»Der Granit des *Abbé* Soulavie ist in Wirklichkeit nichts anderes als ein Stein mit großen Körnern, und sogar sehr unreinen. Aber das ist der geringere der Schnitzer dieses jungen Vikars, der nur ein Schüler ist und im Ton eines Meisters schreibt.« Faujas wird dagegen für seine Naturgeschichte des Dauphiné gelobt, und Buffon bedauert, ihm keinen Sitz in der *Académie des sciences* verschaffen zu können, weil keiner vakant sei. Es musste erst einer sterben.

Soulavie war für die Würdenträger der französischen Wissenschaft kaltgestellt, aber Buffon hat sich gleich zweimal das 8-bändige Werk besorgt – eins für Paris und eins für Montbard. Soulavie ließ die Zurückweisung nicht auf sich sitzen und rächte sich 1784 mit einer Abhandlung über »die Wissenschaft, die kommen wird« (*sciences à venir*). Darin prophezeit er, dass zukünftige Wissenschaftler ein hartes Stück Arbeit vor sich haben werden, um alle Fehler Buffons zu korrigieren. Er hatte durch diese Auseinandersetzung vor den meisten anderen begriffen, dass die Theorie Buffons zu einer Zwangsjacke geworden war und den Blick auf die Tatsachen verstellte. Faujas wird sie bis an sein Lebensende verteidigen.

Voyage de Paris

Es ist ein großes Glück, dass dieses Manuskript Faujas' für die Öffentlichkeit zugänglich ist, was für andere, die auf Auktionen in der Welt herumgeistern, nicht gilt. In den Schilderungen seiner Reisen wird das lebendig, was seinen steifen, buchhalterisch-trockenen und oft dogmatisch verengten wissenschaftlichen Veröffentlichungen fehlt: seine grenzenlose Neugier auf technische Neuerungen, sein offener Blick in die aus dem Boden sprießenden Kuriosenkabinette der Zeit, sein federleichter Plauderton und hier sogar seine Haltung zu Frauen. Faujas hat diese Reise, eine Abfolge von Besuchen bei Mechanikern, Wissenschaftlern, Scharlatanen und Modeärzten, von geologischen Ausflügen in die Umgebung von Paris, von Galerie- und Theaterbesuchen in Begleitung seines Freundes, des Physiker und Chemikers Duc de Chaulnes, zwischen Juli 1782 und April 1783 gemacht, unterbrochen von Fahrten nach Montélimar. Dabei ist ein weit gespanntes Netzwerk von experimentierenden Wissenschaftlern, sammelnden Naturliebhabern und Beziehungen zum Dunstkreis der königlichen Familie sichtbar geworden. In dieser Tour durch Paris entfaltet sich der ganze Kosmos, in dem sich Faujas ein Leben lang bewegen wird. Und es hat den Anschein, dass sie vor allem zur Vorbereitung einer Reise nach England unternommen wurde.

Er und Chaulnes lernen wissenschaftsenglisch beim englischen Botschafter Benjamin Vaughan, der als gelernter Arzt mit Franklin zusammen den Vertrag von Paris ausarbeitet, mit dem am 3.9.1783 der Krieg zwischen England und Amerika beendet wird. Vaughan wolle, so Faujas in *Minéralogie des volcans*, dem Britischen Museum eine Mineraliensammlung vermachen, die ähnlich sortiert sei wie die im *Muséum*. Für die geplante Reise nach England eine Empfehlung von unschätzbarem Wert, denn Vaughan kannte London, wo er aufgewachsen war, er kannte Priestley, Franklin, William Petty und andere aus seiner Studienzeit in Cambridge, und er hatte in Edinburgh Medizin studiert. Ausflüge mit britischen Damen der Botschaft ergänzen die Sprachübungen, und er macht sich technisch fit für die Beurteilung des überlegenen britischen Maschinenparks.

Es werden auch schräge Gestalten aufgesucht. Einen Scharlatan nennt Faujas einen gewissen Cornus, der Elektrifizierversuche mit Leinen und mit Nerven von Gelähmten machte. Mit dieser Einschätzung stand Faujas nicht alleine. Eine ähnliche Meinung hat er jetzt von einem gewissen Bleton, einem Wünschelrutengänger, der Wasser durch die Schwankungen des Erdmagnetismus finden wollte. Ein Jahr vorher hatte Faujas das noch durchaus positiv gesehen. Faujas trifft den Mathematiker Condorcet im Verlauf des November vier Mal und betont, wie ausgedehnt die Besuche gewesen seien – bis zwei Stunden. Sie haben wahrscheinlich über Scharlatanerie diskutiert, die sich in Paris mit dem Mesmerismus ausbreitete und die vom damaligen Sekretär der *Académie* Condorcet und Faujas vehement abgelehnt wurde. Faujas berichtet vom Experiment eines gewissen Jeanan, der mit *air méphitique* (Kohlendioxid) einen Menschen getötet habe.

Bei Lavoisier wohnt er sehr aktuellen Experimenten mit »dephlogistierter Luft« (Sauerstoff) bei, die in Kohle ein lebhaftes Feuer auslöst und in der Chemie eine Revolution. Es werden verschiedene Mineralien auf ihre Hitzebeständigkeit untersucht und Experimente mit dem *conducteur de Volta* gemacht, einem elektrischen Leiter, der an einen neuen tragbaren Elektrometer des Mitglieds der *Royal Society* in London, Cavallo, angeschlossen wird. Bei einer anatomischen Demonstration zeigt ein Dr. Louis Menschen mit Wasserkopf in einem Chirurgiesaal, der einem Amphitheater ähnelt und von dem Faujas begeistert ist. Wachsmodelle werden im anatomischen Kabinett des Chirugen Pinçon besichtigt. Am 27.7. ist er in Lyon im Mineralienkabinett von Lecan, das er als nicht gut organisiert kritisiert, am 3.10. wieder in Paris beim *Abbé* Bellonet, wo er wertvolle Steine zu sehen bekommt und eine Pflanzensammlung, die dieser von dem Hauptmann der Kavallerie Pingré, einem Freund des verstorbenen Botanikers Jussieu, gekauft hat. Beim Steuereintreiber Comte d'Arcy sieht er neben Steinen auch Insekten und Vögel, beim Freund Dolomieus, de la Rochefoucauld, eine Sammlung im Aufbau und bei Dolomieu Laven vom Ätna. Bei ihm trifft er den Maler Jean-Pierre-Louis-Laurent Houël, der fast zur gleichen Zeit wie Dolomieu auf Sizilien war und einen reich bebilderten Bericht abgeliefert hat. Zusammen mit dem später erscheinenden mehrbändigen Werk des Abbé Saint-Non über Sizilien sind das die Bücher der französischen Italiensehnsucht. Faujas speist mehrere Male mit dem *Abbé* zu Abend. Für Faujas das schönste Kabinett ist das von Alexandre-Charles Besson mit Laven vom Vesuv und solchen von erloschenen Vulkanen Italiens. Der fast 50-jährige Besson wird trotz reicher geologischer Erfahrung 1783 einer der fünf ersten Schüler der *École des mines* und Faujas sein Lehrer.

Sie besuchen den Physiker Charles in der Nähe des *Palais Royal* mit seiner sehr modernen und umfangreichen Kollektion elektrischer Maschinen und Geräte, der in seinem europaweit bekannten *cabinet de physique* beliebte öffentliche Vorlesungen mit zahlreicher Beteiligung von Frauen abhielt. Charles wird es ein Jahr später als erstem gelingen, einen mit Wasserstoff gefüllten Ballon steigen zu lassen, und Faujas wird ihn zutiefst kränken. Das physikalische Kabinett des Königs, zu dem der Astronom der Marine, *l'abbé* Rochon aus Passy, die Türe öffnet, war zwar üppig und teuer, aber die physikalischen Geräte nicht in Gebrauch, eine tote Sammlung im Unterschied zu den in Paris kuriserenden Demonstrationsobjekten und zum blühenden Handel mit wissenschaftlichen Geräten.

Faujas hält die Preise fest, die für die Experimente bezahlt werden müssen, für Maschinen, Instrumente und Substanzen, erzählt vom Händler Syken, der englische Technik verkauft und der ganz in der Nähe der Wohnung Faujas' seinen Laden hat, vom Optiker Nozada und von Carouchi, der ihm eine Lampe aus elastischem Gummi verkauft, von Motier, dem Hersteller physikalischer Instrumente, von Preisverhandlungen und Qualität der Ware, von Kauf und Tausch. Der Physiker Jacques Bianchi versucht, wie andere Physiker auch, Instrumente an den Mann zu bringen und hält Vorlesungen in der *rue St. Honoré* ab. Faujas kauft einige Geräte, um mit ihnen in Montélimar eigene Experimente durchzuführen.

Sie steigen insgesamt vier Mal in den Bauch von Paris, in die unterirdischen Steinbrüche, beim ersten Mal mit drei englischen Botschaftern, Whitford, Vaughan und Oswald. Sie werden vom Intendanten und Architekten für die königlichen Gebäude sowie einigen Geometern empfangen und bleiben drei Stunden unten und messen mit einem englischen Thermometer die Temperaturen. In weiteren Explorationen, fast immer in englischer Begleitung, werden die Katakomben durchstreift. Dabei fünf Frauen, unter ihnen die bekannte *Salonière* Comtesse de Sabran und die Marquise de Bondi, acht Männer, unter ihnen der Architekt Pierre-Jean Guillemot, der Sohn des Direktors des Observatoriums, Comte de Cassini, und Court de Gibelin mit 20 *domestiques* für die 13 Teilnehmer. Court de Gébelin (oder Gibelin) war einer wichtigsten Wissenschaftler der Aufklärung und seit 1776 königlicher Zensor. Faujas kennt noch ein weiteren Zensor, Adanson, den er mehreremals zu sich nach Hause einlädt. Sie diskutieren über Mumien und Hieroglyphen, denn Adanson ist ein begeisterter Ägyptologe.

Mit Madame Guillemot, der Frau des Architekten, ist er durch den Wald von Fontainebleau gefahren, um den *Rocher Saint Germain de belles croix* zu inspizieren, wo er in der Grotte verschiedene Kristallisationsformen entdeckt, die er seiner Meinung nach als erster beschreibt. Einen Tag vorher waren die beiden Herren drei Kilometer vom Felsen entfernt in einer Höhle, in der die Pflastersteine für Paris deponiert und für den Transport auf flachen Kähnen vorbereitet wurden. Damit waren 80 Mann beschäftigt. Mit dem Architekten Guillemot ist er unterwegs, um den Zustand des *Aqueduc d'Arcueil* kennenzulernen, eine ursprünglich gallo-romanische Konstruktion, die von Katharina von Medici wiederhergestellt worden war, um Wasser aus 13 Kilometer Entfernung in den *Jardin de Luxembourg* zu leiten. Dabei stellt er fest, dass sich der Mörtel an einigen Stellen aufzulösen beginnt und denkt über seinen Ersatz mit Pouzzolan nach. Guillemot war verantwortlich für die Brücken und Straßen von Paris, weshalb die Versuche mit Pouzzolane, die Faujas im *Jardin du Roi* in seinem Beisein durchführte, Demonstrationen zur Einleitung von Geschäftsbeziehungen waren.

Die Kuriosität eines Hermaphroditen, der sich Mademoiselle Dupuis nennt, wird drastisch auf Vorschlag und im Beisein des englischen Arztes Schevediewer demonstriert (das ist sicherlich Swediaur, den er in Edinburgh wieder treffen wird). Mademoiselle Dupuis zeigt ihre Genitalien, lässt sich von einer Freundin vier Minuten lang erregen und führt zur Demonstration den erigierten Penis ein. Es kommt zu einer heftigen Ejakulation, die ein Fuß weit reicht. Die Herren können ihre wissenschaftliche Neugier befriedigen und die Genitalien betasten, um herauszufinden, was da anatomisch vorliegt. – Für die Nervenschmerzen der Beine, die Faujas oft den Schlaf raubten und ihn daran hinderten, das Haus zu verlassen, empfiehlt ihm Swediaur Bäder und Einreibungen mit Rizinusöl.

Ähnlich kurios verläuft ein Abendessen beim Duc de Chaulnes, zu dem noch andere Wissenschaftler eingeladen sind. Sie alle wollen herausfinden, womit sich Kröten, die weitab von ihrem Lebensraum inmitten von Steinen gefunden worden waren, ernähren. Dazu werden sie im Alkohol ersäuft. Das hatte Benjamin Franklin vorgeschlagen, der im Haus von Chaulnes wohnt und dem sie die ersäuften Kröten bringen. Faujas und Franklin waren also Nachbarn. Die Kröten werden seziert, und in den Mägen sind Teile von Insekten und einige Körner Sand.

Chaulnes und Faujas haben versucht, eine Maschine zu Gesicht zu bekommen, an der Blanchard schon seit langem arbeitet, haben aber den Konstrukteur nicht angetroffen und sein fliegendes Ruderboot nicht gesehen. Aber es kursierten bereits karikaturistische Zeichnungen. Mit vier englischen Botschaftsangehörigen begeistert er sich für die Mechanik einer Newcomen-Dampfmaschine des *Abbé* Rey. Die Pumpe hebt das Wasser 120 Fuß über das der Seine. Er besucht das Automatenmuseum des schweizer Mechanikers Pierre Jacquet-Droz und seines Sohnes Henri-Louis aus Neuchâtel, mit dem diese bis 1789 durch Europa touren. Dort gibt es den »Dessinateur«, einen Automaten mit den Zügen eines Kindes, der mit Bleistift Dinge zeichnet wie z.B. einen kleinen Hund, einen Liebenden, der in einem Karren von einem Schmetterling gezogen wird, das Porträt der Königin und des Königs von Frankreich und das der Königin von England. Ein anderer Automat, »der Musiker«, kann fünf Stücke auf einer kleinen Klaviatur spielen. Bei Madame Guillemot lernte er den Generalinspekteur der Baumschulen, Moreau de la Rochette kennen. An einer Tabakmanufaktur, die von Monéron (Monneron) geleitet wird, interessiert, wie die Tabakblätter mit Salzwasser in mehreren Bädern gereinigt werden, in einer Bäckerei sind es die Öfen und die fast nackten Gestalten, die an ihnen arbeiten.

Die Reise von Montélimar nach Paris hatte neun Tage gedauert und

180 livres gekostet, drei Monatsgehälter eines relativ gut bezahlten Druckers. Fünf Tage gehörten Lyon. Er macht die Erfahrung, dass Behälter mit dem Adressat ›Buffon‹ vom Zoll nicht geöffnet werden, meckert über die gewöhnlichen Leute und ist nach seinen Pariser Anregungen zutiefst gelangweilt. Voltaire hatte diesen Ort aus ähnlichen Gründen fluchtartig verlassen. Der Steuereintreiber Devignon und der Physiker Pistone von Marseille seien gewöhnliche Leute, und er wohnt beim Direktor der Pulververfabrik, deren Magazine gerade aus der Stadtmitte an den Stadtrand verlegt wurden. Als er wieder in Paris eintrifft, ist Buffon noch nicht da und Faujas ganz unruhig. Er verbringt die Zeit im *Jardin* mit Chaulnes und Pierre-Clément Grignon, einem begeisterten Naturalisten und Korrespondenten Buffons, wo sie der Leiter des Gartens, Thouin, die Gewächshäuser besichtigen lässt.

Sein Begleiter Chaulnes musste der Schlüssel zu den höchsten Adelskreisen und zur wissenschaftlichen Welt gewesen sein, denn er war *Paire de France*, Oberst, Chemiker, Mitglied der Königlichen Akademie von London, und sein Vater war mit Louis LXV befreundet gewesen. Am 7.10. diniert Faujas endlich bei seinem Förderer Buffon und muss betonen, dass es Buffon war, der ihn unbedingt neben sich platzieren wollte.

Faujas trifft sich drei Monate lang, bis zu dessen Abreise, mit seinem Freund Dolomieu, der gerade aus Sizilien zurückgekommen war. Bei sich zuhause empfängt er Monsieur Stoutz, *sous-inspecteur des mines*, den *Abbé* Monge, womit er sicherlich Jean André Mongez meint, der zusammen mit Rozier Herausgeber des *Journal de physique* war. Auch zwei Frauen von amerikanischen Kongressabgeordneten sind bei ihm zu Gast und Carl von Linné, der Sohn des gleichnamigen Begründers der modernen botanischen Systematik. Allen Besuchern zeigt er stolz seine im Aufbau befindliche Sammlung.

Frauen unterscheidet Faujas nach geschätzten »*dames*« und missachteten »*filles*«. Er schätzt Madame Guillemot wegen ihres *esprit* und deshalb auch deren Freundin, die von Liebeskummer heimgesuchte Marquise de Cabris. Er bewundert die Königin von Weitem und Suzanne Necker, die Frau des Finanzministers, in der *Comédie Française* und bei zwei Diners bei Buffon, dessen letzte Freundin sie gewesen sein soll. Mit ihr unterhält er sich länger über den Wasserfinder Bleton, dessen Stern im Sinken war. Er bewundert Madame Démaret wegen ihrer Anatomie und weil sie ein Naturalienkabinett unterhält. Mit Madame Guillemot war er nicht nur in Fontainbleau unterwegs, er wird auch von ihr zu einer bunten Gesellschaft eingeladen, bei der er die wertvolle Bekanntschaft mit dem Advokaten Lacroix macht, der Faujas ein Jahr später in den Auseinandersetzungen um seine öffentlichkeitswirksame Rolle bei den Ballonaufstiegen unterstützen wird. Bei ihr sieht er Antoine Louis Decrest de Saint Germain (1761-1835), der gerade aus Suez zurückgekommen war und dessen Abenteuer in Ägypten und Indien Faujas beschreibt. Anwesend waren der Autor von *Iphigénie en Tauride*, Jean-Francois Guillard, der Ballettänzer Jean Georges Noverre, der die Iphigenie getanzt hat und mit Geschichten seiner Auftritte in London aufwartet, der Advokat und Historiker Charles de la Cretelle und der Architekt Renard. Von den geistsprühenden Damen, die in ihren Salons einen Ausschnitt der besseren Gesellschaft versammeln, geht das Netzwerk aus, von dem Faujas profitiert. Andere, von denen nicht klar ist, ob er sie noch zu den *dames* oder schon zu den *filles* rechnet, himmelt er wie ein Pennäler an. Er besucht 18 Mal die Oper, und bei acht singt der Star der Zeit, Mademoiselle Saint-Huberty. Er notiert die Schönheit der Frauen in den teuren Rängen (sie kosten drei livres) und taucht voll ein ins mondäne Leben, weiß von Soiréen, in die man nur mit Billets hineinkommt und eingeladen werden muss. Seinem Geldbeutel angemessen waren eher die Zirkusdarbietungen für einen Livre in der Arena der *Vauxhall*, die er sich in sechs Wochen acht Mal leistet, und die *Redoute chinoise*, die ihre Aufführungen chinesisch kostümierte.

Die Exzesse eines Duc d'Aumont, der Chinoiserien und Bücher zu exorbitanten Preisen zusammensteigert, die mehrere 1000 bis mehrere 10 000 livres pro Stück betragen können, gehen ihm dann doch zu weit, auch wenn er sich in den modischen Ateliers herumtreibt und feine Architektur genießt. Er besucht z. B. die Galerie des Bildhauers Houdon, der ihm die Büste des Heiligen Bruno und die Benjamin Franklins schenkt, die Galerie des *Palais Royal*, das *Château de Fontainebleau*. An der Bildhauerei interessiert Faujas, ganz Geologe, vor allem die Herkunft des Marmors. Zwei Mal ist er im Haus von Pahin de la Blancherie, der seine reiche Bildersammlung zusammen mit naturhistorischen Kuriositäten ausstellt und mit ihnen Handel treibt.

Von Paris aus schreibt er eine ganze Reihe Briefe in seine Heimat, an Boisset, an seine Tochter, an seinen Vater, nach Annonay, wo eine Linie der Familie leben soll. In einem Brief an seinen Vater lässt er durchblicken, dass ihm seine alte Freundin Madame Cheynet sehr viel Kummer bereite und ihn verleumde. Faujas hat die Briefe später verbrannt, die Licht auf die Angelegenheit werfen könnten. Sie haben wahrscheinlich mit seiner Frau zu tun, die er ohne Mittel in Montélimar zurückgelassen hat.

Der Gründonnerstag des Jahres 1783 öffnet Faujas die Türen in Versailles. Madame de Sabran hat dafür gesorgt, dass ihn der Bischof von Laon, ihr Verwandter, zur traditionellen Fußwaschung im Beisein der Königin bittet. Dieser Bischof war Louis Hector de Sabran, *aumônier du Roi* (Verwalter der Almosen des Königs) und *grand aumônier* der Königin und Akademiemitglied. Der Bischof führte sie zum Duc Jules de Polignac, der ihn nach der Schilderung von Faujas sehnlichst erwartete und sich eine Stunde lang mit ihm unterhielt. Polignac wird ihm die

Gelegenheit geben, auf seinen Ländereien nach vulkanischem Material zu suchen, was er in der *Minéralogie des volcans* erwähnt. Dieser Duc ist nicht irgendein Adliger aus der Auvergne. Er ist erst seit vier Jahren Herzog, aus dem Grafenstand erhoben auf Betreiben seiner Frau Gabrielle de Polstron, der Vertrauten Marie Antoinettes. Das Königspaar hatte sämtliche Schulden der Polignacs bezahlt. Über die Ultraroyalistin Gabrielle, die 1781 mit verantwortlich für die Entlassung des Finanzministers Necker gewesen war, lief die Karriereleiter im *Ancien Régime* so lange, bis Gabrielle 1785 in Ungnade fiel. Das Paar wohnte im *Palais royale* und besaß einen Stadtpalast in der *rue Taranne*, die dem *Boulevard St. Germain* zum Opfer fallen wird, wo sich *gens de lettres* zu treffen pflegten und vornehm speisten. Rousseau hatte den Vater des Duc de Polignac als sehr reichen »Sohn eines Parvenues« bezeichnet, der die *gens de lettres* bei sich empfangen und wegen seines Wissens eine gute Figur gemacht habe. Faujas verneigt sich auch deshalb vor ihm.

Es gab eine religiöse Zeremonie, dann ging's zum Diner, danach die rituelle Fußwaschung bei einem Dutzend Kindern durch die Königin, die Faujas gerade mal eine Stuhllehne von ihr entfernt miterlebte und die sie duldsam eine Stunde lang über sich ergehen ließ. Die Königin wird wenige Wochen danach die erste Subskribentin der Medaille, die Faujas zur Unterstützung der Montgolfiers prägen lässt.

Nebenbei macht Faujas Franklin auf einen sprechenden Automaten des *Abbé* Mical aufmerksam, bei dem zwei Köpfe mit Zungen aus luftdurchströmten gespannten Membranen täuschend echt die menschliche Stimme imitieren: »Der König bringt Europa Frieden, der Friede krönt den Ruhm des Königs, und der Friede bringt den Völkern Glück. O bewundernswerter König, Vater Eurer Völker, das Glück zeigt Europa den Ruhm Eures Throns.« Faujas lädt ihn zweimal ein, an einer Demonstration teilzunehmen, bei der die Größen der Pariser Wissenschaft anwesend sind.

Abbildung 10: Die sprechenden Köpfe des *Abbé* Mical

Straucheln auf Pariser Bühne

Den beiden Papierfabrikanten, den Gebrüdern Joseph Michael und Jacques Etienne Montgolfier, war es am 5.6.1783 erstmals gelungen, in Annonay vor der Öffentlichkeit der gerade tagenden Landstände einen Heißluftballon steigen zu lassen. Am 27. August folgte der Aufstieg eines mit Wasserstoff gefüllten Ballons des Physikers Charles und seiner beiden jungen Mechaniker, den Gebrüdern Robert in Paris. Sie profitierten von der Unterstützung einer sogenannten *Société du Caveau* im gleichnamigen Cafe im *Palais Royal*, die von Faujas in die Wege geleitet worden war. Dort hatte Faujas sich seine »Direktion« sogar in die Medaille einprägen lassen, mit der für die finanzielle Unterstützung geworben wurde.

Zum *Palais Royale* hatte die Polizei keinen Zutritt. Er war von seinem Besitzer, dem Herzog von Orléans (Louis-Philippe Joseph, Duc de Chartres, dem späteren Philippe-Égalité) rund um den Palastgarten in den letzten drei Jahren mit 60 Häusern mit Arkadengängen umbaut worden, in denen Wohnungen, Gaststätten, Läden und Vergnügungseinrichtungen einer illustren Gesellschaft freimütige und freizügige Treffen bot. Man flanierte und palaverte. Dort befand sich das im modischen etruskischen Stil des Louis XVI errichtete *Café du Caveau*, das von Faujas, den späteren Ballonhelden Blanchard und den Gebrüdern Robert, vom Astronomen Lalande und zahlreichen anderen Wissenschaftlern, von Musikliebhabern Puccinis oder Glucks und von Aufklärung angekränkelten oder leichtfertigen Adligen frequentiert wurde. Zahllose Fäden führten ins Geflecht der Macht, viele Ideen in die Abgründe der Rebellion. Das war die kleine privilegierte weite Welt, in der sich Faujas in Szene setzte. Sie hatte die Salonkultur der frühen Aufklärung abgelöst, in der die Frauen den Ton angegeben hatten. 1777 waren zwei wichtige *Salonières* ausgefallen: Madame Lespinasse gestorben und Madame Geoffrin gelähmt. Dena Goodmann schildert, wie sich in den 80er Jahren von Männern dominierte Gesellschaften wie die von Pilâtre de Rozier oder die von de la Blancherie gründeten. Sie wollten den seichten Unterhaltungen der Salons vorbeugen und sich ernsthaften und nützlichen Themen widmen.

Zentrum dieser Männerdomäne war der *Palais Royal* mit seinem Garten, in dem sich ad hoc Diskussionszirkel um eine Bank bildeten. Der Salon war in den öffentlichen Raum vorgedrungen, die Themen von Männern wie Pilâtre de Rozier bestimmt. Der 1785 mit einem Ballon tödlich verunglückte Pilâtre de Rozier war im Dezember 1781 der Gründer eines staatlich autorisierten und unter der Protektion von Monsieur und Madame (dem Bruder des Königs mit Frau) *Musée de Monsieur* im Marais. Die Autorisation war nicht selbstverständlich, da es sich um von der Polizei argwöhnisch beobachtete Zusammenkünfte handelte. Das *Musée* mit weitläufigen Laboratorien beschäftigte sich mit den Fortschritten in den verschiedenen Wissenschaften und deren Verwertung für Industrie und Handel und hatte mehrere hundert eingeschriebene Mitglieder. Rozier machte dort vor einem meist adligen, zahlenden Publikum physikalische Experimente, untersuchte Gase und erfand den Respirator. Das *Musée* lag nach seinem Umzug nur einen Sprung vom *Palais Roya*l entfernt in der *rue Saint-Honoré*. Es wird später unter der Protektion von Monsieur zu einem regelrechten *Lycée*, in dem alle später bekannten Wissenschaftler unterrichteten (Condorcet, Lacroix, Monge, Fourcroy etc.). Diese Leute waren die Subskribenten der von Faujas geprägten Medaille. Unter ihnen waren auch viele Mitglieder der königlichen Familie.

Der anonyme und nie wirklich enttarnte Beobachter der *Mémoires secrets*, kommentierte den Einsatz Faujas' mit bissigen Worten:

»M. Faujas de Saint-Fond ist ein Intrigant, halbgebildet, der sich auf den Ruhm anderer aufpfropft, weil er eine eigene Existenz nicht haben kann; so kommt es, dass er unter dem Vorwand, Subskriptionen zustande zu bringen, Medaillen zu prägen, Monumente zu errichten Glauben machen will, dass er einigen Anteil an den Entdeckungen der Herren Montgolfier, Charles, Robert hatte, aber er ist nur die Fliege auf dem Papagei, nur der Rhapsodist (Kompilator), der in einer langweiligen Broschüre alles, was über die Ballons gesagt, geschrieben und gemacht worden ist, gesammelt hat, ohne etwas Eigenes hinzuzufügen. Er hat sogar einen verleumderischen Geist und eine Boshaftigkeit, der man den Zwist zwischen den Herren Montgolfier und Charles zugeschrieben hat und der die beiden Parteien seither entzweit« (eigene Übersetzung).

Der Anonyme hat recht, und er beschreibt einen unangenehm wichtigtuerischen Charakterzug Faujas', der auch bei zukünftigen Einsätzen von vielen Beteiligten beschrieben wird. Die beiden Bände sind eine mit heißer Nadel gestrickte Dokumentation verschiedener Veröffentlichungen, die aber gerade deswegen noch heute als authentische Quelle für die Geschichte der Ballonfahrt Verwendung findet *(Description des expériences de la machine aérostatique de MM. de Montgolfier)*.

Die Auseinandersetzung zwischen den Montgolfiers mit ihrem Heißluftballon auf der einen und Charles und Robert mit ihrem Wasserstoffballon auf der anderen Seite, als deren boshafter Urheber Faujas von den *Mémoires secrets* ausgemacht wird, wurde in der noch jungen Tagespresse des *Journal de Paris* ausgetragen. Der Physiker Charles und die beiden Mechaniker Robert hatten einen wasserstoffgefüllten Gummiballon völlig eigenständig entwickelt, und Charles hatte in seiner Veröffentlichung der Ergebnisse die Montgolfiers mit keinem Wort erwähnt. Aber die Presse stellte die Versuche Charles' als eine blinde Nachahmung der Versuche der Montgolfiers dar, betrachtete die Ro-

Abbildung 11: Die Karrikatur in *Le Magasin pittoresque* wurde von Jean Antoine Valentin Foulquier erst 1853 gezeichnet und trägt den Titel »Volomaniste«, der auf hinterhältige Weise mit den beiden Bedeutungen von »voler«, fliegen und stehlen, spielt und mit »Flugwahnsinniger« oder »Diebstahlsüchtiger« übersetzt werden kann. Man sieht Faujas mit der Medaille, auf der die Worte stehen: »Ich habe von mir reden gemacht.« Von seinem Rücken hängt ein Buch, das von einer Ratte gefressen wird. Es sind die *Volcans éteints*. Im Hintergrund eine Höhle mit einer Flasche und einem Glas, der Eingang zum *Temple du goût*. Auch dieser »Geschmackstempel« ist doppelbödig. Zur Zeit Louis XVI wurde der Frühklassizismus (*goût grec*) vom etruskischen Stil (*goût étrusque*) abgelöst, und die Subskription fand im *Café du Caveau* statt, weshalb der Tempel wie ein Kellergewölbe aussieht. (Le Magasin pittoresque 1853 [A21, S. 300. Gallica])

berts bloß als deren Mechaniker und vergaß, den Physiker Charles, der alles berechnet hatte, zu erwähnen.

Das 1777 gegründete *Journal de Paris* hatte mit seinen Nachrichten über Theater, Literatur, tägliche Ereignisse und persönliche Anektdoten schnell hohe Auflagen ereicht (1790: 12000). Was dort geschrieben stand, war zu einer öffentlichen Sicht der Ereignisse geworden. Die Empfindlichkeiten der Ballonerfinder wurden durch ein mangelndes Verständnis der Presseleute des *Journal de Paris* über die Unterschiede zwischen einem Heißluftballon und einem Wasserstoffballon verstärkt, in deren Gemengelage sich Faujas als letzte wissenschaftliche Instanz inszenierte. Charles und die beiden Roberts schilderten den Vorfall im *Journal de Paris* und beklagten sich darüber, dass Faujas sogar den Eindruck erwecke, er habe Anteil an der Entwicklung gehabt, was Charles und Co. im Journal ein für allemal richtig stellten. Faujas hatte ihnen zwar 25 Louisdor für ihre Versuche, die ersten Einnahmen aus seiner Subskription, gegeben, dann aber behauptet, er habe ihnen den Taft eingekauft.

In einem Manuskript von 1784 lässt sich Charles angewidert über eine Öffentlichkeit aus, die im *Café du Caveau* zwei Altäre errichtet, um sich von dort aus mit Hass, Verdächtigungen und Gemeinheiten zu bekämpfen. Charles sieht sein Unglück mit der Subskription und einer Medaille mit falschen Zuschreibungen beginnen und sich vor einen lächerlichen und inkompetenten Gerichtshof gestoßen, in dem die Schädlinge und Nullen die Produkte von Kunst und Genie an die Öffentlichkeit zerren, um sie ein um das andere Mal zu vertilgen, umgeben von Eifersucht und überwacht von Hass. »Ich fand den Krieg, wo ich einfach nur die Natur suchte.«

Faujas ließ mit seinem besserwisserischen Gehabe nicht locker. Als Jean-Pierre Blanchard am 2.3.1784 vom Marsfeld aus die Seine mit einem gasgefüllten Ballon überquert hatte, klopfte er die Berichterstattung des *Journal de Paris* kleinkariert auf Fehler ab und teilte diese am 10.3. in einem länglichen Brief Blanchard mit. Er hielt diesen Brief für so wichtig, dass er ihn in den zweiten Band seiner Dokumentation über die Ballonaufstiege aufnahm. Faujas war in seiner Privatfehde mit den Journalisten dabei, diejenigen endgültig vor den Kopf zu stoßen, die die abenteuerlichen Ballonfahrten unternommen und dafür die wissenschaftlichen Voraussetzungen geschaffen hatten.

Sein Versuch, ein Stück des Ruhms für sich zu reklamieren, ging unter Hohngelächter gründlich daneben und trübte seine wissenschaftliche Glaubwürdigkeit. Er galt jetzt als ein Mann, der sich der Ideen und Erfindungen anderer bemächtigt und sie für seine eigenen ausgibt. Am 29.12.1783 druckte das *Journal de Paris* einen Brief, in dem Faujas als einer erscheint, der fälschlicherweise für sich in Anspruch nimmt, vor dem Chemieprofessor aus Montpellier, Jean-Antoine Chaptal, Flaschen aus wieder verflüssigter Lava hergestellt zu haben. Aber es waren der Gründer der Bergbauschule, Balthazar-Georges Sage, der die Idee gehabt, und Chaptal, der die Experimente in Montpellier durchgeführt hatte. Der anonyme Brief stammte von Chaptal, den der Herausgeber des *Journal de Paris,* Cadet de Vaux, mit einer gezielten Indiskretion unter Zustimmung Chaptals gegenüber dem österreichischen Mineralogen Ignaz von Born enttarnte. Cadet de Vaux schickte ihm den Artikel, die »petit gentillesse de M. Faujas«, die kleine Freundlichkeit, am 5.4.1784 zu (gemeinerweise nicht »de Saint-Fond«) und damit war in einem internationalen wissenschaftlichen Netz Faujas an den Pranger gestellt, denn von Born war der Mineraloge Maria Theresias.

Gegen Faujas hatte sich so viel Unwillen zusammengebraut, dass er sich gezwungen sah, zu reagieren. Sein Freund, der Advokat de Lacroix, den er bei Madame Guillemot während seiner *Voyage de Paris* 1782 kennen gelernt hatte, verfasste zusammen mit dem Advokaten Éienne de Polverel eine *Mémoire*, in der sie auf 24 langen Seiten versuchen, die Reputation Faujas' wiederherzustellen, seine Meriten hervorzuheben, die Sache mit Charles und den Roberts zurechtzurücken und herauszufinden, ob Chaptal hinter dem Artikel im *Journal de Paris* steckt, ob Chaptal das selbst so geschrieben hat oder ob die Journalisten eigene Versionen hinzugefügt haben. Am Schluss wird sogar von den Herausgebern des *Journal de Paris* eine Entschädigung gefordert. Sie soll verhindern, »dass obskure Feinde unter einem nicht gedruckten Namen unsere Existenz und unser Eigentum attackieren«. In der *Mémoire* war der Verdacht geäußert worden, dass hinter den Attacken auf Faujas Neider seines Erfolges steckten, womit wohl seine Position eines Freundes bei Buffon, eines Lehrers an der *École des Mines* und sein Monopol und Zollprivileg auf das Pouzzolan gemeint waren. Die Zeitungsmacher müssten diese Entschädigung in dem Journal veröffentlichen, das ihn beleidigt habe. Das solle zukünftigem Missbrauch vorbeugen, statt sie durch Straflosigkeit zu ermutigen.

Es ist möglicherweise das erste Mal in der noch jungen Geschichte der Tagespresse in Frankreich, dass die Journalisten per Gerichtsurteil zu genauer und fairer Berichterstattung gezwungen werden und das Urteil veröffentlichen sollten. Dass es dazu kam, ist wenig wahrscheinlich. Zwei Monate später war Faujas auf dem Weg nach England und Schottland. Es sah aus wie eine Flucht, war aber von langer Hand geplant. Zurück blieben die angewiderten Leidtragenden des ganzen Medienrummels, der Physiker Charles und seine Mechaniker, die Brüder Robert. Der schon damals mit dem Naturrecht plädierende Advokat Polverel wird 1793 einer der beiden Kommissare in *Saint-Dominique*, die ohne Rückfragen in Paris die Sklaverei abschaffen.

England und Schottland: frecher Industriespion und verwöhnter Geologe

Von Juli bis November 1784 war Faujas in England, Schottland und auf den Hebriden. Er war bei weitem nicht der erste Franzose, der in den fortgeschrittenen industriellen Gefilden Englands und Schottlands nach Wegen suchte, wie der heimischen Industrie auf die Beine geholfen werden könnte. Zu ihnen gehörte Jars, der als gut ausgebildeter Techniker und mit in Inspektionsreisen erworbenen Kenntnissen über die französischen Zustände Mitte der sechziger Jahre Blei-, Zinn und Kupferminen, Salinen, Eisenhütten und die Koksherstellung in Großbritannien studierte und dabei noch bereitwillig von den englischen Unternehmern unterstützt worden war. Zuhause brachte er die Kupfermine seines Vaters und Bruders auf Vordermann und stellte die Hochofenbefeuerung auf schwefelfreie Kohle um. Er war es, der Creusot als einen hervorragenden Standort für die Erzverhüttung erkannte, weil dort Erz- und Kohlevorkommen dicht beieinander liegen. In aller Munde war der Prinz von Nassau-Saarbrücken, der 1774 als erster auf dem Kontinent die britische Hochofenbefeuerung in seinen Erz- und Kohleminen von Sultzbach unter hohem Kapitaleinsatz eingeführt hatte. Jars war in England zum Mitglied der Akademie Londons gekürt und nach seiner Rückkehr auch Mitglied der Akademie in Paris geworden. Eine Karriere, die Faujas vorschwebte, als er nach England aufbrach, als Geologe auf der Suche nach Spuren erloschener Vulkane, als Bergwerksunternehmer und Technikbegeisterter auf der Suche nach Wegen aus der französischen Misere. Sein Augenmerk richte sich »vorzüglich auf Naturgeschichte, Wissenschaften, Künste und einige wirtschaftlichen Gegenstände. Also zu Sache.« Als wichtigste entpuppen sich die beiläufig erwähnten »wirtschaftlichen Gegenstände«.

Die Veröffentlichung von *Voyage en Angleterre, en Écosse et aux îles Hébrides* sollte eigentlich 1792 erfolgen, aber da war er mit der Sicherung der Revolution im Dauphiné voll beschäftigt. Es dauerte bis 1797. Die deutsche und englische Ausgabe folgten 1799. Die englische Version enthält ein Vorwort, das in der deutschen und der französischen fehlt und das etwas von seiner politischen Haltung nach der Zeit des großen Terrors verrät: Glücklich seien die Engländer, die trotz ihrer Verwicklung in den europäischen Konflikt keinen dieser großen Männer verloren haben, die ihr Land weiter mit nützlichem und elegantem Wissen schmückten, während die Franzosen zusehen mussten, wie ein großer Teil von ihnen grausam ermordet wurde. Die Beleidigungen, die ihm selbst zugefügt worden seien, wolle er vergessen, aber für die Leiden anderer gelte das nicht. Er wird in Fußnoten immer wieder auf die Freunde zurückkommen, die er verloren hat.

Durch die späte Veröffentlichung entsteht eine Unsicherheit in der Perspektive, aus der er seine Eindrücke schildert, und der Verdacht, dass Faujas im Nachhinein manches geglättet und weichgespült haben könnte. Leider kursiert das Manuskript dieser Reise, das Aufschluss geben könnte, in der Anonymität privater Auktionen. Es wäre z.B. wichtig zu klären, ob es sich bei dem von Faujas genannten Smeaton um John Smeaton handelt, der der herausragende Ingenieur Englands war und zum Zeitpunkt der Reise gerade ein Rückhaltebecken für den Hafen von Ramsgate an der Themsemündung mit einem Mörtel gebaut hatte, der in seinen Eigenschaften dem Pouzzolan ähnelte und der den Portlandzement vorweggenommen hat. Falls Faujas ein Treffen mit ihm unterschlagen haben sollte, dann wahrscheinlich, um sein eigenes Geschäft mit Pouzzolan in Frankreich zu schützen. Das wäre natürlich wie beim Zollprivileg auf Pouzzolan nicht im Sinne des von ihm so vehement proklamierten Freihandels und des freien Austausches von Wissen.

Mit London fängt er an, und er hat Empfehlungsschreiben dabei. Er ist gleich zum Frühstück mit Tee und dünnem Kaffee beim wichtigsten Mann der britischen Wissenschaften, beim Präsidenten der *Royal Society*, Joseph Banks, geladen. Es herrscht ein »brüderlicher Ton«, und sie sprechen über Banks kostspielige Pflanzensammlung, die er in der ganzen Welt und oft aus Erbschaften zusammengekauft hat. Banks zeigt ihm eine Schachtel aus China, in der sich ein Steinpulver für die Steinschleifer befindet, und sofort ist Faujas wie elektrisiert. Es handelt sich um »Demantpulver« aus dem Mineral Korund, der beinahe so hart wie Diamant ist und, wie Faujas in Versuchen klären lassen wird, besser als der Schmirgel aus Sand- und Glaskörnern zum Schleifen geeignet ist. Er sieht einen Korund noch eingebettet in das Umgebungsgestein, das er als Granit identifiziert, und hofft, dass auch in Frankreich Funde gemacht werde können. Darum wollte er sich kümmern.

Ebenso wie um Hanfsamen aus Kanton, die er von Banks erhalten hat. Diese wollte er an verschiedene Bauern im Süden Frankreichs zur Aussaat verteilen. Die Ausfuhr dieser Pflanze, die nach Rösten der holzigen Anteile ein sehr langes und festes Garn liefert, war eigentlich verboten, aber Banks hatte ein Pfund Samen erhalten, das in Kisten mit naturhistorischen Gegenständen versteckt gewesen war. Die Begründung für die Umgehung des Ausfuhrverbots ist ein Dokument kolonialer Arroganz, das Faujas mit Bewunderung für die englische Nation erfüllt:

»Der Wunsch, England ein Produkt zu verschaffen, welches seiner für das ganze so wichtigen Seemacht von unendlichem Nutzen seyn müßte, machte die Aufmerksamkeit des Parlamentes und aller derjenigen rege, welche den englischen Landbau mit diesem neuen Produkt zu bereichern wünschten. Es war bekannt, daß die Ausfuhr dieses Samens streng verboten sey; aber dieses Verbot war nur ein Beweggrund mehr für den Eifer dieser Nation; auch brachte das erste von China zurückkommende Schiff ungefähr ein Pfund des Samens mit…« (S. 14).

Faujas erhielt, wie zuvor schon der Sekretär der landwirtschaftlichen Gesellschaft Frankreichs, Broussonet, einige Körner, verteilte sie an einflussreiche Freunde aus unterschiedlichen Regionen Frankreichs, machte selbst auf seiner Domaine in Loriol Versuche und konnte berichten, dass der Hanf überall gleich gut gedieh, aber Frost nicht verträgt, und den europäischen Arten überlegen war. Von den elf Personen, denen er über den Hanf berichtet hat, waren acht aufs »Blutgerüst« geschleppt worden, auch der Sohn Buffons war darunter.

Vom Besuch beim Physiker Tiberius Cavallo brachte er einen damals unübertroffenen genauen Elektrometer mit, den er schon bei seiner Tour durch Paris bewundern konnte, und beschrieb in allen Einzelheiten ein kleines Gerät zur Herstellung von Eis mitten im Sommer. Am interessantesten waren für ihn die Versuche der Auflösung von Federharz (Kautschuk) in Naphta (Rohbenzin), das er im chemischen Kabinett des berühmten Macquer, das er nach dessen Tod kurz vor seiner Abreise gekauft hatte, in Lösung vorgefunden hat. Macquer hatte vorgeschlagen, aus dem Kautschuk Gummischläuche zu machen, und seitdem waren zahllose Wissenschaftler mit den Eigenschaften des Kautschuk befasst, um das »Verfahren der wilden Amerikaner« zu imitieren. Faujas schlägt vor, den Kautschukbaum, ein Wolfsmilchgewächs aus dem Amazonasgebiet, in Europa heimisch zu machen (S. 27): »Man sollte ohne Unterlaß den naturhistorischen Reisenden, welche die Regierung ausschickt, empfehlen, vorzüglich Pflanzen und Bäume von anerkanntem Nutzen zu uns zu bringen.« Das gelte auch für den Baum der Chinarinde und für Kaffeesträucher. So hat er das 1797 gesehen, nachdem er mit Thouin auch Requisitionen von Pflanzen aus botanischen Gärten in den besetzten Gebieten durchgeführt hatte.

Vom berühmten Instrumentenbauer Jesse Ramsden kaufte er nach intensivem Studium und wiederholten Besuchen einige Instrumente. Beim Besuch der Manufaktur von Wegdewood, die nach Mischung verschiedener Erden, einschließlich basaltischer, unter »Bestimmung des Feuergrades« mit einem von Wedgewood entwickelten Pyrometer eine neue Art von Porzellan herstellte, eine *fayence de la reine (queens ware)*, kommt Faujas sofort auf die Idee, eine ähnliche in Frankreich zu fördern. Dabei schimpft er auf das Verbot der Einfuhr englischer Fabrikwaren, das nur dazu führe, dass »alles was mit mehr Sorgfalt gearbeitet und zu wohlfeileren Preisen als bei uns gearbeitet ist, eben so gut eingeführet werden, mit dem einzigen Unterschiede, daß es theurer wird« (S. 81). Die Engländer würden sich mit einem Weineinfuhrverbot rächen, das sie gut verkraften könnten. Der Zoll auf französische Weine sei bisher schon hoch gewesen, habe dem Staat Profit gebracht und den Gebrauch auf die beschränkt, die sich ihn leisten könnten. Es sei daher besser, wenn der französische Staat nicht die Einfuhr der Fabrikwaren verbiete, sondern einen Zoll erhebe und ein Viertel zur Förderung von Manufakturen verwende. Einmal eingeführt, könne man sie kopieren, z.B. englische Gewehre und feine Gläser, die in Parkers Manufaktur hergestellt werden.

Eine große Brauerei hat es ihm besonders angetan, ein Fortschritt, »deren die Betriebssamkeit bei einem thätigen, durch den Handelsgeist angefeuerten Volke fähig ist« (S. 83). Die Gebäude bloß auf Nutzbarkeit berechnet, dauerhaft und zweckmäßig, kein Prunk, die riesigen Fässer äußerst exakt gearbeitet. Es wird auch Essig hergestellt, denn die Einfuhr von Weinessig ist im Handelskrieg mit Frankreich streng verboten. In einer Marroquinfabrik hatte er das Gefühl, dass ihm bestimmte Handgriffe vorenthalten und nicht alle Fragen beantwortet worden waren, »was ich am Ende gerade nicht mißbilligen kann« (S. 87). Er ging wie selbstverständlich davon aus, dass ihm Industriespionage unterstellt wird. Dann beschreibt er die große Presse in allen Einzelheiten und sieht, wie das aus den Häuten gepresste Öl aufgefangen und zur Talgproduktion verwendet wird. Es sind diese Kleinigkeiten, die ihn begeistern können, weil in ihnen eine preisbewusste Organisation der Produktion sichtbar wird.

Er wird zu einer Sitzung der *Royal Society* eingeladen, nachdem er zuvor schon in Begleitung des Entdeckers des Wasserstoffs, Henry Cavendish, seines Mitarbeiters Joseph Banks, des Astronomen und exakten Bestimmers der Längengrade, Nevil Maskeline, des Konstrukteurs astronomischer Geräte und Mitarbeiters Smeatons beim Hafenbau in Ramsgate, Alexander Aubert, und des Gründers der Studiengesellschaft für antike Literatur (*Society of Dilettanti)*, Henry Charles Englefield, in einer Taverne von London an einem seit 25 Jahren gewohnheitsmäßigen Mittagessen teilgenommen hatte (das ist der *Royal Society Club*). So wünscht er sich das. Wissenschaften haben grenzüberschreitend zu sein und sollen nicht wie diese beschämende »Demarkationslinie« die ausländischen Gäste der Akademie im Louvre von den ehrwürdigen französischen Wissenschaftlern trennen: »Die Wissenschaften müssen, wie die Musen, Schwestern sein, und keinen Unterschied des Landes und der Regierung kennen« (S. 44). In der Sitzung der *Royal Society* saßen die ausländischen Gäste direkt neben dem Vorsitzenden Banks und dem Sekretär Charles Blagden.

Er sucht noch eine ganze Reihe von Wissenschaftlern auf, mit denen er nach seiner Reise bis auf den Astronomen Herschel keinen Briefkontakt mehr haben wird. Er war wegen seines Verhaltens in Schottland bei ihnen zum Spott geworden. Zunächst aber konnte er mit einem

Empfehlungsschreiben Franklins den liebenswürdigen »ehrwürdigen Greis« John Whitehurst (1713-1788) besuchen, einen Geologen, den er auf seinen angeblichen Irrtum in der Einordnung des Trapp-Gesteins aber nicht angesprochen hat. Zeit seines Lebens wird Faujas vertreten, dass der Trapp mit Vulkanen nichts zu tun hat und nicht erkennen, das es sich bei ihm um Stein gewordene sehr flüssige Lava handelt, die sich in mehreren Decken weitläufig auf großen Flächen ausgebreitet hat. Der leutselige Whitehurst öffnet ihm zahlreiche Türen in die Londoner Gelehrtenwelt.

Faujas ist beim Quäker Dr. Letson mit einer großen naturhistorischen Sammlung, einem Mann, der die Sklaven seiner amerikanischen Besitzungen freigelassen hatte, bei Dr. John Seldon mit seiner privaten Anatomieschule und seiner von ihm als Mumie präparierten Prostituierten, die jetzt sein Schlafzimmer teilte, in der Sternwarte von Greenwich bei William Herschel und seiner Schwester Caroline, im Garten von Kew beim Direktor William Aiton mit seiner Anzüchtung verschiedener Moose und Farne auf porösem Lavagestein und beim Entomologen Dru Drury mit seiner Insektensammlung. Das Britische Museum – nur eine unordentliche Vorratskammer.

Ende August verließ er London mit Empfehlungsschreiben, Reisegefährten und Bediensteten in drei Kutschen. Am 30.8. waren sie in Newcastle. Die jungen Herren waren der 21 Jahre alte Conte Paolo Adreani aus Mailand, ein Libertin, der dort ein halbes Jahr vorher als erster Italiener und auf eigene Kosten eine bemannte Ballonfahrt unternommen hatte; der 24-jährige Amerikaner William Thornton, Sohn eines reichen Quäkers aus den USA mit Zuckerplantagen und reichlich Sklaven, der seit seinem 5. Lebensjahr in England und Schottland erzogen worden war, in Edinburgh Medizin studiert, in London soeben abgeschlossen hatte und zum weiteren Studium der Naturgeschichte nach Paris gegangen war; und ein Herr von Mecies, eigentlich James Lewis Macie, der sich später James Smithson nannte, ein gerade mal 19-jähriger, noch in Oxford studierender Mineraloge und Chemiker, der ihm vom mitreisenden William Thomson empfohlen worden war, auch er erst 24 Jahre alt, aber schon Miglied der *Medical Society of Edinburgh* und Mitbegründer der *Society of promoting natural history*. Faujas war 43. Eine Gesellschaft junger Abenteurer und dazu der vom Pariser Luxusleben angekränkelte Faujas. Diese Mischung wird im rauhen Norden Schottlands explodieren.

Die jungen Leute werden alle einmal groß herauskommen. William Thornton wird der Architekt des Capitol. James Smithson wird Miglied der *Royal Society* und in den USA, obwohl er nie in seinem Leben dort gewesen ist, den heute weltweit größten naturhistorischen Museumskomplex begründen, die *Smithsonian Institution*. William Thomson emigriert nach Vorwürfen der Sodomie aus dem puritanischen England nach Neapel, praktiziert als berühmter Arzt und wird zum ersten Vulkanologen Italiens. Paolo Adreani wird als erster wissenschaftlich geschulter Italiener jahrelang Nordamerika durchqueren.

In Newcastle besichtigen diese Herren die Manufaktur des David Crawford, in der aus den Aschen von Münzwerkstätten, Goldschmieden und Scherben von Schmelztiegeln die wertvollen Metalle zurückgewonnen werden. Große Mengen dieser Aschen kommen aus Frankreich und sind schon vorbehandelt. Aber hier wird mit Hilfe von Kohle erneut geschmolzen und noch eine Menge vorgefunden. Faujas lobt einmal mehr die Einfachheit der Gebäude im Gegensatz zu denen in Frankreich, deren »Pracht und Größe (...) fast immer die Manufakturen scheitern macht, und die Anlegung derer, welche uns noch fehlen, verhindert: man fürchtet immer sich wegen des Baus auf verderbliche Kosten einzulassen« (S. 109). Die Holländer und Engländer seien eben klüger und die Baukunst für Fabrikanlagen eine Pest.

Die Engländer sind klüger und glücklicher vor allem mit dem Einsatz von Kohle, erinnert sich Faujas an ein Gespräch bei *Benjamin Franklin* in Passy, heute das 16. Arrondisement in Paris (S. 125). Einer der anwesenden Amerikaner führte die Stärke Englands auf Steinkohle zurück, die das Leben angenehm mache, die Produktion verstetige und den Raubbau an den Wäldern verhindere. Zur Verstärkung der Argumente zitiert Faujas ein Schreiben Franklins an den Pflanzenphysiologen *Jan Ingenhousz*, »einen empfehlungswürdigen Gelehrten, welcher mir manche Gefälligkeit erzeigt hat«. Während unter der Königin Elisabeth wegen angeblicher Gesundheitsschäden Verbote des Gebrauchs von Kohle durch Handwerker während der Parlamentssitzungen ausgesprochen wurden, habe man sich eines besseren belehren lassen und erkannt, »dass die Steinkohlen vielmehr dazu beitragen, die Luft zu reinigen«. Franklins allzu schlichter Beweis: seither habe es keine Pest mehr gegeben. Genügend Gründe für Faujas, den Schwerpunkt seiner Forschungen auf Kohleförderung, Kokereien und Dampfmaschinen zu legen.

Er sieht in Newcastle eine Dampfmaschine in einer Kohlengrube und beschreibt in allen Einzelheiten den Abtransport der Kohle mittels Schienenwagen auf einer geneigten Fläche, die bis in den Hafen reicht und auf einem Gerüst über den Schiffen endet, wo sie über einen Trichter entleert werden. Die herunter laufenden Wagen ziehen die leeren gleichzeitig wieder nach oben. Alle diese »die menschlichen Arme und den Gebrauch der Pferde ersetzenden Maschinen« machen die Kohle so billig, dass sie die Engländer günstiger in Marseille verkaufen könnten als französische, die sogar dann noch teurer sei, wenn sie nur drei oder vier französische Meilen von der Produktionsstätte über Land transportiert werden müsste. Auch die Gewinnung des Abfalls der Kohlenförderung, des Schwefelkieses und die Gewinnung von Eisenvitriol, das für die Färberei gebraucht wird, entlockt ihm große Bewunderung über die »Betriebsamkeit der Einwohner von Newcastle«, aus jeder Kleinigkeit Nutzen zu ziehen (S. 117). Seit der Revolution, beklagt er in einer Fußnote, kämen in Paris keine gereinigten Kohlen mehr an, stattdessen werde »das Holz unserer schönsten Wälder« angekarrt. Schuld daran sei, dass die Anlagen von Moulins, Lyon, Rive de Giers verschwunden sind, »und die achtungswerthen Männer, welche die Schmelzwerke zu Creuzot angelegt haben, mußten beinahe sämmtlich die Erde mit ihrem Blut färben« (S. 123).

Faujas nimmt die Lagerstätten in der Umgebung Glasgows geologisch unter die Lupe, um herauszufinden, unter welchen Gesteinsschichten welche Kohle in welcher Mächtigkeit vorkommt. Er sieht Aufschlüsse von Tagebau, fährt in einen Schacht ein, in dem fast 50 Meter mächtige Flöze abgebaut werden und erkennt, wie wichtig es ist, nicht nur an der leicht zugänglichen Oberfläche zu schürfen. Abdrücke von Farnen und Reste von Holz werden mit den Qualitäten der Kohlen in Verbindung gebracht, mit ihrem Gehalt an Teer, ihrem Brennwert und ihrer Entzündbarkeit.

Der Spezialist für Geschlechtskrankheiten Swediaur, sein Bekannter aus Paris, hatte sich in die Nähe von Edinburgh aufs Land nach Gladsmoor zurückgezogen, wo eine Manufaktur zur Schwefelherstellung hinter sehr hohen Mauern für Faujas verschlossen blieb, dafür durfte er die Meerwasserentsalzungsanlagen besichtigen. In die größte Eisengießerei Europas kam er nur durch die Empfehlung Swediaurs. Es war eine Kanonenfabrik, in der er zwar die Schmelzöfen mit ihren großkalibrigen Blasebälgen und Kokereien zu sehen bekam, nicht aber die Kanonenschmiede, um die er sich in Frankreich zu kümmern hatte. Nach dem Besuch beklagt er, dass er sich keine Notizen vor Ort machen konnte, was man sich gut vorstellen könne (S. 153), deshalb hat er als guter Industriespion einen Teil der Nacht mit Schreiben aus der Erinnerung verbracht, um ausführlich das Erz, die Werkstätten für landwirtschaftliches Gerät und Haushaltswaren zu beschreiben. Er hofft, dass andere mit den Kanonen mehr Erfolg haben werden.

In Perth besichtigte er neue Webmaschinen für Baumwolle und besorgte sich ein Mikroskop, mit dem in den Fabriken und von den Händlern die Anzahl der Fäden im Gesichtsfeld bestimmt wird. Es wird als Qualitätskontrolle eingesetzt. Hier zeigt sich einmal mehr Industriespionage als der wichtigste Zweck seiner Reise. Obwohl er bemerkt, dass es den Großhändlern nicht passt, wenn der Fadenzähler von allen gebraucht wird, weil sie mit ihm an die beste Ware kommen, beschafft er sich auf dunklen Kanälen das Mikroskop und steckt Servietten als Muster ein: »Ich nahm eines dieser Instrumente nach Frankreich mit, wo es sehr bald vervielfältiget worden ist« (S. 143). Auf ähnliche Weise waren Maschinen zum Baumwollkämmen in den Baumwollmühlen von Manchester abgekupfert worden, die er und Adreani trotz Begleitung eines Dr. Thomas Henry, der Lavoisier ins Englische übersetzt hatte, nicht zu sehen bekamen. Die Fabrikanten weigerten sich, nachdem mit den Plänen eines französischen Hauptmanns die Maschinen in Frankreich nachgebaut worden waren.

Seit Glasgow regiert der Basalt die Weiterreise (14.9.1794), und je weiter es nach Norden geht, häufen sich Unbilden des Wetters, dreckige Unterkünfte, mickrige Frauen, eintöniges Essen und »Bergschotten«, Druiden und überfallartige Nacht. Einer der letzten Anker der Zivilisation ist die Unterkunft auf dem Schloss Inverary des Duke of Argyll, der dem Campbell-Clan entstammt und zu den reichsten Adelsgeschlechtern Schottlands gehört. Den weiteren Strapazen bis zum Ziel der Reise, der Insel Staffa mit den Basaltsäulen der Fingalshöhle ist Faujas nicht gewachsen und entpuppt sich als luxusverwöhnter Mann, der von Ängsten geplagt, Staffa nur mit Mühe erreicht und durch die Erzählungen seiner jugendlichen Draufgänger in London den Ruf als Feigling und Versager mit dem Verlust aller vorher erworbenen Freundschaften bezahlt (Abbildung 12, 13).

Die Darstellung Edinburghs als ein Ort, an dem in den letzten Jahrzehnten des 18. Jahrhunderts eine Explosion der Wissenschaften stattgefunden hat und Leute wie der Geologe einer revolutionären *Theory on the earth*, James Hutton, der Chemiker und Entdecker der fixen Luft (CO_2), Joseph Black, der Historiker William Robertson dem kommenden Jahrhundert ihre Stempel aufdrückten, gerät ihm nach den Strapazen zur buchhalterischen Aufzählung mit teilweise arroganter Kritik. Die Luft war raus, er verfiel in eine Art Winterdepression, in der ihn die häufigen Regengüsse, der wechselkalte Wind, eine hinter Nebel verschwindende Sonne »in eine unwillkürliche Traurigkeit stürzten, welche ich nicht lange hätte aushalten können«. Ein paar Mal hat er dem greisen Adam Smith einige Anekdoten entlockt.

Schottland saß ihm wirklich in den Knochen, weshalb sich auch die Neugier auf die Manufakturen Birminghams in Grenzen hielt. Die mit Steinkohle befeuerten Dampfmaschinen von Watt in den Kupfer-, Eisen- und Weißblechfabriken Mathew Baltons und eine dampfgetriebene Kornmühle, die Watt gerade konstruierte, konnte er sich nicht entgehen lassen. Mit James Watt und Joseph Priestley speiste er zu Mittag, durfte Priestleys chemisches Labor besichtigen und einen Apparat zur Herstellung großer Mengen Wasserstoffgas abzeichnen, der für Ballonfüllungen interessant werden konnte.

Es gibt eine ganz andere Sicht auf diese Reise, bei der sich die Reisegruppe gründlich zerlegt haben muss und die wissenschaftliche Gesellschaft Londons die Nase rümpfte über die Feigheit des Franzosen, der wegen der stürmischen See nicht nach Staffa übergesetzt war und die Gastfreundschaft mit luxuriösem Gehabe ausgenutzt haben soll. Es war Banks gewesen, der 1772 mit einigen anderen Wissenschaftlern

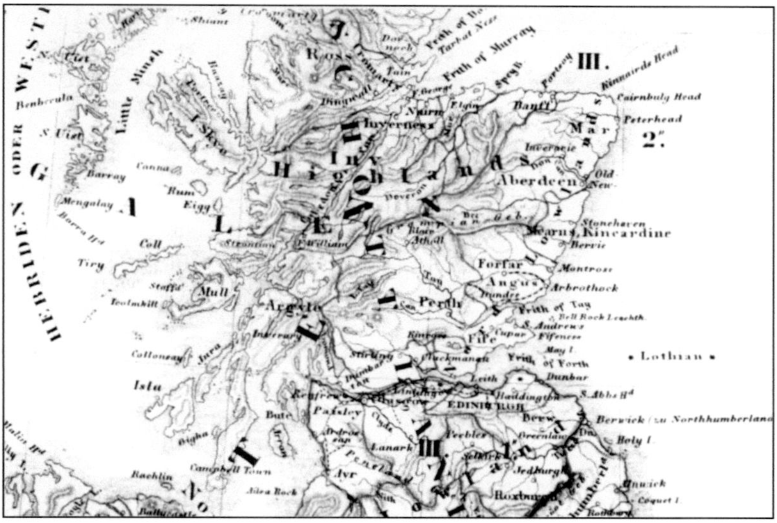

Abbildung 12: Teile Schottlands und der Hebriden. Im Westen die Insel Mull, ihr vorgelagert Staffa

Abbildung 13: Staffa. Aus: Faujas de Saint-Fond, Reise durch England, Schottland und die Hebriden, Band 2, Göttingen 1799

diese Insel der wissenschaftlichen Öffentlichkeit bekannt gemacht hat, und sie konnten sich bestens ausmalen, wovor Faujas gekniffen hat. Er hat die Überfahrt bei schönstem Wetter nachgeholt und wortreiche Entschuldigungen für seine Weigerung gefunden, beim ersten Mal nicht mitgekommen zu sein. Zur befürchteten Seekrankheit kamen wirkliche

Flöhe und ängstlich erwartete Krätze, das Strohlager in einer Steinhütte, das mit einer Kuh, der Ziege und Hühnern zu teilen war, und nicht zuletzt das Schwarzbrot, das es jeden Morgen gab. Das ergibt ein kleines Psychogramm.

Seine Reisegefährten haben (zum Teil verlorene) Tagebücher hinterlassen, aus denen eine Verachtung spricht, die kaum zu überbieten ist und die sich der Vorsitzende der *Royal Society*, Blagden, zu eigen gemacht hat. Am meisten zur Klärung, was sich da oben in Schottland abgespielt hat, trägt Heather Ewing bei.

Das Tagebuch Andreanis bricht mit London ab. Er gibt eine von Faujas abweichende Einschätzung der Sitzung der *Royal Society* und am Beginn der Reise in Frankreich die Bemerkung, dass es Adreani war, der die Kutsche bezahlt hat.

Smithsons Tagebuch verbrannte 1865. Aber einige Bemerkungen sind durch Walter Johnson erhalten. Hier werden insgesamt neun Personen genannt, die an der »party« teilgenommen haben, d.h. außer den vier Wissenschaftlern noch fünf Gehilfen aller Art. Faujas erwähnt nur seinen Zeichner, die anderen sind für ihn nur Dienstboten. Heather Ewing beschreibt auch in mehreren Kapiteln die Atmosphäre im revolutionären und nachrevolutionären Paris, wo sich Smithson insgesamt mehrere Jahre aufgehalten hat, und schildert die Reise aus dessen Sicht. Es wird deutlich, dass Smithson während dieser Aufenthalte in Paris keinen Kontakt mit Faujas aufgenommen hat.

Besonders krass wird Faujas in einem Brief von Charles Greville an seinen Onkel Sir William *Hamilton* charakterisiert. Sie hatten einige Monate vor Faujas vergeblich versucht, Staffa zu erreichen und waren deshalb von Faujas mit hämischem Spott bedacht worden. Greville sorgte dafür, dass sich seine Feigheit in den wissenschaftlichen Kreisen Londons schnell herumsprach, und nannte ihn einen »Gascogner«, einen Prahler und Schwätzer also, einen Impotenten und Selbstverliebten, der lügt, ohne es zu wissen, und schlimmstenfalls zum Dieb wird. William Thornton wird ca. 1784 in einem undatierten Brief an Swediaur schreiben, Faujas sei vollkommen eigennützig (*led by interest)*, ihm fehle jede Feinfühligkeit, sein Verhalten sei von nicht zu übertreffender gemeiner Tücke geprägt (Ewing, S. 96).

Schlimmer geht's wirklich nicht. In London war Faujas ein für allemal durchgefallen. Banks zieht in einer Antwort auf Blagden am 17.10.1784 ein niederziehendes Resümee: »Ich kann es mir so leicht nicht vorstellen, wie Faujas es wagen sollte, noch einmal sein Gesicht zu zeigen... Diejenigen, die ihn sehen, werden sein Verhalten auf der schottischen Tour nicht so leicht vergessen.« Er hat es nicht gewagt, nicht einmal korrespondiert hat er. Es gibt nur zwei Briefe an Herschel, aber keine Antwort von ihm.

Vom Mineninspektor nur verwischte Spuren

Die ersten Bergwerksinspektoren in Frankreich waren 1769 die *Commissaires du contrôleur général des finances*, mit anderen Worten Steuereintreiber für die königlichen, chronisch leeren Kassen. Der König vergab die Konzessionen, und die Bergwerksbetreiber versuchten, mit möglichst geringen Investitionen möglichst viel Geld zu machen. Unter den Kommissaren gab es nur einen einzigen, Monnet, der eine spezielle Ausbildung genossen hatte – in Deutschland. Die übrigen waren Bürokraten der Finanzbehörde. Der Historiker des *Corps des mines*, Louis Aguillon, musste mit Bedauern feststellen, dass »nicht viele Spuren über die Rolle und die Handlungen dieser Inspektoren außerhalb ihrer laufenden administrativen Tätigkeiten übrig geblieben« seien. Ausnahmen sind einige wenige Bücher als Ergebnis eher geologisch und mineralogisch motivierter Rundreisen: *Voyages métallurgiques* vom jungen Jars, die *Description des gîtes de minerai et des bouches à feu du royaume* (Beschreibung der Erzhütten und der Kanonenfabriken) von Dietrich, der *Atlas minéralogique* von Monnet. So wundert es nicht, dass bei Recherchen nur der bürokratische Wasserkopf mit allen möglichen wohlfeilen Erlassen zum Vorschein kommt, aber nichts über die dürftigen Ergebnisse ihrer Anwendung und nichts über die konkrete Arbeit der Kommissare im *Ancien Régime* und der Inspektoren nach der Revolution. Eine Ausnahme ist der zweite Band des oben genannten Werkes von Baron de Dietrich von 1789, der genau über die Bergwerke des Elsass informiert und mit einer frappierenden Selbstverständlichkeit über seine eigenen vorteilhaften Konzessionen und Sonderrechte spricht. Er vergisst nicht einmal zu erwähnen, dass er in den königlichen Wäldern, deren Holz er für seine Erzminen braucht, auch noch das Jagdrecht besitzt.

Sie wurden kaum kontrolliert, aber sie kontrollierten, was auch immer, und arbeiteten auf eigene Rechnung. Deshalb ist die Bewertung, wie Faujas seine Tätigkeit wahrgenommen hat, ausgesprochen schwierig. Er war autark wie die anderen Kommissare und musste nicht damit rechnen, unter den Finanzleuten des Königs auf Fachwissen zu treffen, das er im Gegensatz zu vielen anderen besaß. Nur an wenigen Stellen seiner Reiseberichte tauchen auch Bergwerksbesuche auf, von denen er meist nur geologische Bewertungen festhält. Die späteren Inspektoren sind erst unter Napoleon richtig an die Kandare seiner Kriegsproduktion genommen worden, ähnliche frühere Versuche des Wohlfahrtsausschusses und des Direktoriums blieben kurzfristige und sprunghafte wohlformulierte Absichtserklärungen.

Lehrer an der 1783 gegründeten *École des Mines* (Bergbauschule) zu sein, bedeutete daher herzlich wenig, aber immerhin ein Gehalt von 1500 Francs.

Es scheint bei der Ernennung nicht mit rechten Dingen zugegangen zu sein, wie der Gründer Sage an den späteren Inspektor der Minen, Heron de Villefosse, 1816 im Rückblick schreibt. Er deckt die Kanäle auf, über die Leute an ihre Posten kamen, und wieviel sie verdienten, einige ohne irgendwelche Kenntnisse, die sie für diese Arbeit ausgewiesen hätte. Kurz nach der Errichtung der Schule hatte der Nachfolger Neckers, der Generalkontrolleur der Finanzen, Joly de Fleury, zu Sage gesagt: »Ich verheirate meine Tochter mit M. de Laboullaye, den ich zum Intendanten der Minen machen werde.« Dieser habe dann, obwohl er sehr reich gewesen sei, seine ehemaligen Bediensteten in der Schule untergebracht. Einen M. Devozelle als Sekretär mit einem Gehalt von 3000 Francs, den Abbé Clouet, der Hauslehrer seines Sohnes gewesen war, als Lehrer für Sprachen mit einem Gehalt von 2400 Francs. Bataillard, der Sohn seines Verwalters, wurde zum Hilfslehrer für Sprachen gemacht und erhielt 1200 Francs. M. Laboullaye habe dann M. Bellejean, den Cousin des Mineninspektors Vergennes, ohne dass er irgendwelche einschlägigen Kenntnisse besaß, zum Mineninspektor mit einem Gehalt von 1500 Francs ernannt, ebenso den unbedarften und faulen Laumont, den Verwandten des obersten Finanzkontrolleurs Calonne, der nach Auffliegen des Unterschleifs der Nachfolger Laboullayes werden wird. Als Fachleute galten nur die Herren Jars, Besson, Faujas. Obwohl der Betrieb der Schule nur 33 900 Francs gekostet hat, machte Laboullaye 200 000 Francs geltend. Die 12 Schüler erhielten 200 Francs im Jahr. Ab 1787 wurden aus finanziellen Gründen keine neuen Schüler aufgenommen, die Schule im *Hôtel de la Monnaie* schlief einfach ein und verschwand sang- und klanglos während der Revolution.

Am 1.5.1785 wird Faujas *Commissaire du roi pour les mines et carrières* (Kommissar des Königs für die Bergwerke und Steinbrüche). So pflegte er sich selber zu nennen und als solcher taucht er in zahllosen Dokumenten auf. Tatsächlich war er wie Baron de Dietrich *commissaire du roi à la visite des usines, des bouches à feu et des forêts du royaume.* (Kommissar des Königs zur Inspektion der Fabriken, der Kanonen und der Wälder des Königreichs). Das ist ein wichtiger Unterschied, der aus dem angeblichen Bergwerkskommissar einen Kommissar für die Industrie und die Waffenproduktion macht. Er bekam dafür 4.000 livres Gehalt und 2.000 livres Reisekostenerstattung, zusätzlich zu seiner Pension von 6.000 livres als Adjunkt im *Jardin du Roi.* Die Ernennung erfolgte durch den neuen Generalkontrolleur der Finanzen, Charles Alexandre de Calonne. Die Aufgabenstellung spiegelt den Rückstand Frankreichs wider, der Faujas in England und Schottland in vielen Facetten bewusst geworden war. Sie ist ein Versuch des *Ancien Régime*, aus der Schmach des siebenjährigen Krieges Konsequenzen zu ziehen, den technologischen Rückstand in der Industrie und in der Waffenproduktion aufzuholen und den ausgeplünderten Wäldern Frankreichs durch den Einsatz von Kohle eine Chance zur Regeneration zu geben. Die Ernennung riecht geradezu nach Belohnung für die Industriespionage in England und Schottland, von der Faujas wertvolle Anregungen mitgebracht hat. Wie wir sehen werden, hat er die Aufgaben so ernst genommen, dass er mit dem Titel in der Tasche ein hohes finanzielles Risiko bei persönlichen Engagements eingegangen ist. Wörtlich bedeutet Kommissar Geschäftsträger. Das wurde er tatsächlich, Geschäftsträger seiner eigenen Geschäfte und der seines Ziehvaters Buffon.

Calonne hatte 1786 Boulton und Watt zur Umrüstung der Dampfmaschine von Marly gewinnen können, die Wasser aus der Seine zur Versorgung Versailles pumpte. Faujas hatte deren Fabrik in Soho im November 1784 besucht, wie schon viele Franzosen vor ihm. Wenn er sich so verhalten hat, wie dies der britische Geschäftsträger in Paris, Daniel Hailes, seinem Staatssekretär im Außenministerium, Lord Camarthen, 1786 mitteilte, dann spielte Faujas bei dem Deal eine Rolle: »Es gibt kaum einen Franzosen von einiger Bedeutung, der nicht bemüht ist, sich beim Minister mit einigen Berichten über den Zustand des Landes einzuschmeicheln.« Boulton und Watt hatten es in den 80er Jahren mit rund 150 ausländischen Besuchern zu tun, unter ihnen zahlreiche *Gentlemen Spies*, die sie *Philosophical pirates* oder *Philosphical and mechanical robbers* nannten. Sie haben sie – noch – indigniert gewähren lassen (Abbildung 14).

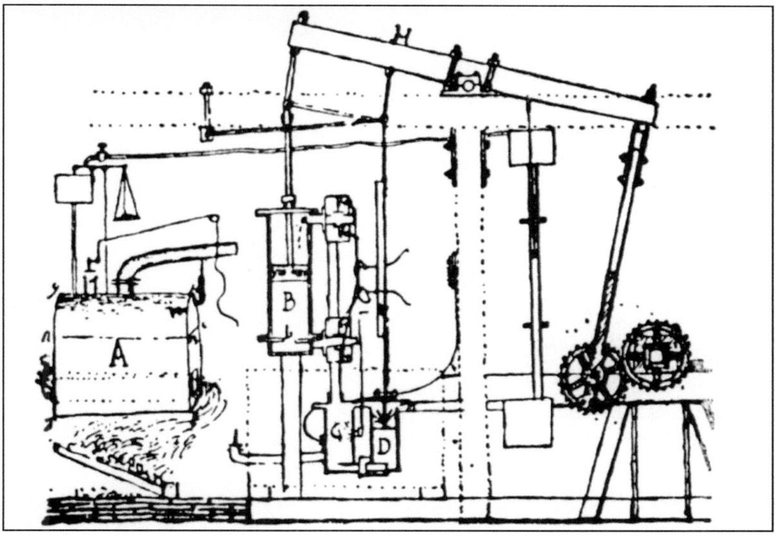

Abbildung 14: Industriespionage im Reisetagebuch des Georg von Reichenbach: Dampfmaschine bei Watt & Boulton, 1791. Deutsches Museum München, Handschriftensammlung Nr. 8277

Calonne war auch die zentrale Figur, die nach den Vorarbeiten von Gabriel Jars die staatlichen Voraussetzungen für die erste wirklich moderne Eisenhütte Creusot geschaffen hat, in der die Hochöfen mit Koks (sulfatfreier Kohle) statt mit Holzkohle befeuert und englische Methoden der dampfmaschinengesteuerten gleichmäßigen Luftzufuhr und des Abstichs verwandt wurden. Der Bedarf an Kanonen war groß, vor allem für die Marine. Die Geschichte dieser Firmengründung, die Geschichte ihrer gescheiterten Vorläufer, die fehlenden Straßen und Transportmittel, die Widerstände der Bevölkerung und die Profitgier auf allen Ebenen, das ist die Welt, in der sich der Kommissar Faujas bewegte.

Faujas geriet durch Buffon allmählich auf ein Terrain, das für ihn finanziell mehrere Nummern zu groß war. Buffon hatte einige Kilometer von Montbard entfernt am *Canal de Bourgogne,* zwischen Dijon und Auxerre, für die gigantische Summe von 300 000 Livres ein Hammerwerk mit Hochofen, hydraulischen Maschinen, Gebläsen und Reinigungsmaschinen für Erze installiert, das sich weitgehend an die Vorgaben der *Encyclopédie* hielt und sich in seinen Grundzügen kaum von der Schmiede in der wenige Kilometer entfernten Zisterzienserabtei von Fontenay aus dem 12. Jahrhundert unterschied. Er wollte mit den von 400 Arbeitern produzierten rund 700 Tonnen Eisen neue Gitter und Roste für den *Jardin du Roi* fabrizieren, und Buffon machte dort Versuche zur Verbesserung der Kanonen für die Marine. Er hatte den Betrieb an Chesneau de Lauberdières verpachtet, der die Pacht nicht bezahlte, die Wälder plünderte und mit dem Profit aus dem Holz 1785 das Weite suchte. Für die 700 Tonnen Eisen im mit Holzkohle befeuerten Hochofen mussten jährlich 123 Hektar Wald geopfert werden! Da de Lauberdières im Oktober 1787 starb, hat Buffon von den unterschlagenen 61 000 Livres nichts mehr zu sehen bekommen (Abbildung 15, 16, 17, 18).

Dass der gestiegene Eisenbedarf so auf Dauer nicht zu decken war, blieb den politisch Verantwortlichen nicht verborgen. Sie versuchten von der Umstellung auf Kohle selbst zu profitieren. In einer 1778 gegründeten *société pour la recherche et l'exploitation des mines de charbon et la fabrication du coke* (Gesellschaft zur Erforschung und Ausbeutung der Kohlebergwerke und der Fabrikation von Koks) saßen im Vorstand der damalige Generaldirektor der Finanzen, Necker, und der Staatsminister und persönliche Berater Louis XVI, Maurepas. Zahlreiche Aktionäre waren Ministerialbeamte. Buffons 1780 unter Neckers Patronage aus der Taufe gehobene *Compagnie pour l'exploitation et l'épuration du charbon de terre* (Kompanie zur Ausbeutung und Veredelung der Steinkohle) sollte für seine Eisenschmiede in Montbard den der Holzkohle weit überlegenen Koks bereitstellen, geriet durch den Unterschleif de Lauberdières jedoch in in eine solche Schieflage,

Abbildung 15: Von Buffon errichtete Schmiede von Montbard. Foto H.V.

Abbildung 16: Köhler. Mit Holzkohle wurden im Frankreich des *Ancien Régime* die Hochöfen beschickt. Der Raubbau an den Wäldern hat gigantische Ausmaße angenommen. Aus: Encyclopédie. Recueil des planches 1762

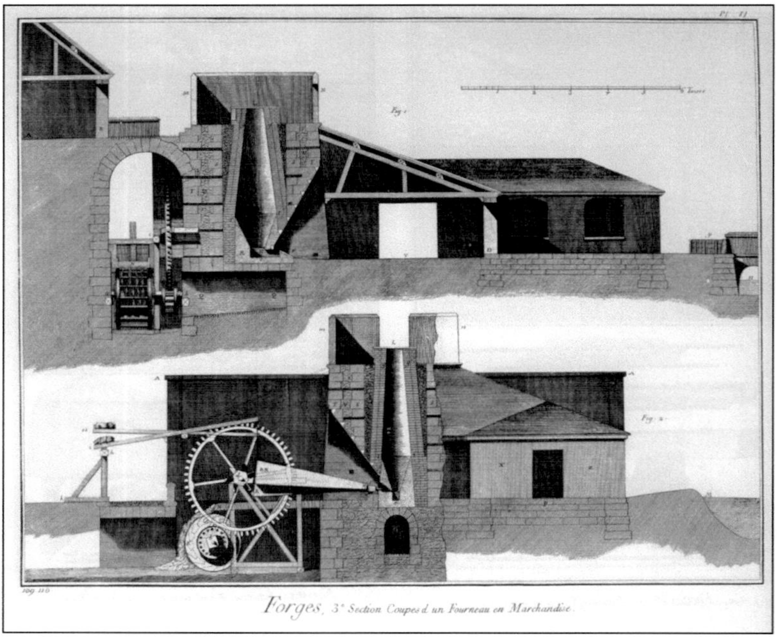

Abbildungen 17 und 18: Die aus dem 12. Jahrhundert stammende Schmiede in der Zisterzienserabtei Fontenay bei Montbard und eine schematische Zeichnung einer Schmiede aus der Encyclopédie, die Buffon in Montbard weitgehend umgesetzt hat. Der Blasebalg in der Abtei war noch handbetrieben, der Ofen in seinen Ausmaßen bescheiden, für den Blasebalg in Montbard wurde Wasserkraft eingesetzt. Foto H.V./Encyclopédie, Recueil des planches 1762 dass die drei Administratoren, alle intime Freunde Buffons und ehemalige Schreiber des königlichen Hauses, trotz juristischen Beistandes durch Faujas von seinen 40000 livres Einlage nicht einmal die 12000 livres retten konnten, von denen Buffon in seinem Brief an Faujas vom 5.8.1786 spricht und in dem er sich für seinen Einsatz in der leidigen Angelegenheit bedankt. Faujas hatte »die Namen dieser Leute« schon im August an den Minister Calonne gemeldet, ohne Effekt. Die Schmiede wurde zahlungsunfähig. Seiner Mittel beraubt, geriet Buffon auch noch mit seinen Darlehnensgebern aneinander, insbesondere mit der Familie Babouin.

Koks, das hatte Faujas in Newcastle gesehen, war der Schlüssel für den effektiven Betrieb von Hochöfen zur Stahlproduktion, und er hat sich nach seiner Rückkehr intensiv damit beschäftigt. Am 15.4.1785 konnte er im *Jardin du Roi* vor einer Versammlung von Entscheidungsträgern und im Beisein von Buffon mit einer in England abgekupferten Apparatur zur trockenen Destillation die Herstellung von Koks unter Gewinnung von Teer und *Alkali volatil* (Ammoniak) demonstrieren und am Beispiel eines Bootes seine Verwendung zum Abdichten von Schiffen erläuteren. Anwesend mit Rang und Namen waren: Calonne (Minister und Finanzkontrolleur), Breteüil (Staatsminister, Vertrauter Marie-Antoinettes), de la Boulaye (Laboullaye, Intendant der Minen), Lenoir (Staatsrat und Generalleutnant der Polizei), Parossel (Marineunteroffizier, verantwortlich für die Brücken in Paris) und Le Peletier de Morfontaine (der Vorsitzende der Handelskammer von Paris).

Er hat sich auch für diesen Prozess der Gewinnung von Teer aus Kohle, wie schon für den Handel mit Pouzzolan, ein Privileg verschafft. Weil er es brachliegen ließ, beschwerten sich 1790 die Weinhändler von Paris. Sie hätten riesige Kosten, weil sie ihre alten Fässer nicht abdichten könnten und den Wein in Flaschen lagern müssten. In England und Holland erfreuten sie sich schon seit 15 Jahren »dieser bewundernswerten Entdeckung«, verwandten sie im Schiffs- und Deichbau, während sie in Frankreich gerade mal in der Akademie bekannt sei und der Handel es nicht wagen würde, Produkte einzuführen, die Beschränkungen unterworfen seien und ihren Spekulationen Einhalt gebieten, und sie seien es leid, darauf zu warten, bis Monsieur Faujas de Saint-Fond »mit der Ausbeutung seines Privilegs beginnt, das ihm für diese Herstellung gewährt worden ist«. Das sagten sie 1790, aber auch 1795 war in Frankreich nach Aussage Fourcroys noch keine Anlage installiert. Faujas' Schwur auf den freien Handel – nichts als wohlfeiles Gerede, wenn seine eigenen Interessen betroffen waren.

Fast zeitgleich mit dem sich abzeichnenden Desaster in Montbard und nur fünf Wochen nach seiner Ernennung zum Kommissar wurde Faujas mit dem 7.6.1785 Teilhaber an einer Minengesellschaft. In beiden Fällen waren Buffon und Calonne die treibenden Kräfte. Zwei

Minengesellschaften hatten sich in einer Art Staatsvertrag verpflichtet, Kohle nach Paris zu liefern und dafür erhebliche Vorauszahlungen erhalten. An diesem 7. Juni, der Aufnahme Faujas' als Teilhaber, wurde eine der beiden beauftragten Kompanien durch einen *arrêt du conseil du roi* (Erlass des königlichen Rates), die *compagnie Guy-Denesson*, aus dem Geschäft ausgeschlossen und der *compagnie Ling* eine Entschädigung von 200000 Francs zugesprochen mit der Verpflichtung, 600000 Kubikfuß entschwefelter Kohle nach Paris zu liefern und die Herren Bourgeois, Faujas de Saint-Fond und Konsorten als Teilhaber aufzunehmen (*en investir*). Dagegen wiederum klagte die unterlegene *compagnie Guy-Dennesson* auf Schadenersatz von 166000 Francs. Jean-Pierre Ling war als Architekt Anfang der 1770er Jahre am Aufbau der ersten nach der »englischen Methode« arbeitenden Eisengießerei des Prinzen von Nassau-Saarbrücken in Sultzbach nahe der französischen Grenze beteiligt gewesen und hatte seitdem mit wechselnden Partnern versucht, ein 30-jähriges Privileg des Königs zur Herstellung und zur Verwendung von Koks statt der bisher gebräuchlichen Holzkohle in der Eisengießerei von Montcenis zu erhalten. Man bot ihnen nur zehn Jahre, sie lehnten ab und blieben mit weiteren Versuchen am Ball, die jetzt unter der Leitung von Buffon in Aizy (Aisey) sur Seine bei Montbard mit ermutigenden Ergebnissen weitergeführt wurden. Um das Verfahren profitabel anwenden und die Konkurrenz schon vorab ausschalten zu können, unternahmen die Protagonisten weitere Anläufe zum Erhalt eines Privilegs. Es wurde schließlich regional aufgeteilt. Stuart für die Bourgogne und Lyon, Ling für die Normandie, den Dauphiné, die Provence und den Languedoc. Stuart hat sein Privileg sofort an die *compagnie Guy Denesson* weiterverkauft.

Faujas war also Teilhaber an einer Kompagnie geworden, die von Anfang an mit Schadenersatzzahlungen von 166000 Francs der *compagnie Guy-Denesson* konfrontiert war, und, was angesichts der weiteren Entwicklung schwerer wiegt, er als Teilhaber hatte sich anscheinend nicht dafür eingesetzt, dass die *compagnie Ling* und Konsorten ihre dem Staat gegenüber eingegangenen Verpflichtungen erfüllen konnte. 1797, in seinem Reisebericht nach England, hatte er so getan, als ob erst die Schäden der Revolution die Lieferung von Kohle verhindert haben und der Raubbau an den Wäldern deshalb weitergeht. Das ist eine Lüge, denn Kohle wurde schon vor der Revolution vor allem wegen Faujas nicht geliefert. Am 18.1.1786 beschwerte sich Buffon in einem Brief bei Faujas, dass er die Financiers hängenlasse und zur Untätigkeit verdamme und diese befürchteten, er könnte sie verlassen und sich auf eigene Rechnung um Kohleminen bemühen. Faujas hat sich zwar nicht um eigene Minen gekümmert, aber um sein eigenes Teerprivileg. Er untersuchte monatelang diverse Kohlevorkommen mit Extraktionsversuchen auf Teer und Öl, von denen die Chemiker Berthollet und Lavoisier am

13.10.1785 in einem Rapport berichten und die Faujas in seinem *Essai sur le goudron du charbon de terre* (Essai über Teer aus Steinkohle) von 1790 ausführlich dokumentiert. Am 7.12.1785 hat Buffon Faujas sogar noch dazu aufgefordert, bei Stuart in Montcenis vorbeizuschauen, um die Verwendungsfähigkeit der Kohle für Bitumen zu prüfen. Eine ganze Reihe dieser Überprüfungen führte zur Unterscheidung zweier gänzlich verschiedener Arten Kohle nach ihrem Verhalten beim Verbrennen, der *charbon sec* (trockene Kohle) und der *charbon colant* (klebrige Kohle), wofür Buffon Faujas ausdrücklich lobt.

Die *compagnie Ling* wird letztlich nicht in der Lage sein, Koks nach Paris zu liefern. Das werden ihre Teilhaber in nicht enden wollenden Prozessen zu spüren bekommen. Sie zogen sich mit unterschiedlichen Begründungen bis 1813 hin und schienen in Frankreich Rechtsgeschichte geschrieben zu haben, denn sie sind 50 Jahre später in eine Sammlung wegweisender Urteile aufgenommen worden. Es ging letztlich um die Frage, wann Forderungen zwischen Gesellschaften zivilrechtlich zu klären sind und ob der Staat für einen Schaden, den er vor der Revolution durch eine Gesellschaft erlitten hat, nach bürgerlichem Recht noch entschädigt werden muss. Das wurde bejaht und könnte Faujas viel Geld gekostet haben.

Die napoleonische Justiz hat sich prinzipiell dagegen ausgesprochen, die Auseinandersetzung zwischen den beiden Kompanien in einem Zivilprozess zu klären, und entschieden, dass staatliche Interessen berührt seien und es um eine Frage der *ordre publique* gehe, in der sich der Staat in der Nachfolge des *Ancien Régime* vorbehält, die Entschädigung für möglicherweise nicht gelieferte Kohle von den Beteiligten zu verlangen. So wie ich den reichlich verwirrenden Prozessverlauf verstanden habe, wäre die *compagnie Ling* mit ihren Teilhabern betroffen gewesen, zu denen Bourgeois und Faujas gehörten. Das war der Stand am 21. Juli 1813. Was daraus geworden ist, entzieht sich meiner Kenntnis und ist wahrscheinlich nicht mehr zu klären. Vielleicht hat sich alles mit dem Sturz Napoleons oder mit dem Ableben der Beteiligten erledigt, ohne dass irgendjemand Entschädigung zahlen musste, weder an die konkurrierende Gesellschaft, noch an den Staat. Vielleicht ist die Inbrunst, mit der Faujas die Rückkehr der Bourbonen begrüssen wird, in dieser Hoffnung begründet, denn er war in einer prekären Lage und musste 1812 den größten Teil seiner naturwissenschaftlichen Bibliothek verkaufen. Es könnte einen Kuhhandel gegeben haben: der Tausch der Staatspension des *Chevalier de légion d'honneur* gegen staatlichen Verzicht auf Entschädigung. Die dazu notwendigen Beziehungen zu den siegreichen Royalisten wird er gerade noch rechtzeitig reaktivieren.

Im *Ancien Régime* waren die Staatskommissare für die Minen allgemein damit beschäftigt, selbst an der Ausbeutung der Minen zu verdienen und sich einträgliche Privilegien zu beschaffen, nicht nur Faujas.

Die Revolution wird aus leidvoller Erfahrung mit dieser Praxis aufräumen und den dann Inspektoren Genannten eigene Geschäfte untersagen. Vom Mineninspektor Faujas ist danach kaum noch etwas in Erfahrung zu bringen. Er verbirgt sich nach revolutionärer Überhitzung und räuberischem Intermezzo in den besetzten Gebieten hinter dem wissenschaftlichen Ernst eines Geologen und den praktischen Vorschlägen eines experimentierenden Landwirts für die darbende Nation.

Weit mehr als nur Geologe

In den 80er Jahren sind seine vielfältigen Aktivitäten gegen die Stagnation in Industrie und Landwirtschaft gerichtet, gegen den Rückstand Frankreichs in der Produktion und die Lethargie seiner Bevölkerung. Aufklärung, das war für ihn Entwicklung der Menschen unter Einsatz von Wissen und erst in zweiter Linie Wille zur Änderung der politischen Verhältnisse, von denen er gewaltig profitierte. In seiner *Histoire naturelle de la province du Dauphiné* war er als Propagandist einer wissenschaftlichen betriebenen Landwirtschaft hervorgetreten. Im Manuskript seiner *Voyage de Paris* zeigte sich sein Interesse an allen möglichen Erfindungen, an Maschinen, medizinischen Fragen und chemischen Prozessen. Bei seinem umstrittenen Einsatz für den Erfolg der ersten Ballonaufstiege war er Propagandist für ein wissenschaftliches Verständnis des menschlichen Höhenflugs. Die Reise nach England und Schottland enthüllte den talentierten Industriespion und danach den talentlosen Unternehmer in Sachen Kohle und Teer. Mit der Ernennung zum Kommissar wurde er Kontrolleur der Produktion von Kanonen, mit dem Privileg für das Pouzzolan zum Promoter des Straßen- und Hafenbaus. Die Geologie wurde nicht zur Nebensache, aber in den Jahren vor der Revolution zur praktischen Grundlage für eine England nacheifernde industrielle Entwicklung, wenn er nicht gerade seiner mineralogischen Sammlerleidenschaft frönte. Nachdem er über genügend Einkommen verfügte, eine wichtige Position als Vertrauter Buffons gewonnen und sich mit seiner Familie fest in Paris etabliert hat, wird er um seltene Stücke für seine mineralogische und Fossiliensammlung eine lebhafte Korrespondenz entfalten, anerkannte Größen der Wissenschaft auf seiner Domäne in Loriol empfangen und ihnen die Vulkane der Auvergne zeigen und sich um die Verbesserung von Anbaumethoden und die industrielle Verwendung von Agrarprodukten kümmern.

Nach einer Korrespondenz mit dem ehemaligen Langräflich Darmstädtischen Staatsrat und interessierten Paläontologen Johann Heinrich Merck über den Kopf eines Krokodils aus den Marmorbrüchen von Altdorf und über noch nicht näher bestimmte »unbekannte Köpfe« aus Gailenreuth bei Anspach, die »bald durch die Mühen des Herrn Camper aus Franeker« aufgeklärt werden, »dem ersten Anatomen Europas nach Hunter«, taucht Camper drei Jahre später in Loriol auf, dessen Name auf für Faujas verhängnisvolle Weise mit der Fehleinschätzung des Mosasaurus von Maastricht als Krokodil verknüpft ist, die 1799 zum Verfall seiner wissenschaftlichen Reputation beitragen wird.

Faujas führte Adriaan Gilles Camper im Juli 1787 in die vulkanische Umgebung: Rochemaure, Melas, Montbrul, Freissinet und Antraigues mit dem Vulkankegel von Aisa, dessen Abbildung in den *Volcans*

Abbildung 19: Vulkankegel von Aisa bei Antraigues in der Ardèche. Die Krateröffnung ist in Wirklichkeit aus der Perspektive des Zeichners nicht einsehbar. Sie wurde gekippt. Aus: Faujas de Saint-Fond, Recherches des Volcans éteints 1778

Éteints zwischen dem württembergischen Bergrat und Neptunisten Friedrich Widenmann und Faujas umstritten war. Widenmann sah in der Darstellung eine Fälschung. Nicht so Camper. Faujas' Zeichner habe vielleicht ein bisschen übertrieben, aber nur, um die Interpretation seines Meisters richtig ins Bild zu setzen. Eine Fälschung sei das nicht. Camper bestätigte auch eine Beobachtung des *Abbé* Jean-Louis Giraud Soulavie von 1780, dass in den Tälern rund um Antraigues keinerlei Krater zu finden seien und die Basaltsäulen direkt auf Granit lagerten. Solche Bestätigungen durch eigene Anschauung renommierter internationaler Wissenschaftler waren wichtige Waffen gegen rufschädigende Angriffe wie die Widenmanns (Abbildung 19).

Der britische Agrarwissenschaftler und Herausgeber der *Annals of Agriculture*, Arthur Young (1741-1820) war sechs Wochen nach dem Sturm auf die Bastille in Montélimar und auf der Domäne in Loriol und machte Faujas als landwirtschaftlichen Experimentator und liebenswerten Gastgeber in der Welt bekannt. Faujas war gerade dabei, ein neues Wohnhaus zu errichten. Young hat die Versuche mit Maulbeerbäumen auf dem 2100 ar großen Gelände so begeistert geschildert, dass sie noch 40 Jahre später als beispielhaft im *Farmers Magasin of Virginia* herausgestellt worden sind. Er traf den *Abbé* Bérenger, einen Freund und Nachbarn und exzellenten Landwirt, der die beiden Kirchen vereinigen wollte, die den Protestanten in Loriol fehlte. Sie hielten ihre Versammlungen wie die Druiden unter alten Eichen ab. Erst 1797 werden sie wieder eine Kirche bekommen.

Lavoisier, Sage und Bertholet haben bei Faujas mehrere Bücher unterschiedlichen Formats mit neuem Papier gesehen, das aus Versuchen von Pierre-Alexandre Léorier-de Isle mit Pflanzen stammte, aus Gräsern, Linde, weißer Pappel, Brennnesseln, Hopfen, Moos, Rosen, Rinden der Korbweide, Saalweide, Pappel, Ulme und Eiche, Wurzeln von Queckengras, Holz vom Spindelbaum, von der Haselnuss, aus Blättern der Klette, der Distel, des Huflattich und sogar aus Seide. Der größere Papierbedarf hatte die Lumpen verknappt, aus denen das Büttenpapier hergestellt wurde, und gleichwertige Ersatzstoffe gab es noch nicht. So suchte man sein Heil in der chemischen Bearbeitung anderer Fasern, die aber noch nicht bis zur Serienproduktion gediehen war. Lavoisier war schon seit fast zwei Jahrzehnten mit dem Problem befasst und von der *Académie des sciences* beauftragt worden, das holländische Produktionsverfahren zu untersuchen. Lérorier-de l'Isle, ein ehemaliger Hauptmann der Dragoner aus Valence, war ein bekannter Papierhersteller in Buges bei Montargis, geschickterweise an der Nahtstelle dreier Kanäle, die Loire und Seine miteinander verbanden. Er wird die Werke von Voltaires Freund und skandalträchtigen Marquis de Villette auf seinem Pflanzenpapier drucken und 1793 ein fälschungssicheres Papier zur Herstellung der Assignaten (das während der französischen Revolution verwendete Papiergeld) anbieten. Die Suche nach Ersatzstoffen für Lumpen brachte die Land- und Forstwirtschaft ins Spiel, für deren Entwicklung sich in der Provinz immer mehr Priester, Notable und Adlige stark machten. Faujas wird korrespondierendes Mitglied der 1786 gegründeten *Société Royale et Académique* in Valence, und Blancard, sein Freund aus Loriol, erhält den ersten Preis zur Frage der vorteilhaftesten Kultivierung der weißen Maulbeere.

Der Tod Buffons und die Reliquien der Vernunft

Ein Jahr vor seinem Tod häuften sich bei Buffon die Koliken eines Niernsteinleidens. Am 9.4.1787 schrieb Faujas aus Paris einen Brief an den *Père* Ducros in Grenoble und bat ihn, den fähigen Botanisten Liotard mit dem Sammeln von Pflanzen zu beauftragen, die gegen das Steinleiden Buffons helfen könnten.

Im April 1788 ist Buffon in Paris und möchte noch einige Arbeiten zu Ende bringen, als er von weiteren Koliken gequält wird. Am 1. April lässt er vier Notare kommen, in deren Anwesenheit er Faujas dazu bestimmt, seine *Histoire naturelle* fortzusetzen. Am 20.4.1788 stirbt Buffon. Er wird autopsiert. Sein Sohn bekommt das Herz, Faujas das Kleinhirn, der es nach ägyptischer Manier konserviert und in einer Kristallurne mit nach Hause nimmt. Faujas muss von seiner wertvollen Reliquie so besessen gewesen sein, dass er sie an einen Freund, du Barroux vermachte. Als dieser 1829 starb, forderte der älteste Sohn Faujas' sie zurück. Sie kam nach Taulignan, aus Kostengründen mit einem Fuhrwerk statt mit der Kutsche. Dort wurde die Urne bei einem Staatsakt unter Anwesenheit des Marquis de Grimaldi geöffnet und in allen Einzelheiten protokolliert. »Nachdem die Urne geöffnet war, fanden wir das ganze Kleinhirn perfekt in der angegebenen Weise konserviert, das alle Bewunderer des Genies Buffons mit großer Aufmerksamkeit untersuchten.«

1869 ging es der Familie Faujas schlecht. Man sprach davon, dass die Russen 50 000 Francs für das Kleinhirn geboten hätten, aber es ging schließlich unter Vermittlung des Großneffens Buffons an das *Museum d'histoire naturelle* in Paris und wurde im Sockel eines Denkmals für Buffon deponiert.

Die Geschichte von Buffons Kleinhirn und Herz erinnert stark an die religiöse Verehrung, die Voltaires Gehirn und Herz entgegengebracht wurde. Dessen Gehirn holte sich sein Chirurg. Es wechselte häufig den Besitzer und ging später verloren. Das Herz bekam der Marquis de Villette, der lange Zeit als Sohn Voltaires gegolten hatte. Es befindet sich heute in einer goldenen Kapsel in der Pariser Nationalbibliothek. Die Organe waren dem Leichnam Voltaires in einer Nacht- und Nebelaktion entfernt worden, der Tote wurde in eine Kutsche gepackt, heimlich als schlafender Passagier aus Paris geschafft und in der Abtei Scelières bei Troyes begraben. Voltaire wäre sonst auf dem Schindanger gelandet. 1791 in den Pantheon überführt, 1814 von Royalisten geschändet, wurden seine Knochen an unbekanntem Ort verscharrt.

Mit dem Tod Buffons war sein Patronagesystem gestorben. Wie sollte es weitergehen? Wer würde das Sagen haben? Faujas durfte die *Histoire naturelle* fortsetzen, weil der Kronprinz Lacépède, Spezialist für Amphibien und Lurche, ein Werk über eierlegende Vierfüßler und Schlangen publizierte, das nicht mit Buffon besprochen worden war. Vor allem aber stand die Zukunft des *Jardin du Roi* und seines wissenschaftlichen Personals auf dem Spiel. Der beunruhigte Faujas schrieb am 15.7.1788 einen Brief an den Kontrolleur der königlichen Gebäude, Billarderie d'Angiviller, der seit Mitte der 70er Jahre für die Öffnung der königlichen Sammlungen für eine größeres Publikum verantwortlich war, und wollte wissen, welche Veränderungen am Buffon'schen Erbe vorgesehen sind. Für den Göttinger Arzt und politischen Schriftsteller Christoph Girtanner war das Geschacher um die Stellenbesetzung nach dem Tod Buffons eine einzige Farce in der Fortsetzung des *Ancien Régime*. Sie entlockte ihm hämische Kommentare:

»Die Aufsicht über den *Jardin du Roi* und das berühmte königliche Naruralienkabinett hatten vormals Buffon und Daubenton. Die Stellen dieser berühmten Gelehrten sind jetzt auf folgende Art besetzt. An Buffons Stelle kam Herr de la Billarderie, ein abgedankter Officier der *Garde du Corps*, der von Naturgeschichte nicht das Geringste versteht, sich um Gelehrsamkeit nie bekümmert hat, und kein anderes Verdienst besitzt, als daß er die 18,000 Livres jährlichen Gehalts zu verzehren weiß. Das Versprechen, Daubentons Stelle zu erhalten, hat Herr de la Ville, der Sohn eines Advokaten von Agen. Er ist durch eine Schrift über die Musik und durch die Oper Omphale bekannt. Neulich hat er sich selbst zum Graf de la Cepede (Lacepède) umgeschaffen, und schreibt unter diesem Namen eine Fortsetzung des unsterblichen Büffonschen Werks: er beschreibt die kriechenden Thiere. Wäre es mir erlaubt, mich eines schlechten Wortspiels zu bedienen: so würde ich sagen, daß er die Geschichte dieser Thiere sehr gut kennt. Der dritte ist ein geschwätziger Rechtsgelehrter, der dem Publikum durch eine Schrift über die Luftballons, und durch eine andere, über die Vulkane, bekannt ist: er heißt Faujas de St. Fond. Dies sind die Männer, welche von der Regierung für würdig gehalten worden sind, die Nachfolger eines Buffon und Daubenton zu seyn!« (Historische Nachrichten 1791)

Die Charakterisierungen der Wissenschaftler hat Girtanner in der zweiten Auflage von 1794 weggelassen, denn zwei der Genannten hatten die revolutionären Umbrüche des *Jardin du Roi* zum *Jardin des Plantes* unbeschadet überstanden, nur der Comte d'Angeviller hatte 1790 das Exil gewählt. Der miese Umgang der Akademie mit dem Mineralogen Jean-Baptiste Louis Romé de l'Isle, der 1779 eine Abhandlung gegen die Auffassungen Buffons veröffentlicht hat, ist in beiden Auflagen enthalten. Girtanner berichtet davon, dass man den Mitgliedern der Akademie verboten habe, Schriften von Romé de l'Isle zu zitieren. Er musste sich mit Privatstunden über Wasser halten. Heute gilt er als einer der Begründer der Kristallographie, und er war trotz dieser Differenzen mit Faujas und befreundet.

Revolutionär in der Provinz

Wahrscheinlich war Faujas, wie meistens in den Sommermonaten, auch am 14.7.1789 beim Sturm auf die Bastille nicht mehr in Paris, sondern bereits in Montélimar. Zwei Wochen nach den Pariser Ereignissen gibt es in Montélimar ein Gerücht, das wahrscheinlich von Faujas in Umlauf gebracht worden war und das von den Historikern der Revolution als »Panik« oder »große Angst« bezeichnet wird. Es hieß, auf Valence würden 10 000 *Savoyards* vorrücken, die entlang ihrer Route durch das Tal der Isère brandschatzten, raubten und plünderten. Sie würden in Kürze in Montélimar eintreffen, und man müsste sich so schnell wie möglich auf die Verteidigung vorbereiten. Die Details stammten von einem *Postillon* aus Loriol, der sie wiederum von einem von Paillasse und dieser von einem aus Valence gehabt haben will. Ganz Loriol stünde unter Waffen, und Faujas, der sie kommandiere, habe einen Mann, der mit der Nachricht aus Grane gekommen war, dass dort alles in Feuer und Blut versinke, festnehmen lassen, um, wie Coston vermutet, seine Verantwortung für die entstandene Panik zu verbergen. Aus allen Dörfern strömten Bauern zusammen, denen man weisgemacht hatte, dass Romans bedroht sei. Sie waren mit primitivsten Gerätschaften bewaffnet, mit alten Gewehren, Heugabeln, Sensen, Spießen und Prügeln. Es war, wie Coston wahrscheinlich zurecht vermutet, eine perfekt von Faujas inszenierte Komödie, auf deren Mobilisierung die Voraussetzungen für den Aufbau von Nationalgarden in der Provinz beruhten.

Wegen des Machtvakuums war am 5.9.1789 im Artikel 12 der Verfassung die Errichtung einer öffentlichen Gewalt vorgesehen. Eine bestimmte Organisation war nicht geplant, aber das ganze Land war bereits von Milizen durchsetzt, die sich an keinerlei Regeln hielten. Erst im Januar 1790 wurden die existierenden Nationalgarden vereidigt und als Hüterinnen der Verfassung etabliert. Am 4.8.1789 waren Feudalrechte und Privilegien abgeschafft worden, am 26.8. folgte die Erklärung der Menschenrechte, am 2.11. die Verstaatlichung der Kirchengüter.

Es gilt heute als sicher, dass Faujas bei der Vereinigungsversammlung der Milizen des Vivarais als Emissär des Kommandanten der Nationalgarde und Vizepräsident der Nationalversammlung, Lafayette, und des Pariser Bürgermeisters und Präsidenten der Nationalversammlung, Bailly, und im Auftrag der *Amis de la Constitution*, seinerzeit die noch alle Revolutionäre umfassendenden Jakobiner, gehandelt hat. Lafayette stammte aus Chavaniac in der Auvergne und kannte die Verhältnisse im Süden genau. Am 29.11.1789 waren die Nationalgarden von 20 Kommunen, die 12 650 *citoyens* repräsentierten, in La Paillasse, einer Ebene südlich von Valence zur Gründung einer Föderation der Nationalgarden (*Fédération de l'Étoile*) des Vivarais zusammen gekommen.

Das Treffen kam auf Vorschlag der Nationalgarde von La Voulte und »des ehemaligen Präsidenten des Tribunals der *Sénéchaussée* von Montélimar« Faujas zustande. Er und der Arzt Melleret galten als glühende Revolutionäre. Beide wurden zu Generalkommissaren gewählt und mit sieben weiteren zuständig für die Verbindung zu den *milices fédérées*. Faujas hielt dort als Inspektor der Nationalgarde von Loriol und Livron im Namen der Offiziere und Soldaten eine schwülstige Ansprache:

»Wir sind nicht mehr die aus dem Dauphiné, ihr seid nicht mehr die aus dem Languedoc, wir sind freie Franzosen, Bürger und Soldaten. So wie es unsere antiken Ahnen waren, die Gallier vor dem Despotismus ihrer Druiden und der Invasion der Straßenräuber von Rom … Aus dieser Versammlung von Kraft und Werten entsteht eine große Macht und Edelmut, die die Verfechter der Tyrannei und die Feinde des öffentlichen Glücks zu Tode erschrecken wird« (Vedettes des Alpes 29.11.1789). 119 Nationalgardisten schworen, »sich der Nation hinzugeben, die von der Nationalversammlung erlassenen Gesetze zu unterstützen, und auf den populärsten und verehrtesten König«. Die Generalkommissare waren zum Teil mit Faujas befreundet. Ähnliche *Fêtes des Fédération* fanden in den Folgemonaten an vielen Orten der Umgebung statt, die letzte am 20.4.1790 auf dem *Camp des Crottes* bei Embrun zwischen Gap und Briançon. Dort waren 3231 Mann versammelt, sie repräsentierten 30000 Nationalgardisten und 103 Kommunen des südlichen Dauphiné. War die erste *Fédération d'Étoile* vier Wochen nach Abschaffung der Kirchengüter laizistisch, war hier ein Altar aufgebaut, und am Ende der Versammlung wurde eine Messe gelesen.

Faujas wird sich im weiteren Verlauf der Revolution immer wieder in seiner Heimatprovinz als Propagandist und Organisator engagieren. Am 13.2.1791 gründet sich unter der Führung der *Société des frères surveillans* von Valence der gleiche Verein in Loriol in einer theatralischen Inszenierung. Mit großem Freiheitspathos und religiöser Inbrunst wird die Bruderschaft der Wächter (*surveillans*) der Revolution in einer Art Initiationsritus in ihre Aufgaben eingeführt, und unter den Augen des höchsten Wesens (*Sous l'oeil de l'Être suprême*) wird eine gemeinsame Messe von Katholiken und Protestanten gelesen, die ins Französische übersetzt wird. Faujas ist in Loriol unumstritten und wird per Akklamation zum Präsidenten der Versammlung gewählt.

Kurz nach Gründung der Bruderschaft, am 20.2.1791, findet in Valence eine Versammlung zur Bildung der konstitutionellen Kirche statt, die von den Priestern eine Abkehr von Rom und einen Schwur auf die Verfassung verlangte und eine Wahl der Bischöfe vorsah. Es waren Delegierte der einzelnen Cantone, die diese Wahl vorzunehmen hatten. Für den Canton Loriol waren das die Herren Faujas, Cuillet, Coste, Cheynet, Sauve, L'Hermy, Bayle, Charrière, Bréton. Faujas, der mit dem *Abbé* Berenger befreundet war, der von einer Vereinigung beider

Kirchen träumte und einen entsprechenden Antrag für die Nationalversammlung vorbereitete, war seit seinen positiven Erfahrungen mit den friedlichen und versöhnlichen Quäkern in Schottland sowieso der Meinung, Religion sei Privatsache, und seit dem Jesuitenverbot, Kirche eine nationale Angelegenheit, in der »die Straßenräuber von Rom« nichts zu suchen haben. Er lag damit ganz auf der Linie Voltaires, der die schlichte Religion der Quäker, »indem man diese noch ein wenig vereinfacht«, trotz seiner bissigen antiklerikalen Haltung als Grundlage für einen neuen Glauben akzeptiert hätte.

Allerdings fiel der Erfolg dieser Maßname zahlenmäßig sehr gering aus. In ganz Frankreich akzeptierten von 40000 Priestern nur 58 den *serment civique* (Eid auf die Verfassung). Die übrigen waren *réfractaires* (Widerspenstige). Wenn sie erwischt wurden, landeten sie unter der Guillotine, ihre Denunziatoren erhielten 100 Livres Prämie. Diejenigen, die einen Widerspenstigen versteckten, wurden eingesperrt oder deportiert. Der Umgang mit den Priestern war einer der Gründe für die Bürgerkriege, und die Vereinigung von Katholiken und Hugenotten war in weite Ferne gerückt. Kurz nach dem Beschluss der Nationalversammlung zur Etablierung der konstitutionellen Kirche hatten Protestanten im August 1790 in Nîmes Katholiken massakriert. Historiker fassen sie als Ereignisse um den *Camps de Jalès* zusammen, eine Hochebene in der Ardèche, die immer wieder Schauplatz von blutigen Konfrontationen gewesen war.

In das angrenzende Savoyen hatten sich viele aus dem Dauphiné geflüchtet, die mit dem Tod bedroht wurden. Es herrschten chaotische Zustände, ein Durcheinander von Emigranten, Insurgenten und beunruhigten Einheimischen. Täglich kamen neue Flüchtlinge an, die man, so der Gouverneur, nicht zurückschicken könnte, da es sich um anständige Leute handele. In der brodelnden Gerüchteküche Chamberys galt Faujas als gefährlicher Mann. Am 22.6.1791 wird er in der Korrespondenz des Gouverneurs des Herzogtums Savoyen mit einem Haftbefehl des Königs von Sardinien (und Savoyen) erwähnt. Man habe ihn gemäß königlichen Befehls festzusetzen, falls er sich in Chambery zeigen sollte.

Revolutionär in Paris

Paris war für Faujas schon seit dem Tod Buffons kein Heimspiel mehr. Er hatte um seine Position im *Jardin du Roi* zu kämpfen und im Zusammenbruch der althergebrachten Institutionen der Wissenschaften, der Neuorientierung seiner Kollegen und der Bedrohungen im Fortgang der Revolution herauszufinden, welche Rolle er in Zukunft spielen kann. Er hatte sich früh auf die Seite der Jakobiner geschlagen, aber was bedeutete das schon in einer Zeit, in der ein Jakobiner sehr schnell zum Reaktionär gestempelt werden konnte, wenn er hinter den Metamorphosen des Tagesgeschehens zurückgeblieben war? Paris wird allmählich zu einem gefährlichen Pflaster für Wissenschaftler, die ihre Verbindungen zum *Ancien Régime* und ihre Patronage durch verdächtige Adlige kaum verbergen konnten. Je zugespitzter die Lage im Innern, je bedrohlicher die Koalitionen gegen Frankreich, desto größere Willfährigkeit wurde von ihnen verlangt. Wenn sie Pech hatten, gerieten sie ins Visier pauschalierter Verdächtigungen und systematischer Verfolgungen oder unter die Räder aufgebrachter Volkswut. Faujas de Saint-Fond wird den falschen Titel abstreifen und für viele Jahre wieder der Bürger Faujas.

Zunächst einmal lässt er sich im April 1790 noch schnell 6000 Livres für Objekte zahlen, die er dem Naturalienkabinett zur Verfügung gestellt hat, ein Schachzug, der später bei knappen Kassen zu einer peinlichen Überprüfung seiner Berechtigung führt: Am 8.5.1793 fragt Denormandie, der Direktor zur Liquidierung der öffentlichen Schuld, beim Intendanten des *Jardin,* Bernardin de Saint-Pierre, nach, welche wertvollen Objekte Faujas geliefert hat (Spary, S. 61). Faujas lässt sich nicht ein auf die beginnenden Fraktionskämpfe der Pariser Sektionen. Er bevorzugt informelle Treffen wie den *Cercle* bei André Thouin, dem Leiter des königlichen Gartens, der sich seit Mai 1790 beinahe jeden Abend und jeden Sonntag trifft. Die ganze Thouin-Familie, sozusagen die Dynastie des Gartens ist versammelt. Dazu gesellen sich der Botaniker Desfontaines, der Blumenmaler Gérard van Spaendonck, der Bibliothekar Toscan, der zukünftige Intendant Bernardin de Saint-Pierre, der Autor des Republikanischen Kalenders Fabre d'Églantine, der spätere Organisator des Staatsstreiches vom 18. *fructidor* (4.9.1797), Larevellière-Lépeaux, dessen Freund, der Abgeordnete von Peronne, Louis Nicolas Pincepré de Buire. Larevellière wird Faujas in seinen Memoiren als etwas geschwätzig charakterisieren, der seine weit gespannten Kenntnisse der Naturgeschichte nicht immer gut verknüpfen konnte, aber in Gesellschaft sehr liebenswert war.

Am 21.5.1790 nimmt Faujas teil an einem *Discours prononcé au Comité de la Propagande,* womit er als hochrangiges Mitglied der Freimaurer und als ein Politiker fassbar wird, der zumindesten in der

Hauptstadt aus dem Hintergrund agiert. Der 1786 gegründete *Club de la Propagande* war die versammelte *crème de la crème* der Spitzen der Freimaurerlogen von Paris. Adrien Duport, bzw. du Port (1759-1798), der hier eine Analyse der inneren und äußeren Gefahren für den Fortgang der Revolution mit einem Aktions- und Propagandaplan gegen alle königlichen Despoten Europas verband, hatte schon früh die Frage des Terrors aufgeworfen. Er war der festen Meinung, dass nur so den alten Mächten beizukommen sei. Er wird als Abgeordneter des Adels in den dritten Stand wechseln und sich im Verlauf der Revolution trotz der scharfen Rede als Vertreter der Besitzenden profilieren und in eine lang anhaltende Auseinandersetzung mit Lafayette geraten. Der *Discours* wurde gedruckt und war offensichtlich weit verbreitet, denn nur wenige Wochen später tauchten erste Berichte in den europäischen Gazetten auf. Die Liste der Mitglieder liest sich wie das Who is Who der Revolution und repräsentiert zu diesem Zeitpunkt noch alle ihre Strömungen. Ihr Finanzpolster war enorm. Der Duc d'Orléans hatte 40 000 Livres beigesteuert, die übrigen Mitglieder stockten auf 150 000 Livres auf, die zur Finanzierung der Reisen von Emissären, die *Apôtres,* Apostel genannt wurden, und für Propagandaschriften bereit gestellt wurden. Die Liste wimmelt von Leuten, mit denen Faujas im Laufe seines Lebens zu tun hatte. Präsident war *Abbé* Sieyès.

Zum internationalistischen Ansatz des freimaurerischen Propagandaklubs passt der Kontakt, den Faujas im August 1790 mit dem Pädagogen und Schulbuchverleger Joachim Heinrich Campe geknüpft hat, einem Freund der Aufklärer Klopstock, Claudius und Lessing. Campe hielt sich zusammen mit seinem ehemaligen Schüler Wilhelm von Humboldt in Paris auf, speiste mit Mirabeau und nahm an den Sitzungen der Nationalversammlung teil. Er besuchte Faujas im *Jardin* und wird ihn in seinem »Wörterbuch zur Erklärung und Verdeutschung der unserer Sprache aufgedrungenen fremden Ausdrücke« (Braunschweig 1813) unter »Raffraichiren« verewigen. Faujas habe, als er den Blick Campes auf seinen Arbeitstisch bemerkte, wo einige Stücke aus seiner Naturaliensammlung lagen, gesagt: »*Ce n'est que pour raffraichir mon imagination.*« Campe bekam wie Pestalozzi, Klopstock und Schiller 1792 den Ehrenbürgerbrief der Republik Frankreich.

1790 ging alles sehr schnell. Die Vorgänge um den bald *Jardin des plantes* genannten *Jardin du Roi* üben auf Wissenschaftshistoriker eine große Faszination aus und sind schon oft beschrieben worden. Zum ersten Mal gaben sich Wissenschaftler selbst ein Statut völliger Gleichberechtigung. Faujas wird in der bedrohlichen Finanznot sogar die Abschaffung des Intendanten fordern, »eines Postens des *Ancien Régime,* der im Widerspruch zu einer wissenschaftlichen Institution und zur Gleichheit steht, die unter Gelehrten herrschen und die keine Macht über sich außer Gesetz und hervorstechendes Talent anerkennen sollen«, um seinen Posten und den Lamarcks zu retten. Seine Begründung enthält alle Argumente, die in den Debatten zur Reform des Wissenschaftsbetriebs eine Rolle spielten: Anknüpfen an das Erbe Buffons, Öffnung für ein interessiertes Publikum, Ordnen der Sammlungen nach wissenschaftlichen Kriterien, wissenschaftlicher Austausch, Erziehung in Naturgeschichte.

Am 30.7.1790 hatte sich der Abgeordnete der Nationalversammlung aus Vienne, Jacques-Antoine Creuzé-Latouche aus Anlass der Debatte um die Abschaffung der Posten von Faujas und Lamarck für die Belange der Wissenschaftler im *Jardin des plantes* ins Zeug gelegt und eine grundlegende Reform verlangt. Es ginge darum, die Abhängigkeit der wissenschaftlichen Welt von der königlichen Macht abzukoppeln, »damit die erhabensten Eigenschaften des Menschen seinem Glück dienen und nicht zur Schmeichelei der Leidenschaften dieser Herrschaften«. Man müsse die Gesellschaften, die sich den Wissenschaften widmen, an die Revolution binden. Das wird gelingen, nicht nur weil der Zoologe Lacépède am 27.8.1791 für zwei Monate zum Präsidenten der Nationalversammlung gewählt werden wird. Die Naturalisten waren aufgefordert, Reformvorschläge zu unterbreiten. Diese trafen sich ab Mitte August fast täglich und formulierten am 20. August eine erste Adresse des *officiers du jardin des plantes et du cabinet d'histoire naturelle,* der am 9. September eine zweite folgte. Thouin und Faujas ließen davon 2000 Exemplare drucken, die an die Entscheidungsträger verteilt wurden. Die Naturalisten hatten sich ein Statut gegeben, das sie zu gleichberechtigter Zusammenarbeit verpflichtete, Entscheidungen sollten per Abstimmung erfolgen, die Studenten hatten Mitwirkungsrechte, der Intendant wurde abgeschafft, die Gehälter angeglichen und nach unten korrigiert, und der jetzt *Muséum d'histoire naturelle* genannte *Jardin* wurde direkt den Repräsentanten der Nation unterstellt. So hätte es werden sollen, aber die Nationalversammlung fand angesichts der sich überstürzenden Ereignisse keine Zeit, sich mit dem Projekt zu befassen.

Das Dekret zur Gründung des Museums kam erst am 10.6.1793 in aller Eile zustande. Der Vorgang war wenig spektakulär, und selbst die Betroffenen im *Jardin* hatten mit diesem schnellen, und vor allem kommentarlosen Durchwinken nicht gerechnet. Der Verantwortliche für die Bildungspolitik, Joseph Lakanal, hatte vom Mineralogen, Spezialisten für Schafe und ersten Direktor des neu gegründeten Museums, Louis Jean-Marie Daubenton, die ausgearbeiteten Vorschläge aus dem Jahr 1790 in die Hand gedrückt bekommen, und der hatte sie einem uninteressierten Parlament *(Convention)* zur Abstimmung vorgelegt. Sie hatten andere Sorgen: die Belagerung von Valenciennes durch die Österreicher, von Perpignan durch die Spanier, von Mainz durch die Preußen, die Einnahme von Saumur durch die Aufständischen der Vendée, die Unruhen in den südlichen Provinzen nach Ausschaltung der Girondisten. Erst im Nachhinein wurde das Statut von Fourcroy, Thouin und Jussieu im Detail ausgearbeitet und ihm die hyperdemokratischen Zähne gezogen. Die Mitwirkung der Studenten war nun nicht mehr vorgesehen. Die Naturalisten hatten in dieser angespannten Lage den Auftrag, den wissenschaftlichen Austausch mit ähnlichen Einrichtungen im In- und Ausland zu fördern und z. B. seltenes Saatgut von überall her zu beschaffen, um »den wahren nationalen Reichtum zu erhöhen«. Faujas wird Professor für Geologie.

Zunächst wurde das Monopol der *Académie des Sciences* auf die Definition dessen, was als Wissenschaft gelten konnte, nur unterlaufen, bis sie im Zuge der Revolution abgeschafft wurde. Sie hatte sich zu einem Bollwerk der Ideen Buffons verengt und viele entscheidenden Veränderungen nicht aufgenommen. Dazu gehörte das Pflanzensystem Linnés, das von den meisten Botanikern inzwischen allen anderen vorgezogen wurde. Mit der Gründung der *Société linnéenne de Paris* am 27.12.1787 durch André Thouin, Louis-Augustin Bos d'Antic, Pierre Marie Auguste Broussonet, Aubin-Louis Millin de Grandmaison und Pierre Willemet war ein erstes Zeichen gesetzt worden, das ihren Mitgliedern jedoch die Tür zur Akademie verschloss. Man ließ sie aus Karrieregründen sanft entschlafen und hat sie erst nach der Revolution wieder aktiviert.

Der Übergang von der *Société linnéenne* zur *Société d'histoire naturelle* war eine schlichte Änderung des Namens in ihrer Gründungssitzung am 27.8.1790. Dabei wurden Thouin, Faujas und Lacépède einstimmig aufgenommen. Die Mitgliederliste ist ein wichtiger Indikator für mögliche Aufenthaltsorte Faujas', sein Verhalten und seine Verbindungen auch während der Zeit des Terrors, über die sonst kaum Dokumente vorliegen. Faujas hat viele alte Freunde als Mitglieder und korrespondierende Mitglieder platziert, u.a. den Deputierten Hell, den Deputierten des Dauphiné aus Loriol, Blancard, de Genton aus Santo Domingo, den er aus St. Paul-Trois-Châteaux kannte, seine Geologenfreunde Déodat Dolomieu und Saussure und *Père* Ducros aus Grenoble. Am 22.9.1790 hat Faujas seinen Essai über Teer präsentiert und am 8.10.1790 über einen diamantharten Feldspat gelesen. Dann wird es still um ihn. Er wird nicht mehr erwähnt, bis 1792 jedoch noch als Mitglied geführt. In der Liste, die zwischen März und Juni 1793 erstellt worden ist, taucht er dann nicht mehr auf. In diesem Zeitraum ist Faujas aus Paris verschwunden. Es fehlt auch der gerade aufgenommene Louis Jean Marie Daubenton. Er war immerhin seit Juni der erste Direktor des neu gegründeten Museums.

Der Streichung von der Mitgliederliste 1793 war ein Vorfall vorausgegangen, der Licht in die Angelegenheit bringen könnte: Im März 1792 gab es eine heftige Auseinandersetzung um den möglichen Ausschluss von Ramond de Carbonnières, eines Vertrauten von La Fayette. Dieser

Ausschluss wurde von einem anderen Mitglied beantragt, vom Drucker und Buchhändler Jean-Louis-Antoine Reynier. Wegen der Spannungen und dem Vorwurf, aus der Wissenschaftsgesellschaft werde ein politischer Club, verließen Besson, Pelletier »und andere« die Gesellschaft, vielleicht auch Faujas.

Unter dem Eindruck zunehmender Gewalt informierte der damalige Präsident der Société, Aubin Louis Millin de Grandmaison, die Mitglieder, die eilig Paris verlassen sollten. Das war am 14. September 1792, eine Woche nach den Massakern. Aubin-Louis Millin setzt sich erst einmal für einige Wochen zu einer Exkursion in die Alpen ab und wird 1793 für ein Jahr im Gefängnis landen, weil er an der Veröffentlichung einer Studie über zerstörte Kirchen und Klöster arbeitete und in der von ihm herausgegebenen *Chronique de Paris* gegen die Montagnards wetterte. Die Sitzungen wurden am 14. September 1792 für einen Monat unterbrochen, so ernst schätzten alle die Lage ein.

Erst am 7.4.1797, unter der Direktion von Cuvier, ist Faujas wieder unter den 50 Mitgliedern verzeichnet, aber nicht in ihrer Aufstellung nach Spezialgebieten. Es wird der verstorbenen Mitglieder gedacht: François de Hell (1794 guillotiniert), La Rochefoucault (1792 erschlagen), Jean-Marie Roland de la Platière (1793 Selbstmord, nachdem seine Frau guillotiniert worden war), Louis-Pierre Dufourny de Villiers (1796 nach zweimaliger Gefangenschaft verstorben), Vicq d'Azyr (1794 an Pneumonie verstorben), Pierre Flandrine 1796 verstorben), Antoine Laurent de Lavoisier (1794 guillotiniert).

Blutige Jahre und nationales Aufbäumen

1792 beginnt für Faujas mit einem mörderischen Paukenschlag. Der Intendant des Dauphiné, Christophe Pajot de Marcheval, der Initiator für das naturhistorische Museum in Grenoble und Auftraggeber zur Erkundung des Dauphiné, war auf bestialische Weise in St. Cloud abgeschlachtet worden.

Er war nicht der einzige, dessen Leben im unsicher werdenden Paris im Frühjahr 1792 auf diese Weise ein Ende gesetzt wurde, nachdem die Flucht des Königs im Juni des Vorjahres in Varennes gescheitert war, die Nationalgarde am 17. Juli ein Massaker an einer Versammlung zur Absetzung des Königs auf dem Marsfeld begangen hatte und die revolutionär-demokratische Bewegung in der Folge immer schärfer unterdrückt wurde. In den ersten drei Monaten des Jahres 1792 hatte es in weiten Teilen des Landes Lebensmittelunruhen gegeben. Louis XVI blockierte mit seinem Veto die Versuche, sich auf eine Invasion der preußisch-österreichischen Koalition vorzubereiten und nährte so den Verdacht, dass er auf eine Niederlage der revolutionären Truppen setzte. Am 20.4.1792 dann die Kriegserklärung Frankreichs an Österreich. Die Kriegserklärung Frankreichs an Preußen folgt am 8. Juli. Franz II. wird sich provokativ am 14. Juli zum Kaiser des immer noch Heiligen Reiches Deutscher Nation krönen lassen. Das Manifest des Herzogs von Braunschweig vom 25.7.1792, mit dem er die Zerstörung von Paris androht, heizt die Stimmung weiter an. Dann der Volksaufstand vom 10.8.1792, der Sturm auf die Tuilerien und die Absetzung des Königs. Am 23.8.1792 wird die Grenzfeste von Longwy in Lothringen von preussichen Truppen eingenommen, und in der Kanonade von Valmy (zwischen Verdun und Reims) zwingt die französische Revolutionsarmee unter Dumouriez und Kellermann am 20.9.1792 Preußen und Österreicher zum Rückzug, ein moralischer Sieg von ungeheurer Tragweite. Der zusammengewürfelte und schlecht ausgebildete Haufen von Freiwilligen hatte einer disziplinierten Armee aus Berufssöldnern widerstanden. Die Nation war mobilisiert, ging gegen wirkliche und phantasierte Feinde im Innern vor und beschaffte sich von überall her die Mittel zur Kriegsführung.

Anfang September 1792 regt Thouin beim Innenminister Roland die Erörterung der Zukunft der Gärten an und bekommt einen Freibrief des Ministers zur genauen Untersuchung der Reichtümer der Gärten von Trianon, Rambouillet, Bellevue und Bagatelle und aller anderen Nationaleigentümer und zu Verpflanzungen noch vor dem Winter in den *Jardin des plantes* (Gillispie, S. 290). In der Folge werden im Herbst/Winter 1792 Faujas und Desfontaines mit ähnlichen Akquisitionen in der Umgebung von Paris beauftragt. Faujas akzeptiert im September zunächst provisorisch den Posten eines Inspecteur des Mines und wird, wie aus dem Rechenschaftsbericht Thouins für 1793, *An II* nach revolutionärem Kalender, hervorgeht, Professor für Geologie mit einem Gehalt, das bis zu seiner Entscheidung ausgesetzt ist. Da war Faujas nicht in Paris, sondern in der Provinz.

Dort erwirkt er am 14.9.1792 in einer Versammlung des Distrikts von Valence zur Wahl neuer Mitglieder der Adminstration und des Tribunals von Valence einen Beschluss, um Mittel für eine Entsendung der Nationalgarden zur Verteidigung der Nation zu beschaffen. Aus Loriol melden sich 200 Freiwillige (bei 2145 Einwohnern) zu den republikanischen Truppen, um die Nation zu verteidigen *(la patrie en danger)*.

Trotz solcher Aktivitäten wird Faujas von einigen Historikern als möglicher Kandidat für eine Konterrevolution gehandelt. Das erwähnt Michel Perronet in *Révolution et Contre-Révolution dans la France du Midi: 1789-1799*. Er folgt damit ohne Nachprüfung den Wunschvorstellungen des Comte d'Antraigues, des alten Bekannten Faujas' aus der Ardèche, der schon 1790 emigriert war und versuchte, aus dem Ausland einen Nachrichtendienst aufzubauen (Abbildung 20). D'Antraigues stützte sich auf den *Salon Français,* einen Apparat von Spitzeln in Paris. Am 24.1.1792 ließ er einen Vorschlag für eine *Republique du Midi* verbreiten, um die Provinz des Languedoc in seinen alten Grenzen wieder herzustellen und eine föderative Republik zu gründen, die sich von Frankreich lossagt. Die Protestanten hätten dann die Ehre, ihre bevorzugte Idee triumphieren zu sehen. Dieser Vorschlag hätte ihm, so Peronnet, die Unterstützung des protestantischen Pastors aus Nîmes und Abgeordneten des Dritten Standes, Saint Étienne, des protestantischen Generalprokurators der Ardèche, Boissy d'Anglas, und von Faujas gebracht. Quellen dazu sind nicht angegeben. Es ist kaum noch nachzuvollziehen, wie Antraigues zu dieser Einschätzung Faujas' gekommen ist. Dass sie von Historikern vertreten wird, ist dem Werk von Pingaud geschuldet.

Antraigues gehörte zu den hartgesottenen Konterrevolutionären, die Ziele verfolgten, die auch im Lager der Royalisten umstritten waren. Der übliche Royalist war für die Einheit Frankreichs. Antraigues: »Ich werde der Marat der Konterrevolution sein, ich werde 100 000 Köpfe rollen lassen und diejenigen der Gemäßigten wie Montlosier als erste« (Chaumié, S. 131). Und: »Frankreich ohne König ist für mich nur ein Kadaver und man liebt von den Toten nur die Erinnerungen« (Chaumié, S. 95). Was nun? Ein unter einem König geeintes Frankreich oder Abspaltung des Languedoc? Comte de Montlosier, der eine Arbeit zu den Vulkanen der Auvergne veröffentlicht hat, war Emigrant wie Antraigues und hatte die Exilanten von London aus *(Courrier de Londres)* aufgefordert, auf jede Form von Rache zu verzichten.

Abbildung 20: Antraigues. Am Steilanstieg des Weges solitäre Felsen aus Säulenbasalt. Aus: Albert Du Bois, Album du Vivarais ou itinéraire historique et descriptif de cette ancienne province. Grenoble 1842

Als Antraigues zwischen 1798 und 1800 in Wien war, hat er über den dortigen Kanzler Thugut erfahren, dass die geologische Reise seines alten Freundes Faujas nach Deutschland nur der Vorwand für einen Spionageauftrag war. D'Antraigues hatte Faujas 1792 ganz falsch eingeschätzt.

Jacquéline Chaumié sieht die Rolle Faujas' richtig. Sie referiert einen Brief d'Antraigues' vom 17.4.1792 an den spanischen Botschafter in Venedig, Don Simon de Las Casas, in dem er berichtet, wie Faujas d'Antraigues' Eintreten für die Konterrevolution bewertet. Faujas hatte Antraigues an seine hugenottischen Vorfahren erinnert und ihm geschrieben: »Öffnen Sie jetzt die Augen. Welche infame Partei unterstützen Sie, Sie benutzen ihr Genie, um die Ketten zu schmieden und Ihren Ruhm, wieder zum Sklaven der Könige zu werden. Gehören Sie zu uns, Sie würden der Meister im Vivarais sein« (Chaumié, S. 160). Faujas war also nicht auf den föderativen Zug aufgesprungen und wollte sich nicht gegen die nationale Einheit, zur Rettung des Königtums und feudaler Privilegien instrumentalisieren lassen. Vorausgegangen waren im Süden heftige Auseinandersetzungen zwischen Katholiken, die den König unterstützten, und Protestanten, die eher revolutionär eingestellt waren, und die zwei Jahre anhalten werden.

Das, was im Frankreich von 1792 *fédérés* genannt wurde, waren die u.a. von Faujas rekrutierten Freiwilligen zur Verteidigung der Nation, die sich in Paris zum Entsetzen der Royalisten mit den Jakobinern und den Sanscoulotten der Vorstädte gemein machten. Sie standen keinesfalls für eine Abspaltung der Provinzen, sondern wurden zum Bestandteil des Revolutionsheeres und in Paris für den Kriegseinsatz ausgebildet. Am 3.11.1792 waren die 1500 Freiwilligen des Vivarais noch in Lyon. Bei ihrer Ankunft in Paris standen sie auf der Seite der Gironde. Chaumié spricht von einer *évolution psychologique* in Paris. Die Auswahl der Freiwilligen in den *Départements* konnten die Royalisten noch beeinflussen, obwohl sie schon von Jakobinern durchsetzt waren. Faujas wird in diesem Zusammenhang in einem Artikel des *Bulletin de Paris* vom 14.-18.1.1793 als *agent du duc d'Orléans* (Philippe Égalité, der Vetter Louis XVI) bezeichnet, was ihn aber nicht davon abgehalten habe, mit allen Maßnahmen der »Rolandisten« zu brechen und die der Jakobiner zu unterstützen (Chaumié, S. 313). Die Rolandisten waren die Gefolgsleute des Innenministers Jean-Marie Roland de la Platière und seiner Frau »Madame Roland«. Sein Rücktritt im Juni 1792 und Madame Rolands Aufrufe zur Freiheit und die Aufforderung an den König zu mehr Patriotismus waren die Auslöser für die Massendemonstrationen in den Tuilerien gegen den König.

Im Januar 1793 waren die Jakobiner längst zerfallen in *Montagnards* und *Girondisten*, zu denen die Rolands nun zu zählen waren. Der Duc d'Orléans hatte vergeblich versucht, mit Geldzahlungen an die *Fédérés* deren Bündnis mit den *Sansculottes* aufzubrechen. Stattdessen ging das Geld unkontrollierte Wege und landete in den Taschen derjenigen, die bekämpft werden sollten; es fanden Verbrüderungsszenen statt, ein Komitee wurde gebildet, und die Provinzler und die Pariser tagten gemeinsam. Als Agent des Duc d'Orléans geriet man deshalb schnell in den Verdacht, möglicherweise ein Girondist zu sein und mit den alten Mächten zu paktieren. Was das Ganze für Faujas so heikel macht, ist der Zeitpunkt dieser Einschätzung des *Bulletin de Paris*: 14.1.1793. Da hatten die 48 Pariser Sektionen der *Montagnards* und die *Fédéré* gemeinsam geschworen, das Vaterland zu verteidigen. Bei der Abstimmung in der Nationalversammlung waren Unterschiede zwischen den Deputierten der Ardèche und des Vivarais deutlich geworden. Die ersteren waren mehrheitlich für einen Aufschub der Vollstreckung des Todesurteils, während die Deputierten des Vivarais fast geschlossen zusammen mit den *Montagnards* für den Tod und sofortige Vollstreckung gestimmt hatten. Chaumié führt die Haltung der Deputierten der Ardèche auf den Einfluss der Agenten Antraigues zurück. Hinter den Kulissen hatten vor allem die Spanier versucht, einen Aufschub zu erwirken und dafür die Neutralität Spaniens im laufenden Krieg in Aussicht gestellt. Die Hinrichtung Louis XVI erfolgte am 21.1.1793. Könnte es sein, dass Faujas den Tod des Königs in Kauf genommen hat, weil er durch ihn die Nation in Gefahr gesehen und statt seiner auf den Duc d'Orléans als *monarchien* einer nur noch konstitutionellen

Monarchie gesetzt hat? Der Duc war im November 1792 nur knapp der Gleichsetzung aller Bourbonen als Feinde der Nation entgangen. Der Beschluss über sein Schicksal wurde vertagt. Er wird am 17.1.1793 in der Nationalversammlung, inmitten der *Montagnards* sitzend, für den Tod des Königs stimmen, den er schon am 28. Dezember 1792 im Schnellverfahren mit anschließender Exekution vollstrecken wollte. Die Abstimmung war knapp: 366:361.

Faujas nimmt am 20.9.1792 in einem Brief »an einen seiner Freunde« beinahe ungläubig zur Kenntnis, dass der gebürtige Aristokrat Dolomieu in dieser Lage zum überzeugten Aristokraten geworden sei, macht Bemerkungen über Daubenton und Lacépède wegen mangelnden patriotischen Geistes und formuliert Andeutungen, dass vielleicht auch Thouin nicht mehr nach den rechten Prinzipien handelt. Spary leitet daraus eine Faujas zu unterstellende Denunziation ab. Faujas schreibt:

»Ihr vorheriger Brief hat mich erstaunt und gelehrt, dass Dolomieu Aristokrat geworden ist. Ich kann Ihnen versichern, lieber Freund, dass er bei seiner Rückkehr aus Malta, drei Wochen mit mir verbrachte, und dass ich in ihm nur die warmen und reinen Gefühle eines wahrhaften Freundes der Gleichheit gesehen habe, mit einem Wort, eines Jakobiners (...) Glauben Sie mir, dass ich, wenn er in diesen Briefen und in seinem Verhalten nur das geringste Gefühl eines *Feuillants* gezeigt hätte, hätte ich nie zugestimmt, ihn bei mir wohnen zu lassen. Ich habe Ihnen seit Ihrem letzten Brief nicht geschrieben, weil ich mir nach meiner Ankunft in Paris vorgenommen habe, sein Verhalten aus der Nähe zu betrachten (...) Lacépède ist schlecht (...).aber er hat uns getäuscht, indem er den Patrioten spielte; ich wage Sie nicht zu fragen, ob Thouin bei den guten Prinzipien geblieben ist (...) Was den alten Daubenton angeht, so hat er Patriotismus gut nachgeäfft, ich habe immer geglaubt, er sei ans alte Regime gebunden. Es ist nicht lange her, da hat er mir geschrieben, um mir die Ernennung Bernardin de Saint-Pierres zum Direktor des *Jardin du Roi* mitzuteilen (...) Ich habe ihm nicht geantwortet. Das war wenige Tage vor dem 10. August (Erstürmung der Tuilerien, H.V.), dass er mir schrieb; er nannte zuvor diesen *jardin national: Jardin des Plantes*, und er änderte seinen Namen einige Tage vor dem 10., um ihm seinen alten eines *Jardin du Roi* zu geben, pfui auf die Aristokratie!« (aus: Fayet 1959, eigene Übersetzung)

Das ist starker Tobak, aber ohne den Adressaten zu kennen, ist der Brief nicht als Denunziation zu bewerten. Es kann ein Brief an einen Verantwortlichen gewesen sein, dann ist es eine, wenn aber an eine Privatperson oder Bekannten gerichtet, dann ist es eine persönliche Meinung, die Aufschluss über seine politische Einstellung gibt. Von Denunziation kann erst gesprochen werden, wenn öffentliche Wirkung erzielt werden sollte. Der Duktus des ganzen Briefes und einzelne Formulierungen lassen es jedoch zu, Faujas einen kleinlichen inquisitorischen Geist zu bescheinigen, der dazu bereit ist, selbst seinen guten Freund Dolomieu *d'examiner de près*, dem alten Daubenton, dessen Assistent Faujas gewesen war, den seit wenigen Tagen unzeitgemäßen Gebrauch des Namens *Jardin du Roi* als Beweis für seine aristokratische Einstellung vorzuhalten und die bösartige Vermutung auszusprechen, Thouin könnte sich nicht mehr an die *bons principes* halten. Das ist alles ziemlich mies. Fayet nennt ihn wohl zurecht einen *fougoueux Jacobin*, einen hitzigen Jakobiner.

Ob er so überhitzt war, die Septembermassaker gut zu heißen, oder gar die Steinigung La Rochefoucaulds, ist allerdings zu bezweifeln. Einen Tag nach Faujas' Brief, am 21.9.1792, tritt der neu gewählten Konvent zusammen und schafft die Monarchie ab. Zwei Wochen vorher wurden in dem vier Tage währenden Septembermassaker mehr als tausend Gefangene, Priester, Adlige und ehemalige Minister im Gefängnis umgebracht. Dahinter steckte Marat. Geoffroy de St. Hilaire konnte seinen verehrten Lehrer, den Mineralogen *Abbé* Haüy gerade noch rechtzeitig durch ein Fenster befreien (Gillispie, S. 312).

Wahrscheinlich hat Faujas bei Abfassung des Briefes am 20.9., womöglich noch in Valence, nichts davon gewusst, denn sonst hätte er Dolomieu nicht in Paris vermutet. Am 4.9. war Dolomieu Zeuge, als sein Freund, der Duc de la Rochefoucauld, vor den Augen seiner Mutter und seiner Frau in Gisors auf dem Weg von Paris nach seinem Schloss in Roche-Guyon bei Vernon von Freiwilligen aus den Départements Sarthe und Orne mit Steinen erschlagen wurde. Sie marschierten zur Front gegen die Preussen bei Verdun. Seine Frau und seine Mutter überlebten durch eine Petition der Einwohner von Roche-Guyon. Faujas hat den nahezu gleichaltrigen Louis de la Rochefoucauld gut gekannt und von dessen Bekanntschaft mit Voltaire, mit dem Leiter der *École des mines*, Sage, mit Saussure gewusst. La Rochefoucauld übersetzte die Verfassungen der amerikanischen Bundesstaaten und hatte als Sekretär der *Académie Royale des Sciences* dafür gesorgt, dass Dolomieu korrespondierendes Mitglied wurde. Seine Mutter, die Duchesse d'Enville, unterhielt in ihrem weitläufigen Schloss bei Vernon einen berühmten Salon von Physiokraten und Freunden der amerikanischen Revolution. Es enthielt eine Bibliothek mit mehr als 10 000 Bänden und eine naturhistorische Sammlung.

Am 15.3.1793 werden die Mineninspektoren Faujas, Guillot-Duhamel und Gillet-Laumont in der 132. Sitzung der *Société d'histoire naturelle* beauftragt, die Qualität der Kohle aus Calais zu bestimmen, die zu lange unter freiem Himmel gelagert worden war. Es dürfte sich um Kohle aus dem Bergwerk von Anzin gehandelt haben, seinerzeit mit 4000 Arbeitern das größte in Frankreich. Die adligen Aktionäre, die 56 Prozent der Anteile hielten, waren 1791 enteignet worden. Der reguläre Betrieb geriet danach ins Stocken, bis neue Anteile gezeichnet waren.

Der Einsatz von gleich drei erfahrenen Inspektoren mitten im Krieg kennzeichnet die angespannte Versorgungslage und die allgemeine Destabilisierung der Produktion.

Faujas verschwindet aus Paris

Zwischen dem 31. Mai und 2.Juni 1793 eliminiert die *Convention* gewaltsam die Girondisten. Sie werden verhaftet. Die *Montagnards* beherrschen die Szene. Das wird für Faujas das Signal zum Aufbruch gewesen sein. Spätestens am 14.6. war er nicht mehr in Paris, vielleicht auch früher, wenn er sich durch die Verhaftung des Duc d'Orléans Anfang April bedroht fühlte und für die Ereignisse in La Voulte mitverantwortlich war. Dort zerstörten Soldaten am 6. Juni die feudalen Zeichen im *Château* von La Voulte, schändeten Gräber und stellten die Überreste auf dem *Place publique* aus. Grabschändungen hatten Methode und dienten neben der Demütigung des Adels und der persönlichen Bereicherung vor allem der Beschaffung von Blei, das an den Särgen von Adligen vermutet wurde. In La Voulte war Belin Kommandeur der Nationalgarden, ein alter Freund Faujas' aus den Zeiten der *Fédération d'Étoile*. Es ist nachweisbar, dass Faujas mindestens ein Mal bei einer solchen Aktion dabei war: im September in Grignan bei der Plünderung des Grabes der Madame Sévigné.

Lacépède muss auf Grund eines Gesetzes, das ehemalige Adlige aus der Hauptstadt verbannt, im Juni Paris verlassen. Er hatte noch Glück, denn die Bewegungsfreiheit in Frankreich wurde im Verlauf des Sommers massiv eingeschränkt. Der Mineraloge Alexandre Brongniart z. B. wollte am 10. August mit zwei Freunden einen dreitägigen Ausflug in den Wald von Fontainebleau unternehmen. Wegen der Schwierigkeiten, Passierscheine zu bekommen, die sie schon für eine Entfernung von zwei Kilometer benötigten, waren sie ohne Papiere losgezogen. Als sie am 10. August, dem Jahrestag der Erstürmung der Tuilerien und der Gefangennahme des Königs Brot kaufen wollten, wurden sie in Nemours gefangen gesetzt und mussten fünf Tage warten, bis sie nach einem Briefwechsel von ihren Sektionen in Paris angefordert wurden. Brongniart hatte an seinen Cousin, den berühmten Chemiker Fourcroy und an die Professoren im *Muséum* geschrieben, die alle Hebel in Bewegung setzten, um sie frei zu bekommen, selbst der Bürgermeister von Paris, Pache, musste tätig werden. Das war noch vor dem Gesetz zur Berechtigung des Terrors vom 5. September 1793 und dem *Loi des suspects* (Gesetz der Verdächtigten) vom 17. desselben Monats. Danach genügte die *carte de citoyen* nicht mehr, um zu beweisen, dass man kein Konterrevolutionär ist, man benötigte ein *certificat de civisme*. Als Konterrevolutionär galt dann jeder, der »durch sein Verhalten, seine Beziehungen, seine Vorschläge oder Schriften sich als Partisan der Tyrannei, des Föderalismus und der Feinde der Freiheit zu erkennen gibt; und alle diejenigen, die keine Rechenschaft über die Mittel ihrer Existenzsicherung und keine Bescheinigung ihrer bürgerlichen Pflichten vorweisen, diejenigen, die das *certificat de civisme* nicht erhalten haben, ehemalige Adlige, die nicht beständig ihre Hingabe zur Revolution zeigen, Emigranten, selbst wenn sie zurückgekehrt sind, diejenigen, die eines Verbrechens angeklagt sind, selbst wenn sie freigesprochen wurden ...«. – Ein Freibrief für bodenlose Willkür.

In seinen Memoiren schildert der *Abbé* Morellet plastisch die Vorfälle bei einer *Demande du Civisme*. André Morrelet (1727-1819) war in der Redaktion der *Encyclopédie*, ein bekannter Aufklärer der ersten Stunde und ein Subskribent des *Volcans Éteints*. Um das Zertifikat zu erhalten, war er von Mitte Juli bis Ende September beschäftigt, marschierte mit einem Antrag aus seiner Sektion ingesamt zwölf Mal zum Pariser Stadtrat, wo er als ehemaliges Akademiemitglied (die *Académie des Sciences* war soeben, am 8. August aufgelöst worden) von einem bösartigen Friseur, einem besonders scharfen konvertierten Adligen und einem Denunzianten nach stundenlangem Warten vor dem versammelten Stadtrat und einem hämischen, revolutionäre Lieder singenden Publikum nach seiner angeblichen Revolutionsfeindlichkeit befragt wurde, die alle seine Schriften nicht gelesen hatten, aber wussten, was von ihnen zu halten ist, und ihn wieder und wieder einbestellten. Entscheidend war für die Inquisitoren sein Verhalten am 10. August (Sturm der Tuilerien), am 31. Mai (Verhaftung der Girondisten) und am 5. September (Gesetz zur Berechtigung des Terrors). Ein Nicht-Verhalten wurde als Gegnerschaft gedeutet. Schon der Weg ins *Hôtel de Ville* war ohne das Zertifikat in der Tasche lebensgefährlich. Am Ende dieser Prozedur beschied man ihm, dass alles umsonst gewesen sei, da sich die Bestimmungen geändert hätten, und er einen neuen Antrag stellen müsse. Das war die Androhung eines kurzen Prozesses und den hat er sich bis zum Tode Robespierres verkniffen. Morellet beschreibt auch die in den letzten drei Monaten 1793 und den ersten sieben Monaten 1794 heiß laufende Guillotine mit bis zu 60 Hinrichtungen pro Tag und nennt in einer langen Liste mit Namen von Hingerichteten. Duc d'Orléans ist unter ihnen. Am 5.4.1793 arretiert, am 6.11.1793 guillotiniert. Gegen Jahresende fliehen Bosc, Broussonet, Millin und Delaméthrie aus Paris (Spary, S. 185). Faujas hatte gut daran getan, der Pariser Atmosphäre des Denunziantentums und der willkürlichen Verhaftungen zu entfliehen und in seine Heimat wegzutauchen. Die Liste der Guillotinierten zeigt, wie gefährdet er durch alte Patronagebeziehungen und girondistische Verbindungen trotz aller patriotisch-revolutionärer Schwüre gewesen wäre.

Wahrscheinlich war die Gefährdung in Paris nur die eine Seite der Medaille, die andere der Aufstand des Südens gegen die Pariser Zentrale. Ein Teil der Nationalgarden (die Föderierten) rebellierte und wurde mit einem großen Aufgebot an Streitkräften des Konvents in der zweiten Jahreshälfte 1793 bekämpft und nach der Rückeroberung von

Lyon im Oktober und Toulon im Dezember zur Aufgabe gezwungen. Der Hauptmann Bonaparte war bei den Gefechten zwischen Marseille, Nîmes und entlang der Rhône mit dem Auftrag dabei, einen Konvoi von Pulvertransporten in den Süden zu führen. Er passierte von Valence kommend Loriol am 9.7., wo Bonaparte in der Poststation übernachtete, und der Freund Faujas', der Deputierte des Dauphiné, Guy Blancard, auf dem Friedhof, nahm Pont-Saint-Esprit am 14.7. und zog weiter nach Avignon. Loriol und La Voulte waren anscheinend keine Orte des Aufstands gegen die Zentrale und Faujas nicht auf seiner Seite. Er gehörte zu den bedingungslosen Verteidigern der Nation, die am 23.8. mit einer allgemeinen Mobilisierung *(Levée en masse)* versuchte, den inneren und äußeren Bedrohungen stand zu halten, und er wird entsprechende Aktivitäten entfalten.

Eine davon ist eine Geschichte aus dem Gruselkabinett der Revolution, die von Edgar Allen Poe frei erfunden sein könnte, wenn sie nicht als wahr bewiesen worden wäre. Die Zeitung *Gazette du jour* berichtete am 10.9.1793, dass in Grignan das Grab der 1696 verstorbenen berühmten Briefschreiberin Madame de Sévigné von der *société populaire de Grignan* geöffnet und geplündert worden ist. Die Grabschänder hätten sich um ihr Brokatgewand gestritten, das dabei in tausend Stücke zerfiel. Die örtliche Administration und eine große Anzahl von Bürgern waren in die Kirche *Saint-Saveur* gegangen, um in den Gräbern der Grafen von Grignan eine beträchtliche Menge Blei zu finden. Drei oder vier Arbeiter öffneten sechs oder sieben Gräber und sandten das gefundene Blei an die Verantwortlichen des Distrikts von Montélimar. Ein 20-jähriger Maurer des Ortes, der die Steinplatte entfernt hatte, wollte sich einen Teil der Beute sichern, nahm eine Haarlocke und gab einen Teil Faujas, der andere wurde zwischen der ältesten Tocher des Maurers, dem Leutnant der Marine, Charles de Payan-Dumoulin und Monsieur Devès, dem Kanzleischreiber des Friedensrichters von Grignan aufgeteilt. Der ebenfalls anwesende Friedensrichter ließ den Schädel der berühmten Marquise aufsägen und schickte die Schädeldecke an eine Schule in Paris zur Untersuchung, die vom berühmten Phrenologen Gall ausgeführt worden sein soll. Bei Restaurationsarbeiten 2005 wurde der aufgesägte Schädel entdeckt und analysiert.

Am 20.12.1793 beschloss der Rat des Distrikts von Montélimar die Zerstörung und Plünderung des Schlosses von Grignan und anderer, wieder mit dem Ziel, vor allem Blei für Kugeln zu ergattern, aber auch, um die Symbole des alten Regimes zu beseitigen. Nach nur teilweiser Zerstörung wurde das Schloss dem Verfall preisgegeben und als Steinbruch benutzt. Um 1900 war es eine Ruine.

Da Faujas bei der Graböffnung anwesend war, heißt auch, dass er nach der Gründung des *Muséum* im Juni 1793 und nach den Sommerferien gar nicht mehr in Paris angetreten ist. Er hatte sich seinen

Vorlesungspflichten entzogen und nichts gegen seine Gehaltskürzung unternommen. Vielleicht war das, was er im Dauphiné in dieser Zeit unternommen hat, später nicht mehr dazu geeignet, als Beweismittel gegen Gehaltskürzung eingesetzt zu werden, aber dazu, sich durch Untertauchen im jakobinischen Milieu der Provinz zu schützen. Der hier genannte Marineleutnant Charles de Payan-Dumoulin war vor der *levée en masse* vielleicht noch konstitutioneller *curé* von Grignan und könnte ein Verwandter des Distriktvorsitzenden von Montélimar, Joseph-François de Payan-Dumoulin gewesen sein, der das Blei eingesammelt hat – ein Jakobiner, dessen Bruder Claude-François als getreuer Gefolgsmann Robespierres zusammen mit diesem guillotiniert wurde.

Am 9.9.1793 hatte in Valence eine Versammlung von 71 *Sociétés populaires* aus neun *Départements* vor allem des *Midi* mit dem Ziel stattgefunden, die föderalistische Revolte zu zersetzen, um an den Erfolg einer lokalen Versammlung im Juni in Valence anzuknüpfen. Die Septemberveranstaltung war nur der Auftakt für eine ganze Reihe ähnlicher Versuche in der Ardèche, den Alpen bis zum Mittelmeer. Vielleicht sind die an der Graböffnung Beteiligten einschließlich Faujas in revolutionärem Hochgefühl direkt von der Versammlung in Valence nach Grignan aufgebrochen.

Am 5.10.1793 wird der Revolutionskalender beschlossen. Der 29.9.1792 ist der Beginn des Jahres 1. Am 6. Oktober war die zerstörerische Belagerung des aufständischen Lyon mit einem Massaker und einer Massenflucht aus der Stadt beendet worden. Auf den ehemaligen »Ersten Schöffen« (*Échevin)*, im *Ancien Régime* der erste in Lyon direkt nach dem König, und den militärischen Kommandanten Jacques Imbert-Colomes (1729-1808) wurde ein Kopfgeld ausgesetzt. Er war seit September 1792 zum zweiten Mal auf der Flucht, nachdem er schon einmal im Dezember 1790 vor den *Sociétés populaires* Lyons, die ihn an die Laterne hängen wollten, nach Bourg unter den Schutz Neckers entwichen und erst im August 1792 zurückgekehrt war. Er versteckte sich zusammen mit dem *prètre réfractaire*, dem *curé* von Mion, Jean-Baptiste Poidebard, zunächst in Annonay und erreichte Loriol am 1.11.1793. Die beiden werden in der Gegend vier Wochen lang untertauchen.

Imbert-Colomes war für Faujas kein Unbekannnter. Der Lyoner Seidenfabrikant war ein begeisterter Mineraloge und Botaniker, beschäftigte sich mit Physik und richtete sich ein chemisches Labor ein. In Mion betrieb er eine riesige *Magnanerie*, eine Maulbeerplantage mit Seidenraupenzucht. Er war Subskribent des *Volcans Éteints*. 1781 hatte Faujas sein Naturalienkabinett besucht und dort einen Elephantenzahn zeichnen lassen, wie er in *Histoire naturelle de la Province du Dauphiné* berichtet. Faujas kannte Imbert-Colomes auch als Gegner. Imbert-Colomes hatte als Militärkommandant erheblich zur Niederschlagung des Aufstandes der Bauern des unteren Dauphiné beigetragen, der durch das von Faujas in die Welt gesetzte Gerücht ausgelöst worden war (*grande peur*). Und dann war Imbert-Colomes eng befreundet mit der Bankiersfamilie Babouin, die Buffon bei der Finanzierung seiner Kohlegesellschaft große Schwierigkeiten bereitet hatte.

Imbert-Colomes wurde von Poidebard in einer Baracke an der Fähre direkt gegenüber von Le Pouzin an der Stelle untergebracht, an der die Rhône in zwei Arme geteilt ist, wo er in dessen Auftrag auf Holzlieferungen warten sollte. Die Anlegestelle lag nur zweieinhalb Kilometer von der Domäne Saint-Fond entfernt, der Weg nach Loriol führte direkt an ihr vorbei. Noch heute ist der Streifen zwischen Loriol und der Rhône durch wenige Einzelgehöfte geprägt, ein perfektes Versteck. Poidebard, der ein geschickter Schreiner war und sich den Deckmantel eines Mühlenbauers zugelegt hatte, sollte eine Mühle bei der Familie Duchesne in Grane, 8 Kilometer östlich von Loriol bauen, die das Schloss und seine Domäne erst ein Jahr zuvor erworben hatte. Duchesne war Advokat und Verwalter der *Académie delphinale* in Grenoble gewesen und schon von daher Faujas bekannt. Poidebard hat aber nicht nur Mühlen gebaut, sondern auch für die sehr fromme Madame Duchesne und deren Töchter Messen direkt unter der Konsole Louis' XVI gelesen und die Erstkommunion durchgeführt. Sie mussten also wissen, dass Poidebard nicht nur Mühlenbauer, sondern auch ein *prètre réfractaire* (ein Widerspenstiger) war. Von seiner Baracke aus, so Imbert, habe er während zweier Wochen Nachbarn in geringer Zahl besucht, wobei es außer Faujas nur sehr wenige gegeben haben kann. Weitere 14 Tage wohnte er in der Bleibe Poidebards in Le Pouzin direkt gegenüber auf der anderen Seite der Rhône. Poidebard war so dreist, auf einer zahlreich besuchten Versammlung in Loriol und im Beisein eines *vicaire schismatique*, eines konstitutionellen Priesters, Versuche mit Ton vorzuführen. Dieser *vicaire* kann eigentlich nur der Freund Faujas', *l'abbé* Bérenger gewesen sein. Poidebard und Imbert-Colomes, der sich Colomé nannte, bekamen schließlich als reisende Ingenieure zur Beschaffung von Material für den Mühlenbau Pässe, mit denen sie auf ihrer Flucht aus Frankreich weiter bis Aouste bei Crest vorankommen wollten, Poidebard den seinen in Grane und Imbert seinen in Loriol, letzterer unterzeichnet von einem »Monsieur B.«. Dieser »Monsieur B«. war entweder der Kommandant der Nationalgarde von Le Pouzin, Belin, ein alter Bekannter Faujas' aus den Gründungstagen der Föderation der Nationalgarden, oder Faujas' Freund, der Advokat Guy Blancard aus Loriol. So weit, so gut. Es sollte sich jedoch herausstellen, dass die Unterschrift im Pass Imberts so auffallend war, dass sie den beiden um ein Haar die Verhaftung eingebracht hätte. Poidebard, der die Vorfälle in allen Einzelheiten schildert, drohte Rache an für diesen hinterhältigen Typen, dem er eine Mühle hatte bauen sollen.

Es bleibt ein schaler Nachgeschmack. Die detailreiche Schilderung

Poidebards des Fluchtaufenthaltes in Loriol erfolgte vielfach ohne Nennung von Namen, aber sie lassen sich relativ sicher erschließen. Faujas und seine Freunde müssen gewusst haben, wer da in der Baracke wohnt, und die beiden müssen gewusst haben, dass von ihnen nichts zu befürchten war. Es ist sogar wahrscheinlich, dass sie Poidebard seine Demonstration der Verwendung von Ton vor großem Publikum ermöglichten. Sie wurden nicht ausgeliefert, solange sie sich in Loriol aufhielten, aber sie blieben in den Augen der Jakobiner Loriols Konterrevolutionäre, die man nicht einfach entkommen lassen durfte, weshalb »Monsieur B.« eine Unterschrift unter den Pass platzierte, die von den geübten Kontrolleuren an der Strecke nur mit Argwohn betrachtet werden konnte. Faujas und seine Freunde brauchten sich die Hände nicht schmutzig zu machen und vermieden im starken royalistischen Umfeld des Südens zukünftige Racheakte, nahmen aber blutige Exekutionen durch andere in Kauf.

Poidebard und Imbert-Colomes flohen nach Russland. Imbert wird noch einmal zurückkehren, sich in den royalistischen Staatsstreichversuch Pichegrus verwickeln und schließlich nach England absetzen.

Faujas war ein Mann heftiger jakobinischer Agitation, ein Maulheld und Phrasendrescher, aber kein Schlächter. Für die Initiierung des *Comité de surveillance revolutionnaire de Loriol* im Dezember 1793 war er verantwortlich. Es existierte knapp ein Jahr und verschwand ohne großes Aufsehen. In einer Untersuchung von Faucher wird Faujas beschrieben als »patriotisches Organ, das rigoros die Orthodoxie vertrat, wie sie von Paris und der Regierung definiert worden war, ein unruhiger Kopf mit mehr Gerede als Aktionen«. Er sei ein Bourgeois, dem es gar nicht in den Sinn käme, das Eigentum in Frage zu stellen, aber energisch am Bruch mit Adel und Priesterschaft festhalte, der nicht sehr gepflegt agitiere, aber mehr mit Worten als mit Taten Schrecken verbreite.

Am 6.5.1794 wird das Gehalt von Faujas und Fourcroy vom *Comité d'Instruction Publique* ausgesetzt, d.h. seit Gründung des *Muséum* am 10.6.1793. Sie waren ihren Lehrverpflichtungen als Professoren im abgelaufenen Jahr nicht nachgekommen und hatten wie Faujas dafür keine Begründung geliefert. Faujas war in Loriol abgetaucht und Fourcroy war mit der Organisation des Schulwesens befasst, nachdem er als Abgeordneter den Platz des ermordeten Marat eingenommen und Mitglied des Wohlfahrtsausschusses geworden war. Thouin, der den Ausfall haarklein entschuldigt hatte, kam ungeschoren davon. Der Kommissarkollege Baron de Dietrich war im Dezember 1793 guillotiniert worden. Ein weiterer Kollege von der *École des mines*, Hassenfratz, erwies sich als bedingungsloser Revolutionär und war zuständig für die Beschaffung von Waffen. Der Chemiker Jean-Antoine Chaptal, ein Jakobiner, setzte sich als Föderaler gegen die Pariser Zentrale zur Wehr (Gillispie. S. 403). Die Netzwerke der Wissenschaftler lagen darnieder. Calvets

Briefaustausch kam mit dem endgültigen Schlag gegen die Girondisten am 2.6.1793 (*coup de prairial*) zum Erliegen. Nur wenige Briefe aus dieser Zeit sind erhalten, und sie tragen meist kein Datum als Protest gegen die Einführung des neuen Kalenders. Am 2.5.1797 wird Calvet an Faujas im *Jardin des Plantes* schreiben, er sei »einer der wenigen, dessen Verdienste vor dem *Robespierrisme* Gnade gefunden« hätten (Brockliss, S. 354). Faujas hatte gewaltig mit den Wölfen geheult.

Gegen Jahresende 1793 waren die meisten Aufstände in der Vendée und im Süden niedergeschlagen, die Engländer aus Toulon, die Österreicher aus dem Elsass, die Preußen aus der Pfalz, die Spanier über die Pyrenäen zurückgeworfen. Die ganze Gesellschaft war in die Kriegsführung eingebunden. Seit Februar 1794 gab es Kurse zur Waffenproduktion im Amphitheater des *Jardin des Plantes*. Es fasste 750 Teilnehmer und wurde für große öffentliche Veranstaltungen genutzt, u.a. für die beliebten allgemeinverständlichen Vorlesungen des Chemikers Fourcroy. Der Mathematiker und Verantwortliche für die Waffenfabriken, Gaspard Monge, verfasste die *Beschreibung der Kunst, Kanonen herzustellen*, der Chemiker und Entwickler eines Verfahrens zur Produktion von Stahl, Claude-Louis Berthollet, schrieb über *Herstellungsverfahren für Hieb- und Stichwaffen*. Im ganzen Land kratzten die Leute Salpeter für ein »tyrannentötendes Pulver« von feuchten Kellerwänden, die Eisenarbeiter wurden zwangsverpflichtet und stellten auf öffentlichen Plätzen und in öffentlichen Gärten Waffen her. Die Versorgungslage mit Grundnahrungsmitteln war desolat, der Getreidepreis stieg in Schwindel erregende Höhen, vor allem im Süden wurde gehungert. Das Brot war ungenießbar, und es fehlte an Fleisch. Der Preisauftrieb war trotz verordneter Obergrenzen (*le maximum*) nicht zu stoppen. Wucher- und Versorgungskommissare waren unterwegs und beschlagnahmten kriegswichtige Güter. Am 24.8.1793 hatte der Konvent die *Commission Temporaire des Arts* eingerichtet, die alle nationalisierten konfiszierten Sammlungen zu inventarisieren hatten. Sie umfasste 38 Mitglieder, davon mehr als die Hälfte Naturwissenschaftler. Faujas war nicht dabei. Im *Muséum* war der Mineraloge Haüy der Inventarist.

Am 24.3.1794 werden die Héberisten guillotiniert (Linksabweichler – *exagérés*), am 5.4.1794 Danton und seine Anhänger (Rechtsabweichler – *indulgants*). Am 10.6.1794 folgt das Gesetz zur Etablierung des großen Terrors. Es beinhaltet eine »Vereinfachung der Strafprozessordnung«. Urteile sind nur noch auf Tod oder Freispruch zu fällen. Am 10.7.1794 wird der Sohn Buffons guillotiniert und am 27. Juli 1794 (9. *thermidor*) Robbespierre gestürzt.

Inmitten der aufgeheizten Stimmung verloren die Bergwerkskommissare ihre angestammte Unabhängigkeit und wurden zu allen Arbeiten, die für nötig erachtet wurden, dienstverpflichtet. Eine umfassende Reorganisation der *Agence des Mines* vom 1.7.1794 sah ihre Unterordnung unter die Waffenkommission vor, von der sie auch finanziell direkt abhängig gemacht wurde. Die acht Inspektoren, zwölf Ingenieure und deren 40 Schüler hatten acht Monate im Jahr zu reisen, vier Monate sollten sie in Paris bleiben. Sie erwartete ein beeindruckender Aufgabenkatalog. Sie sollten die Hochöfen zeichnen, Aufrisse der Gruben in Karten darstellen, Fossilien sammeln, Verfahren beschreiben, Unterricht und Ratschläge erteilen, ein Journal führen, die Bewohner zum Sammeln von Fosslien anleiten, vier öffentliche Kurse über Mineralogie, physikalische Erdbeschreibung, Bergbau, Probierkunst (chemische Analyse) und Metallurgie zwischen dem 6.11. und 30.1. umsonst abhalten. Alle Aufzeichnungen sollten alle zehn Tage an das Bergbaukollegium geschickt werden. Ein Passus verbot den Ingenieuren und Inspektoren eigenes unternehmerisches Handeln. Sie konnten zwar Bergbaudirektoren werden, aber dann hätten sie ihre Inspektorentätigkeit aufgeben müssen.

Der schöne Beschluss war im Wesentlichen Makulatur. Von den Aufzeichnungen ist nichts erhalten, sofern sie jemals abgeliefert worden sind. Da die Inspektoren von der Waffenkommission zu jeder Aufgabe verpflichtet werden konnten, dürfte sich ein regulärer Betrieb erst gar nicht eingestellt haben. Faujas war, als der Beschluss gefasst wurde, schon einige Monate zu Requisitionen in Belgien unterwegs, die schnellere Erfolge als der mühsame Aufbau eigener Produktionsstätten versprachen. Dabei blieb er ein hochrangiges Mitglied des Bergbaukollegiums.

Am gleichen Tag wird das *Journal des mines* beschlossen. Ab 1816 heißt es *Annales des mines*. Faujas wird nur wenige Beiträge liefern, aber häufig zitiert.

Requisitionen in Belgien, Holland und Deutschland

Das ausgeblutete Frankreich hatte es mit großer Mühe geschafft, die Truppen seiner Gegner über die Grenzen zurückzudrängen, war jetzt bis an die Zähne bewaffnet und setzte mit seinen hoch motivierten Revolutionsarmeen nach. Der Vorstoß ging nach Norden und Osten, nach Belgien, die Niederlande und die westlich des Rheins gelegenen Gebiete Deutschlands. Es war der politsche Wille, die militärische Besetzung zu groß angelegten Plünderungsfeldzügen zu nutzen, die auf jede erdenkliche Weise »das französische Volk bereichern« konnten.

Faujas wurde nur eine Woche nach seiner Gehaltskürzung als Professor für Geologie zum *agent d'éxtraction* ernannt und musste die Armee General Jourdans bei ihrem Marsch nach Belgien begleiten. Der Wohlfahrtsausschuss hatte am 7.5.1794 verfügt, dass Kommissare in der durch die *Armées du Nord et de Sambre et* Meuse (die Flüsse Sambre und Maas) in Belgien und den anderen besetzten Gebieten Kunst- und Wissenschaftsobjekte auftreiben und nach Frankreich verfrachten, d. h. »extrahieren« sollten. Es waren vier Experten, zwei *vom Muséum d'histoire naturelle*, Faujas und Thouin, dazu die Kunstkommissare Gaspard Michel, genannt *Abbé* LeBlond, und Charles de Wailly. Der *Abbé* war Spezialist für die Enteignung von Kirchengütern, de Wailly hatte sich als Architekt des Odéon und als Möbeldesigner unter dem *Ancien Régime* einen Namen gemacht.

Die vier Herren gingen äußerst methodisch und gründlich vor. Bis auf de Wailly hatten alle schon genügend Erfahrungen mit Requisitionen bei den Enteignungen in Frankreich gesammelt. General Jourdan und seine Armee erreichten am 27.7.1794 Lüttich. Knapp drei Monate später gingen 17 Kisten auf die Reise nach Paris. Sie stammten aus Tirlemont, aus Saint-Tron, aus Saint-Laurent, von den Jesuiten und aus dem Karthäuserkloster von Lüttich und aus der *Abbaye* du Val-Saint-Lambert in der Nähe. Im Februar 1795 folgten 79 Bücherkisten aus Maastricht und einige Kisten mit naturhistorisch wertvollen Stücken, darunter der noch genauer zu beschreibende Kopf eines »Krokodils«, und eine Kiste mit Spaten und Hacken. Stolz melden die Volksrepräsentanten, darunter Frécine, am 14.8.1794 nach Paris, sie würden »eine Menge einsammeln und Reichtümer jeder Art aus dem Inneren der Republik«.

Im September 1794 waren sie in Brüssel und plünderten die öffentliche Bibliothek *(Bibliothèque de Bourgogne)*. Der *Représentant du Peuple*, Laurent, ließ sieben Wagen mit den wertvollsten Manuskripten und Büchern ohne vorhergehendes Inventar und ohne Empfangsschein beladen. Dazu nahmen sie sich eine große Anzahl Bücher klassischer französischer Autoren zu ihrem »besonderen Gebrauch«. Diesem Raub folgte am 21. September der nächste, der der Bibliothek den Rest gab. Die *Commissaire des sciences et arts*, die sich zu *maîtres* aufgeschwungen haben, holten noch 171 Manuskripte und eine große Zahl weiterer Bücher. Es waren le Blond, de Wailly und Faujas. Sie hinterließen an der Pforte eine Liste über das, was sie mitgenommen hatten, nannten aber nur die Anzahl, nicht die Titel. Die Liste mit den Titeln haben sie bei sich behalten. Außerdem nahmen sie Objekte von naturhistorischem Interesse mit und eine Bronzestatue. Überschrieben war die Liste mit *Liberté – Égalité* und unterschrieben im Namen der einzigen und unteilbaren Republik. Da sich die innere belgische Verwaltung schnell konsolidierte, haben die Bibliothekare eine Bestandsaufnahme gemacht und versucht, wieder an die geraubten Objekte zu kommen. Am Neujahrstag 1795 ließen sie die Siegel, mit denen die drei Kommissare die Bibliothek versehen hatten, aufbrechen und einen Katalog der restlichen Bücher erstellen. Es waren nicht viele übrig, aber sie konnten im Dachstuhl des ehemaligen Kanzlers von Brabant die Kisten, die wegen einer gebrochenen Wasserleitung im Wasser standen, gerade noch rechtzeitig retten, einen Katalog erstellen und die Kommissare mit Formalien daran hindern, während ihrer Arbeit noch Bücher abzuzweigen. So konnten sie den Grundstock für eine öffentliche Bibliothek sichern. Faujas hat sich deshalb am 23.8.1795, als er schon nicht mehr *agent d'extraction* war, in einem Brief aus Paris über den Volksrepräsentanten Frécine beschwert, weil er immer noch Kisten, die deutlich mit Faujas gekennzeichnet seien, in Brüssel zurückhalten würde, und diese unter beleidigenden Verdächtigungen geöffnet worden seien. Der empörte Faujas hatte wohl nicht damit gerechnet, dass seine räuberischen Wohltaten auf Widerstand stoßen könnten, zumal er noch schnell Mitglied der neu gegründeten und kurzlebigen *Société d' histoire naturelle de Bruxelles* geworden war. Die Kommissare verließen Brüssel am 27.9.1794, am 1.10. wird Belgien von Frankreich annektiert. Sie lieferten ihren nächsten Rapport am 23.10. aus Liège (Lüttich) und fuhren nach Köln.

Der Divisionsgeneral der Rheinarmee, Jean-Etienne Championnet, den Faujas von der *Fédération d'Etoile* her kannte, hatte Köln am 6.10. 1794 kampflos besetzt. Bald danach konnten Faujas und de Wailly den Volksrepräsentanten Frécine und Joubert Vollzug melden. Der Rapport vom 22.11.1794 ist ein Dokument überheblicher Arroganz, das den konfiskatorischen Raub in eine menschheitsbeglückende Aktion verwandelt:

»Die Stadt Köln hat die französische Republik mit einer ganzen Anzahl seltener Bücher versorgt, mit einer Sammlung von 215 Folio-Bänden, voll mit Kupferstichen seit Anfang der Kunst bis heute, darunter die Epoche der größten Meister, Orginalzeichnungen, Monumente der Antike, Kunstwerke und Objekte der Naturgeschichte. Wenn dieses

Land zufällig nicht bei Frankreich bleiben sollte, würde dieses Recht der Inbesitznahme ganz neuer Art die Sieger unendlich ehren, da sie mit dem Ziel der Unterrichtung *(instruction)* vorgenommen wurde, die allen Menschen gehört, und dass man dadurch die Objekte gerettet habe, die in den Kriegen der Tyrannei immer Schaden leiden oder vernichtet werden.

Wenn dagegen Köln bei der Republik bleibt, hätten die Bürger dieser großen Stadt die gleichen Rechte auf Unterrichtung wie die anderen Franzosen und würden in Paris und unter der Überwachung der nationalen Repräsentation einen zentralen Punkt der Wissenschaften und Künste haben, der auch ihnen gehöre (*sera commun*).

Man werde ihnen übrigens die ganze Serie der Objekte schicken, die den Studienplan einer großen Nation begleiten müssen; unter diesem Gesichtspunkt wird Köln nur ein leichtes Kontingent geliefert haben, um an der viel größeren Wohltat der Republik, der der Unterrichtung teilzuhaben.

Nach diesen Prinzipien glauben wir, dass es in diesem Moment nur von sehr großem Vorteil ist, einem allen Reisenden bekannten Naturalisten die verdiente Ermutigung zu geben, der sein Vermögen und seine Zeit geopfert hat, eine Sammlung zu formen, die man universell nennen könnte, da sie von allem im Überfluss enthält; und dass die Republik dem Wissenschaftler, der sie zusammengestellt hat, dem *Citoyen* de Hupsch (!) die unentgeltliche Verteilung von Heilmitteln verdankt, die er seit 30 Jahren für unsere kranken Brüder und Unglücklichen gemacht hat. ... (es folgt die Aufzählung weiterer Verdienste des *Citoyen*). Es soll ihm eine Summe von 2400 Livres für die Kosten des Umzugs und des Arrangements gewährt werden; und eine gleiche Summe für seine Funktion als Konservator eines Museums, das nach seinem Angebot, einmal pro Dekade für das Publikum geöffnet wird, und mit der Verpflichtung, über die Entdeckungen, die er machen könnte, und für die Naturgeschichte des Landes, mit dem *Muséum national de la République française* zu korrespondieren.« (eigene Übersetzung)

Der Baron war selbsternannter Menschenfreund, er passte nicht einfach in das Raster eines raffgierigen Adligen, der seine Sammlung der Öffentlichkeit vorenthält, um sie selber zu genießen. Daher sind die gewundenen Erklärungen der französischen Kommissare ein wunderbares Dokument ideologisch verkleideten Diebstahls. Hüpsch lieferte sich mit der französischen Besatzungsmacht einen jahrelangen erbitterten Streit um finanziellen Ausgleich seiner Verluste durch Requisitionen, um Steuererleichterungen und größere Ausstellungsräume. Als er 1805 starb, gelangten die Reste seiner Sammlung testamentarisch an den Landgrafen von Hessen-Darmstadt. Köln, das die Sammlung nicht verlieren wollte, führte einen jahrelangen Prozess.

Am Baron war fast alles getürkt. Er nannte sich Johann Wilhelm Carl

Adolph Freiherr von Hüpsch, Herr zu Lontzen, zu Krickelhausen und auf der Motte, aber er wurde 1730 als Jean Guillaume Fiacre Honvlez, Sohn des Gerichtsschreibers Gerard Honvlez und Anna Maria Kessler in Vielsam (bei Eupen/Luxemburg) geboren. Baron Hüpsch glaubte er nach den Ahnen seiner Großmutter zu sein, die jedoch war eine bürgerliche Hüps, der adlige Stammbaum hochgestapelt, das dazu gehörige Wappen selbst fabriziert. Berühmt wurde der Baron als medizinischer Scharlatan und wegen seiner Sammlung von Mineralien und Antiquarischem, die er in einem Haus in Köln zusammentrug und die von Reisenden aus ganz Europa aufgesucht wurde.

Der Bibliothek des Jesuitenkollegs in Köln erging es sehr viel schlechter. Sie enthielt eine Sammlung von rund 33 000 Blatt Reproduktionsgraphiken von Werken Michelangelos, Raphaels, Tizians und anderen, die für den Unterricht am Tricoronatum Gymnasium Anfang des 18. Jahrhunderts zusammengetragen worden war. Außerdem rund 6000 Zeichnungen berühmter Barockmaler. Die vier Requisiteure haben alles nach Paris geschickt. 1815, nach der Niederlage Napoleons, konnten nur 7470 Druckgraphiken und 523 Zeichnungen nach Köln zurückgebracht werden. Sie sind heute im Besitz des Wallraf-Richartz-Museums. Der Rest blieb in Paris. Am 14.12.1794 berichten Thouin und Faujas an die *Commissaires de l'Instruction Publique* von ihren Plünderungserfolgen. LeBlond ergänzte den Beutebericht in einem Brief vom 1.1.1795 aus Koblenz. Sie hatten in Köln noch drei, zum Teil aus dem 14. Jahrhundert stammende Feldschlangen (Kanonen mit langem Rohr), alte Gold- und Silbermünzen, Fragmente antiker Mosaike, griechische und ägyptische Figuren und einen riesigen prähistorischen steinernen Sarkophag abtransportieren lassen (Gillispie, S. 438). Der Brief mit vollständiger Requisitionsliste im *Magazin encyclopédique* 1 (1795), S. 362-382, Faujas.

Im Januar waren Thouin und Faujas über Bergheim, wo sie Forstwirtschaft und Holzeinschlag studierten, Liblar mit seiner Torfstecherei, Niedermendig, wo es Mühlsteine aus Lava gab, in der Abtei Maria Laach. Faujas hat Saphire gefunden, und ein Benediktinermönch hat sie auf einen antiken Text hingewiesen, der von Saphirfunden erzählt.

Kalt war es, Thouin und Faujas wollten nach Hause und baten aus Koblenz um Ablösung. Sie wurde nicht gewährt, und sie mussten zunächst im Rheinland und in Darmstadt weitermachen. Sie wurden zwar dazu verpflichtet, aber sie dürften einverstanden gewesen sein, denn die Meldungen aus Paris waren erschreckend. Einer der kältesten Winter des 18. Jahrhunderts hatte die Versorgungskrise so verschärft, dass die ausgehungerte Bevölkerung bis Mai 1795 zu verzweifelten Aufständen griff und Banden junger Leute (die *jeunesse dorée* Frérons) Jakobiner jagte. Der Unterdrückung der Anhänger Robespierres in Paris entsprach der weiße Terror in der Provinz. Die Besetzung Belgiens, der

Pfalz und Hollands war lebensnotwendig geworden und bedeutete den Übergang zur Ernährung des Krieges durch den Krieg und die Versorgung Frankreichs durch die besetzten Gebiete. Die Requisitionen, wenn sie denn bezahlt wurden, wurden mit Assiganten beglichen, deren Wert in freiem Fall im Juli 1795 nur noch drei Prozent ihres Nominalwertes ausmachte. Mit den Assignaten wurden nicht nur Arbeiter, sondern auch Soldaten bezahlt. Erst als im März 1797 von den Armeen Sambre et Meuse und der Italienarmee Münzgelder im Wert von 61 Millionen eintrafen, konnte die Inflation gestoppt und zur Münze zurückgekehrt werden.

Anfang 1795 waren Thouin und Faujas in Holland, wo sie den Frieden von Den Haag am 9. Mai 1795 abwarten sollten, um ihre Funde abtransportieren zu können. Es scheint so, als seien sie in Holland zeitweise getrennte Wege gegangen. Thouin fuhr auch über Land nach Norden und schaute sich die Käsefabrikation an, Faujas hielt sich dafür länger in Rotterdam auf. Im Februar 1795 waren sie noch einmal in Maestricht, wo sich Thouin für eine Tabakmanufaktur interessierte und über den berühmt gewordenen, von Faujas requirierten Schädel eines Mosasaurus kein einziges Wort verlor. In Rotterdam ließen sie Mühlen zur Entwässerung der Marsch und Werkzeuge zeichnen, nahmen mit dem Chemiker Willem van Orden und dem Pharmazeuten und Mitarbeiter Brugmanns, ten-Haaf, Torf mit einem hohen Anteil von Eisen in Augenschein. Dort traf Faujas den Volksbeauftragten Roberjot und dessen Sekretär und alten Bekannten, den Zeichner Denis de Monfort. Die Geschichte mit dem Torf wurde von Thouin erzählt, von Faujas ebenfalls, aber aus Gründen ins Jahr 1799 verlegt, die zum Mimikry seiner Spionagetätigkeit in Deutschland 1798 gehören, ebenso wie das Treffen mit Roberjot.

Thouin und Faujas warteten den Frieden nicht ab, sondern begannen ihre Inventuren der wissenschaftlichen Sammlung des nach England geflohenen Stadhouder Willem V. am 13. März im seinem Palast Het Loo. Die weltberühmte Naturaliensammlung war wieder eine reiche Beute, der Abtransport dauerte von Mai bis Oktober 1795. Selbst die Ménagerie mit vielen seltenen Vögeln wurde konfisziert.

Das größte Aufsehen erregten die zwei jungen ceylonesischen Elephanten Hans und Parkie. Mehrere Abgesandte aus dem *Muséum d'histoire naturelle* bereiteten seit Juni 1796 in mehreren Anläufen den Abtransport der Elephanten vor. Ein Schreiner zimmerte zwei riesige Behälter, die auf Artillerieräder gesetzt wurden. Aber Hans zertrümmerte unter Triumphtrompeten das erste Modell, das zweite stärkere blieb am Torgitter hängen. Abkommandierte Kanoniere und 15 Pferde schafften es dann doch bis zur Anlegestelle der Schiffe, die die Elephanten über Utrecht, Rotterdam, Dordrecht nach Antwerpen brachten. Schließlich erreichten sie Cambrai 60 Kilometer vor Paris als Winterquartier. Erst im März 1798 trafen sie im *Jardin des Plantes* ein, wo ihnen ein triumphaler Empfang bereitet wurde. Ganz Paris sprach von den Elephanten und die Wissenschaftler vom Unterschied zwischen Mammut- und Elephantenzähnen. Die englische Parkie wurde in die französische Marguerite umgetauft, Hans durfte seinen Namen behalten.

Die *agens d'extraction* hatten sich beim Diebstahl förmlich berauscht und konnten mit der breiten Zustimmung unter den Wissenschaftlern rechnen. Eine Stimme dazu stammt von Lacépède, der sich später auf die Seite Napoleons geschlagen und wichtige politische Ämter wahrgenommen hat. Er ist von der Trophäe eines Stachelrochen so begeistert, dass er ihn nach Thouin benennt. »Diese wertvollen Objekte, die durch die Sorgfalt zweier meiner Kollegen in Holland eingesammelt und nach Frankreich transportiert wurden, von Thouin und Faujas de Saint-Fond, die von der französischen Regierung inmitten der erobernden Legionen ausgeschickt wurden, um die Domäne der Naturgeschichte zu vergrößeren, während unsere braven Soldaten Territorien hinzugewonnen haben ...« (*Histoire naturelle,* S. 521)

Die Verantwortlichen waren ebenfalls sehr zufrieden. Sie hatten den Verlauf genau verfolgt und forderten sie auf, ihre »Reise« zu veröffentlichen. Das Gesamtergebnis wird stolz und in allen Einzelheiten präsentiert.

Zeitnah hat Faujas 1795 nur über den Besuch eines Steinbruchs bei Andernach in den *Décade philosophique* berichtet. Während er sich später den Schädel von Maastricht vornimmt und in verstreuten Berichten ohne oder mit gefälschtem zeitlichen Bezug zu den Requisitionen einzelne Aspekte beleuchtet, hat Thouin ein Tagebuch geführt, das aber erst 17 Jahre nach seinem Tod 1841 von Baron Charles-Joseph Trouvé und nach Ziehen aller Zähne herausgeben wird. Trouvé hat genau das unterschlagen, was der eigentliche Zweck der »Reisen« gewesen ist, und behauptet, genau so hätte Thouin das haben wollen, denn diese Details wären für die Öffentlichkeit von keinerlei Interesse. Dabei hatte ihm die Lawine von Rückgabeforderungen, die 1815 über die französischen Museen hereingebrochen ist, die Feder geführt und die Angst vor eventuellen Nachforderungen. Daher unterschlägt Trouvé die genauen Reisedaten, so als ob sich Thouin nur im Raum, aber nicht in der Zeit bewegt hat. Als *Protégé* von de Larevellière, eines Teilnehmers bei Thouins Runde 1790, hatte Trouvé als Botschafter in der von Napoleon 1797 aus der Taufe gehobenen cisalpinischen Republik (Norditalien) für ihn die Fäden gezogen, also auch für Thouin, der auf Requisitionstour in Italien war.

Thouin charakterisiert seine Reisegenossen und lässt kein gutes Haar an Faujas. Er kommt zu einem Ergebnis wie elf Jahre zuvor seine Begleiter in England und Schottland:

»Mein dritter Kompagnon der Reise war ein *Dauphinois*, den man mit seinen Prahlereien Gascogner nennen kann, ein großer Erzähler, träge, feig, ein Leckermaul und nur seine Annehmlichkeiten liebend. In der Wissenschaft waren Erinnerungsvermögen mit einer gewissen Nachlässigkeit ihrer Anwendungen gepaart. Er glaubte, er sei dazu beauftragt, Frankreich zu repräsentieren, er kannte alle, gab Audienzen, gewährte seine Protektion. Wohlgemerkt, es war er, der alles machte, seine Kollegen waren nur Subalterne. Seine Aufschneiderei war derart, dass man ihn als einen der größten Lügner in einer Armee von 70 000 Mann ankündigte, von denen ein Teil aus den südlichen Ländern stammt. Er kostete die Kommission viel, aber nützte ihr wenig. Amüsanter Plauderer in wissenschaftlichem Jargon mit einigen Kenntnissen in der Mineralogie und mit eingebildeten in die Gesamtheit allen menschlichen Wissens.« (eigene Übersetzung)

Am 4.9.1815 stellten die alliierten Sieger über Napoleon gegenüber dem von ihnen auf den Thron Frankreichs gehievten Louis XVIII Rückgabeforderungen der geraubten Kunstwerke und der Objekte des *Muséum d'histoire naturelle* in Paris. Für Holland sind die Verhandlungen mit dem *Muséum* durch den Briefwechsel des Botanikers und Professors für Medizin in Leiden, Sebald Justinus Brugmans (1763-1819), genau dokumentiert. Die holländischen Beauftragten für die Abwicklung der Rückgabe mussten sich der Hilfe und des Drucks professioneller Verhandlungsführer der Siegermächte Englands, Preußens, Österreichs und Russlands vergewissern, um überhaupt durchzudringen. Die Professoren des *Muséum* stellten sich auf den Standpunkt, dass die Sammlung des ehemaligen Stadhouders Willem V. nicht mehr zu rekonstruieren sei, dass viele Objekte in ganz Frankreich verstreut oder so in die Sammlung des *Muséum* integriert wären, dass eine Rückgabe nur mit erheblichem Schaden für seinen europaweiten Ruf verbunden wäre. Lamarck, Faujas, Vauquelin, Haüy, Cuvier, Desfontaines und Thouin einigten sich schließlich mit dem holländischen Verhandlungsführer Brugmans, dass eine neue Sammlung zusammengestellt wird, die diejenige des *Muséum* repräsentiert. Sie lieferten im Wesentlichen Objekte zweiter Wahl, rund 10 000, die an ihren neuen Standort, der Universität Leiden bis Ende 1815 transportiert wurden.

Ende 1795 war das allgemeine Elend so groß, dass Gracchus Babeuf in seinem *Manifest der Plebejer* davon sprach, er müsse, um leben zu können, jeden Tag die Möbel aus seiner Wohnung fortschaffen, um »den Dieben, die jene Gesetze beschützen, auch den letzten Lumpen zuzutragen«. In Montélimar machten Jakobiner Ende September 1795 Jagd auf Royalisten, einer wurde ermordet. Darauf verlangten 141 Bürger von der Stadtverwaltung, Verdächtige einzukerkern oder vorübergehend aus Sicherheitsgründen festzunehmen, allesamt Leute, die auf Seiten der Revolution gestanden hatten. Louis Faujas, Serret, Salomon sollten ins Gefängnis gesteckt, die beiden Cheynet, Richon, Gras,

Nicolas, Faujas sicherheitsverwahrt werden. De Boisset wurde vorgeworfen, die »Männer des Blutes« mit seiner Korrespondenz angeheizt zu haben. Jean Serret war seit dem Tod von Robespierre immerhin der Bürgermeister von Montélimar. Bei dem verdächtigen Faujas könnte es sich durchaus um den Geologen handeln, da er seinen selbst verliehenen Adelstitel während der Zeit des Terrors nicht mehr geführt hatte und ihn erst unter Napoleon wieder gebrauchen wird. Mit den Cheynets, mit de Boisset, Richon, Serret und Gras war seine weitläufige Verwandtschaft ins Visier der Royalisten geraten. Der so forsch aufgetretene Jakobiner Faujas blieb zuhause nicht mehr unbehelligt.

Und in Paris herrschte der große Katzenjammer. Ein Arzt berichtet am 12.4.1796 in *Aus den Briefen deutscher Männer in Paris* über die desolaten Zustände in den wissenschaftlichen Einrichtungen einschließlich des *Jardin des Plantes*. Nach den Jahren des Terrors war der Zustand der Sammlungen erbärmlich. Die Mineralien waren ungeordnet und nicht nach Fundorten beschriftet. Die Wissenschaftler litten wie alle an der galoppierenden Inflation, verkauften Hausrat und Bücher. Von 100 000 Livres Jahreseinkommen konnte man für seine Familie gerade Mal sechs bis sieben Pfund Brot täglich kaufen. Allgemeiner Gram in den Gesichtern, denen das Lachen vergangen war. Erste Gedenkveranstaltungen zu Ehren der Guillotinierten wie Lavoisier und Dessault. Im *Jardin des Plantes* war das riesige Skelett einer Giraffe zu besichtigen, die aus dem naturhistorischen Kabinett des Stadhouders stammte. Die botanische Sammlung war ungepflegt, aber es war ein neues anatomisches Theater, allerdings mit fehlerhaften Wachspräparaten eingerichtet worden. Die Ärzte konnten sich keine Kutschen mehr leisten und machten ihre Hausbesuche zu Fuß. Es gab zwei oder drei Apotheken, die schlecht sortiert waren und von habsüchtigen Apothekern betrieben wurden, die kaum heimische Kräuter anboten und ungenau abwogen. Der Schreiber beschwert sich über den anmaßenden Ton der Franzosen, die die Leistungen ihrer Vorgänger in der Chemie nicht würdigten und sich selbst Erfindungen zuschrieben, die längst vor ihnen von anderen gemacht worden waren. Als Beispiel nennt er eine neue Methode der Stahlherstellung, die er selbst schon 1783 in Wien gesehen hatte und die Ingenhousz gehöre. Das *Institut national des sciences et arts* hatte sich am 25.10.1795 in der Nachfolge der seit zwei Jahren aufgelösten *Académie des Sciences* gegründet und die seit dem 1.9.1795 bestehende *École Polytechnique* hatte ihre Arbeit aufgenommen. Am meisten Bewunderung entlockt dem Besucher die *École de Santé* mit ihren 300 Studenten und das *Lycée republicain,* das nur Mitgliedern offen steht, in dem wissenschaftliche Zeitungen ausliegen und die Berühmtheiten der Chemie, der Physik, Medizin, Geschichte und Geografie, Literatur und Sprachkunde Vorlesungen hielten. Unterschrift A.D.H.

Auch als Requisiteur war Faujas nicht mehr die erste Wahl. Am

13.5.1776 bestimmte das Direktorium als Mitglieder der Requirierungskommission in Italien wieder den erfahrenen Botaniker Thouin, dann den Chemiker Berthollet, den Physiker Monge, den weit gereisten Botaniker und Mediziner La Billardière, den Bildhauer Moitte und den Maler Berthelmy. Sicherlich hat Thouin nach seinen Erfahrung in Holland, Belgien und Deutschland dafür gesorgt, dass Faujas nicht mehr dazu berufen war, naturhistorische Objekte in Italien für französische Museeen einzusammeln.

Das Direktorium war sich keineswegs einig, welche Ziele nach den ersten territorialen Gewinnen weiter zu verfolgen seien. Drei Vorstellungen standen im Raum: Wiederherstellung nur geringfügig korrigierter alter Grenzen (*anciennes limites*) oder die verfassungsmäßigen Grenzen (*limites constitutionelles*), die eine Herausgabe Belgiens und Savoyens nicht erlaubten, oder die natürlichen Grenzen (*limites naturelles*), der Rhein, die Pyrenäen etc. Letztere gewannen die Oberhand, was für die Kriegsführung bedeutete, von möglichst vielen Seiten nach Wien vorzustoßen, um dem Heiligen Reich deutscher Nation den Todestoß zu versetzen, Druck auszuüben und Pfänder und Ressourcen in die Hand zu bekommen.

Am Vortag des Italienfeldzuges hatte der Oberbefehlshaber General Bonaparte in seiner Proklamation vom 26.3.1796 brutalen Klartext über ein räuberisches Vorgehen geredet: »Soldaten, ihr seid nackt und schlecht genährt. Ich will euch in die fruchtbarsten Ebenen der Welt führen. Reiche Provinzen und große Städte werden in euren Händen sein, ihr werdet dort Ehre, Ruhm und Reichtum finden« (Soboul, S. 464). Die reiche Beute wird in Frankreich eine Aufgabe der desaströsen Assignatenwährung und die Rückkehr zur harten Münze ermöglichen. Zwei Monate später und nach schnellem Erfolg in Norditalien wurde dem Raub von Bonaparte in Mailand eine Wendung gegeben, die die geistige Elite dem Raubgut hinterher nach Frankreich locken sollte. »Alle genialen Männer, alle diejenigen, die in der *république des lettres* einen herausragenden Platz einnehmen, sind Franzosen, egal in welchem Land sie geboren sind« (Brief Bonaparte an Oriani 24.5.1796). In einem schwülstigen Duktus lädt er alle ein, den Wissenschaften neues Leben einzuhauchen und nach Frankreich zu kommen, wo sie großzügig entlohnt würden.

Faujas blieben knapp zwei Jahre, in denen er nicht in die großen Zeitereignisse verwickelt war. Er kam endlich dazu, mit fünfjähriger Verspätung 1797 *Voyage en Angleterre* zu veröffentlichen. Und es erscheint ein Ergebnis seiner Requisititonstätigkeit in der Umgebung von Köln: Thouin, Baron Hüpsch und er hatten Torfstechereien besucht und seine Verwendung als Färbemittel in Wasser- und Ölfarben, als Heizmaterial und seiner Asche als Dünger beschrieben.

Das rauschhafte Hochgefühl aus den Tagen der Requisitionen war schnell verflogen. Faujas steckte in finanziellen Schwierigkeiten und erhielt auf Vorschlag des Deputierten aus den Vogesen, Dieudonné Dubois, als Entschädigung »für nützliche Entdeckungen« seit der Revolution vom Rat der Fünfhundert 25 000 Francs. In einem Brief mit unbekanntem Adressaten entschuldigte er eine späte Antwort mit zweimonatiger Krankheit, während der er nicht einmal lesen konnte. Das bisschen Energie habe er für die Korrektur seines Englandbuches gebraucht. Er schimpfte über eine nicht genannte junge Person, die während der Revolution eine ihr nicht angemessene Position besetzt habe und beschwerte sich über ihm zugesandte Fossilien, die sich nicht zum Polieren eigneten. Ein grantiger Brief, der nicht nur seiner, sondern der allgemeinen Stimmung in Frankreich entsprach.

Wieder von der Politik eingeholt: Der Staatsstreich vom 18. *fructidor*

Im Frühjahr 1797 wurde ein Drittel der Abgeordneten neu gewählt. Die Royalisten gewannen haushoch. Das Direktorium war in seiner Reaktion gespalten. Reubell und Larevellière wollten die ordnungsgemäß verlaufenen Wahlen annullieren. Das lehnte Carnot ab, und Barras hielt sich bedeckt. Auch die Royalisten waren nicht einer Meinung und diskutierten im *Club Clichy* eine sofortige gewaltsame Reaktion, die von den »weißen Jakobinern« befürwortet wurde, bzw. einzelne Reformen von einer »Bauch« genannten Gruppe oder ein verfassungsmäßiges Vorgehen, das die Mehrheit der konstitutionellen Monarchisten anstrebten. In dieser Lage kam Faujas ins Spiel.

Er wurde von den Konstitutionellen um Carnot vorgeschickt, um mit Larevellière einen Kompromiss zur Verhinderung eines gewaltsamen Staatsstreichs zu besprechen. Er sollte den alten Bekannten aus der Thouin-Runde von 1790 davon abbringen, mit Hilfe der auf Paris zumarschierenden 10 000 Mann des General Hoche, hinter dem Bonaparte vermutet wurde, gegen die Royalisten vorzugehen. Carnot hatte seine eigene Position so ausgedrückt: Er werde lieber zugrunde gehen als die Verfassung zu verletzen oder die Kräfte zu entehren, die sie eingeführt haben. Hoche hatte aus Kontributionen, die er als Administrator aus den Rheinprovinzen gezogen hatte, zwei Millionen Francs zur Verfügung, ein schlagendes Argument bei chronisch leeren Kassen.

Als Faujas bemerkte, dass Larevellière nicht umzustimmen war, soll er nach Thiers gesagt haben: »An dem Tag, an dem Sie uns angreifen werden, werden Sie uns bereit finden. Wir werden Sie töten, aber politisch. Sie wollen unser Blut, aber Ihres wird nicht fließen. Sie werden nur daran gehindert, Schaden anzurichten.« Faujas hatte einmal mehr den Mund zu voll genommen, die Situation ganz falsch eingeschätzt oder war tatsächlich so naiv zu glauben, dass der konstitutionelle Wille allein jetzt noch reichen würde, um 10 000 Bewaffnete unter einer entschlossenen Führung im Zaum zu halten. Das Ergebnis war ernüchternd: Carnot wird sich nur durch Flucht retten, die Wahlen werden annuliert und royalistische Abgeordnete eingesperrt, die zurückgekehrten Emigranten und Priester durch Androhung der Todesstrafe wieder aus Frankreich vertrieben.

Aus den Memoiren Larévellières geht hervor, dass Faujas ihn dazu bringen wollte, sich auf die Seite der *Clichien* zu schlagen, der royalistischen Gruppe im Konvent, und dass mit Carnot keine Einigung zu erzielen gewesen war, weil dieser Larevellière vorwarf, er sei der eigentlich Verantwortliche für das Desaster. Faujas habe wirklich alles versucht, um eine Versöhnung herbeizuführen. Ob er selbst den *Clichien* angehörte, lässt sich nicht mehr feststellen. Nach der Rolle zu urteilen, die er beim Vermittlungsversuch gespielt hat, dürfte er Carnots Meinung gewesen sein. Der Staatsstreich nahm seinen Lauf, der 4. September 1797 markiert den Anfang vom Ende der Republik und war für Bonaparte die erste Etappe auf dem Weg zur Macht. Im Frieden von Campo Formio vom 17.10.1797 erkannte Österreich die französische Expansion an und ließ sich in einem umfassenden Ländertausch für den Verlust der Niederlande, der Lombardei und Gebieten in Südwestdeutschland vor allem mit Venedig entschädigen. Es war nur ein Waffenstillstand von kurzer Dauer, auf französischer Seite das Werk Bonapartes.

In Montélimar und in anderen Regionen des Südens machten Royalisten Jagd auf Republikaner, die erst durch das Eingreifen der Armee beendet werden konnten. Und Faujas unterstützte im Dezember 1797 den Arzt und Botaniker *Joseph-Pierre Buchoz* (1761-1807) bei seinem Versuch, wieder an seine Bibliothek zu kommen. Buchoz war vor der Revolution der Arzt von Monsieur, dem Bruder des Königs, Comte de Provence und späteren Louis XVIII. Faujas setzte demnach bereits zwei Monate nach dem Staatsstreich vom 18. *fructidor* auf eine Rückkehr der Bourbonen.

Carnot hatte durch seine Flucht ins schweizer Exil auch seine Mitgliedschaft im *Institut nationale des sciences et arts* verloren, den nun der Aufsteiger Bonaparte für sich beanspruchte. Am 27.12.1797 wurde er in die zweite Sektion der ersten Klasse gewählt, in die Sektion der mechanischen Künste. Seine beiden Mitbewerber, der Chefingenieur für die Straßen und Brücken, Dillon, und der schon 84-jährige Autor eines voluminösen Werkes über die Verstärkung von Befestigungsanlagen, Montalembert, bekamen nur je die Hälfte seiner Stimmen.

Es wurde jedoch nicht nach dem System ›one man-one vote‹ gewählt, sondern nach dem *Borda count,* einer Erfindung des französischen Mathematikers Borda, bei der die Wähler den Kandidaten eine bestimmte Anzahl von Punkten gaben, die deren Ranking entsprechen sollten. Dieser Wahlmodus war seit 1784 bei der *Académie des Sciences* üblich, wurde jedoch von Napoleon, als er 1801 Präsident geworden war gekippt, um sich nach seiner eigenen Methode immer wieder bestätigen zu lassen. Mit dieser Wahl hatte er sich inmitten der Leute plaziert, die seiner aggressiven Proklamation, das Mittelmeer sei französisch, den typischen missionarischen Anstrich der Republik verpassen werden: Erziehung und Wissenschaft überall auf der Welt. 167 Wissenschaftler werden die Armada nach Ägypten begleiten, darunter Monge, einer der Gründer der *École polytechnique,* der Chemiker Berthollet, der Mathematiker Fourier, der Cuvier-Zögling Geoffroy Saint-Hilaire und der Freund Faujas', der Geologe und Ritter des Maltheserordens, Dolomieu, dem nicht nur eine wissenschaftliche Rolle auf Malta zugedacht war. Die Flotte mit 40 000 Mann an Bord verlässt nach zweimonatigen geheim gehaltenen Vorbereitungen am 19. Mai 1798 den Hafen von Toulon.

Abbildung 21: England und Frankreich kämpfen um die Weltherrschaft. Napoleon liegt Nelson im Magen, auf der Mütze des Engländers »Britannia Rules the World«. Englische Karrikatur von James Gillray auf Napoleon 1798. Aus: Europas Fürsten im Sittenspiegel der Karikatur. Berlin ca. 1908

Die Kunst des Mutmaßens
Spion oder Wissenschaftler?

Faujas war schon vorher losgeschickt worden. Seit dem 20. April 1798 war er mit dem Zeichner Montfort zu einer »*voyage d' observation*« nach Deutschland unterwegs, bei der ein Spionageauftrag anzunehmen ist. Pierre Denys de Montfort, den Spezialisten für Schalentiere, kannte Faujas schon seit mindestens 18 Jahren, als er mit ihm zusammen ein Manuskript illustrierte, und aus Rotterdam 1795, als Montfort Sekretär des Volkskommissars Roberjot gewesen war. Monfort zeichnete nicht nur, er sprach deutsch, soff wie ein Östereicher, rauchte, sang und tanzte – eine Frohnatur.

Sie fuhren zunächst nach Rastatt. Dort tagte der sogenannte Friedenskongress, bei dem beide Seiten, die heterogenen Reichsstände des immer noch Heiligen Römischen Reiches Deutscher Nation auf der einen und das direktoriale Frankreich auf der anderen, vor allem die Stärkung ihrer Positionen für einen neuen Waffengang im Blick hatten. Die Franzosen hatten bereits Tatsachen geschaffen, kurzerhand Mainz annektiert und die besetzten Gebiete des linken Rheinufers in Departements umgewandelt, sie waren in der Schweiz einmarschiert und hatten die helvetische Republik ausgerufen. Preußen, Österreich, England und Russland nutzten jede momentane Schwäche wie die Niederlage Bonapartes in Ägypten, um Verlorenes wieder zu gewinnen. Eine rechtsrheinische Observationsreise konnte unter diesen Umständen nicht einfach eine Tour zur Herstellung wissenschaftlicher Beziehungen und zum Einsammeln von Mineralien sein, wie uns der Geologe Faujas Glauben machen will. Als Industriespion und Bergwerksinspektor, als politischer Kopf und Emissär im Pariser Machtpoker beherrschte er viele Rollen, die in der verfahrenen Situation Frankreich stärken konnten und es »aus der Knechtschaft der Industrie ihrer Nachbarn« befreit, wie es als Ziel der ersten *Exposition publique des produits français* im September 1798 formuliert wurde.

Boyer erwähnt in der Präsentation dreier Briefe dieser Reise (*Trois lettres après Campo Formio*) mögliche schriftliche Instruktionen für Faujas, aber man kenne sie nicht. Faujas berichtet selbst, er sei in Rastatt mit zwei französischen Unterhändlern zusammengetroffen, die seit November 1797 damit beauftragt waren, das zukünftige Statut des ehemaligen Heiligen Römischen Reiches auszuhandeln, mit Ange Bonnier d'Alco und Jean-Baptiste Treilhard. Der eine Gesandte, Bonnier, wurde zusammen mit einem zweiten, Roberjot, nach dem Scheitern des Kongresses in Rastatt 1799 vor den Toren von österreichischen Husaren massakriert. Folgt man Pingaud in seiner Biographie des Comte d'Antraigues, dann war Faujas unter dem Vorwand einer geologischen Reise als Spion unterwegs, wie Antraigues das vom Wiener Minister für auswärtige Geschäfte, Baron Thugut, erfahren haben will. Für solche Spionagetätigkeiten lassen sich naturgemäß keine Dokumente finden. Unscharfe und durchaus interessengeleitete Hinweise anderer und verdächtige Widersprüche in den Angaben von Faujas sind daher die einzigen Quellen, auf die sich eine Kunst des Mutmaßens stützen kann, die den Hergang zu erahnen erlaubt (Friedrich II. an Voltaire 25.11.1776).

Von Paris geht es zunächst, unterbrochen von Besuchen in botanischen Gärten, Steinbrüchen, Salinen und Eisengruben über La Ferté sous Jouarre – Chalon – St. Dizier – Nancy nach Straßburg, von wo aus er am 3.5.1798 in einem ersten Brief berichtet. Faujas war im französischen Mutterland als Mineninspektor unterwegs, seit Rastatt gibt es in seinen Briefen keine Bergwerke mehr.

In Rastatt soll er Alexander von Humboldt getroffen haben, wenn man dem anonymen Autor einer Lebensbeschreibung von 1849 folgt. Dieser bringt jedoch die beiden Reisen von Humboldts nach Paris der Jahre 1795 und 1798 hoffnungslos durcheinander und irrt sich sogar im Zeitpunkt des Rastätter Kongesses. Humboldt fuhr bei dieser zweiten Reise über München, Augsburg (28.4), Rastatt, Straßburg nach Paris (12.5.), wo er bis zu seinem Aufbruch nach Amerika Ende Oktober bei seinem Bruder Wilhelm wohnte. Er hätte Faujas Anfang Mai in Rastatt oder in Straßburg treffen können, aber Faujas erwähnt ihn nicht, obwohl er sonst mit wichtigen Leuten prahlt, die er kennt. Eine persönliche Bekanntschaft der Beiden ist erst für einen späteren Zeitpunkt belegt.

Baden-Baden, Karlsruhe, das Felsenmeer im Lautertal, Heidelberg. Für den Mineralogen und Chemiker Georg Adolph Suckow, der bereits nach der chemischen Nomenklatur Lavoisiers arbeitet, hat er die neuesten Werke von Lamarck dabei. Bei der gelungenen Parkanlage in Mannheim mit den kleinen Tempeln zu Ehren der Größen der Botanik gerät er ins Schwärmen, und die fetten Kühe und cleveren Steinmetze im Land des Markgrafen von Baden erregen ökonomische Bewunderung. Auch die Deutschen wollten die Engländer überholen, aber sie machten das nicht mit handelsfeindlichen Verbotsgesetzen wie die Franzosen, sondern mit besseren Produkten (19.5.) Er lässt die Sägen für die Pariser Steinschneider zeichnen und empfiehlt die Nachahmung der raffinierten Thermik der Gewächshäuser im botanischen Garten, in denen Direktor Medicus Samen ausländischer Bäume anreichert, und das Beispiel einer preisbewussten Manufaktur. Sie hatte für 12 Francs das Pfund *Brunrouge d'Angleterre*, ein Naturpigment aus Erde, verarbeitet und mache das jetzt mit einer solchen aus Frankreich, die nur 20 Sous koste. Dabei würden die französischen Händler immer noch 50 Prozent

Gewinn machen. Im naturhistorischen Kabinett versucht er, seinem Leiter Cosimo Allesandro Collini vergeblich ein konserviertes Rhinozeros abzuluchsen. Collini war Voltaires Sekretär in Berlin, und wurde mit ihm in der freien Reichsstadt Frankfurt im Juni 1753 von einem Schergen Friedrichs II. entgegen allen diplomatische Gepflogenheiten gefangen gesetzt. Faujas gibt genaue Anweisungen, wie er auf seiner Reise zu erreichen sei: man solle Briefe an M. Medicus adressieren, mit dem er korrespondiere und der wüsste, wo er sei. Er könne sie notfalls auf dem Rückweg mitnehmen, denn er wolle über Mainz wieder nach Frankreich zurückkehren. Briefe an Medicus sind nicht erhalten.

Am 21.5. fährt er nach Frankfurt zum Studium der vulkanischen Umgebung. Später wird er sagen, er sei 1799 dort gewesen und Nebel über seine weitere Reiseroute legen, in dem nur noch Kassel und Göttingen einigermaßen deutliche Konturen behalten. Von Frankfurt aus wollte er weiter nach Göttingen und Jena, um Verbindungen zu den beiden bekannten Universitäten zu knüpfen, aber bis nach Göttingen hat er vier Wochen gebraucht (22.6.) und erst auf der Rückfahrt aus Kassel berichtet (30.6). Er hat sich für die späte Nachricht mit einem langen Halt in Kassel entschuldigt und nichts über Jena verlauten lassen.

Aus dem Tagebuch seines alten Freundes van Marum, des Direktors des mechanischen und naturhistorischen Teylermuseums in Haarlem, den er in Kassel und in Göttingen getroffen hat, wissen wir, dass er in Kassel am 10.6. eingetroffen und am 20.6. nach Göttingen abgefahren ist. Faujas will die vulkanische Umgebung Kassels in einem Umkreis von acht Meilen, knapp 40 Kilometer, studiert haben. Nordwestlich gibt es vulkanische Tuffe und Basalte, der Hohe Meißner im Südosten liegt ziemlich genau 40 km entfernt. In späteren Veröffentlichungen nennt er nur wenige Orte, z. B. den Weissenstein bei Marburg, den Habichtswald nur eine Meile von Kassel. All das, wie auch der Besuch des Hohen Meißner, bleibt im Brief unerwähnt, er beschreibt ausführlich nur das Fridericianum. Aber Faujas war damals am Hohen Meißner und dafür gibt es einen Zeugen, der Faujas Lügen straft, wenn er diesen Besuch im *Essai de Géologie* auf 1796 vorverlegt. Es ist der schweizer Oberforst- und Bergrat Heinrich Zschokke, der den Bericht des Oberrentmeisters der Allendorfer Soden, Georg Wilhelm Kröschel (1745-1803), über den Besuch von Faujas und Montfort, leider ohne Datum, niedergeschrieben hat, angeregt durch ein seltsames Verhalten, das Faujas an den Tag legte. Kröschel erzählte Zschokke eine bizarre Geschichte (also vor dem Tod Kröschels 1803):

»Angenehm verglich uns der Abend unter Erzählungen von den beiden französischen Naturforschern Faujas St. Fond und Montfort, die auf ihrer Reise nach Deutschland auch den Meißner besuchten. Kröschel zeigte uns ihre Namen in seinem Stammbuche. *Si jamais l'histoire naturelle ou toute autre cause me ramène* (wenn mich jemals die Naturgeschichte oder irgendein anderer Grund zurückbringt) – schrieb Montfort. Auf diese *autre cause* hätte sich Kröschel immer eine *Sauvegarde* (Schutzbrief) ausbitten mögen. Lobenswürdig war das Vorhaben der Franzosen, einige Hessen im Nationalinstitute zu unterrichten und dagegen einige ihrer Landsleute in die hessischen Bergwerke zu schicken. Ihren Karakter und ihr Genie drückten die beiden Naturforscher während ihres hiesigen Aufenthalts sehr sprechend aus. Faujas St. Fond setzte sich in den Wagen und schrieb, als er auf den Meißner von Allendorf aus fuhr, Montfort ging zu Fuße, um die Natur in der Nähe zu betrachten und bestieg die Berge mit ungewöhnlicher Leichtigkeit. Als Fauias hörte, daß die Höhle der Kitzkammer noch drei Stunden weit entfernt sei und daß man sie nicht anders als zu Fuße sehen könnte, fuhr er gerade zu nach Braunsrode, mit der Versicherung, nicht länger als bis zwölf Uhr auf Montfort da zu warten. Indessen besah Montfort die Kitzkammer, bewunderte sie, zeichnete sie. Mit Leichtigkeit und Schnelle ging er alsdann nach Braunsrode (die Bergarbeitersiedlung Bransrode am Fuße des Hohen Meißner, wo Braunkohle im Tiefbau abgebaut wurde), wo er seinen Begleiter schon nach Kassel abgereiset fand. Kröschel und der Berginspektor, welche Montfort zur Kitzkammer begleitet hatten, hatten gleiche Eile, nach Braunsrode zu kommen, weil sie die Leiche des Steigers, der sich durch einen unglücklichen Fall im Grollen den Kopf zerschmettert hatte, zur Beerdigung begleiten sollten. Montfort erbot sich sogleich, mit zur Leiche des Bergmanns zu gehen. Seine deutschen Freunde nahmen ihn in die Mitte, und so wurde dem Verunglückten noch im Tod eine Ehre erzeigt, die nicht alle Tage zu erwarten ist. Montfort hüpfte dann über die Berge nach Kassel mit seinem Rocke von grobem Büffel, und so erschien er an der Tafel des Fürsten«.

Faujas muss sehr in Eile gewesen sein, als er seinen Kompagnion zu diesem langen Fußmarsch zwang. Wenn Montfort an der »Tafel des Fürsten«, des damaligen Landgrafen Wilhelm IX. von Hessen-Kassel und erst seit 1803 Kurfürsten Wilhelm I. erschienen war – Zschokke schreibt das 1810 –, warum nicht Faujas? Jedenfalls schreibt er nichts über ein Treffen.

Bei Faujas lesen wir 1809 eine ganz andere Version seines Besuchs. Danach war er sehr wohl an der Kitzkammer gewesen und hat auf dem Plateau Proben gesammelt. Ein M. Schaub sei *nach* ihm dagewesen und bestätige seine Auffassungen. Der zitierte Johannes Schaub war Arzt und Chemiker in Kassel und hatte 1799 »Physikalisch-mineralogisch bergmännische Beschreibung des Meißners, eines merkwürdigen Basalt- und Steinkohlengebirges in Hessen« veröffentlicht. Das Vorwort dazu stammt vom Dezember 1798. Auch er war mit dem Bergamtmann Kröschel unterwegs, bestätigt die Auffassungen Faujas' aber nicht in Bezug auf den Meißner, sondern ganz allgemein in Bezug auf den vulkanischen Ursprung des Basaltes, und liefert mit zwei sehr guten Abbildungen eine Beschreibung der Kitzkammer in allen Einzelheiten. Schaub war viele Jahre und lange *vor* Faujas sehr häufig am Meißner und referiert auch Material aus den Bergamtsarchiven. Die Allgemeine Literatur-Zeitung Nr. 99 vom März 1799 spricht bei der Vorstellung des Buches von Schaub davon, Faujas und van Marum seien »vor kurzem« auf dem Meißner gewesen, was zu 1798, aber nicht zu 1796 passt, denn van Marum war 1798 dort. Daher ist die Fußnote Faujas' in *Essai de Géologie* von 1809 schlicht gelogen.

Faujas wollte seinen plötzlichen Aufbruch verbergen und aus schwer nachvollziehbaren Gründen verschweigen, dass Monfort die Kitzkammer für ihn gezeichnet, er sie jedoch nicht gesehen hat. Bei so viel Ungereimtheiten ist es erlaubt, Faujas auch zu unterstellen, er habe 1798 die Umgebung von Kassel keineswegs so intensiv auf Vulkanisches abgeklopft wie er vorgibt, sondern sich außer bei Schaub auch aus den Veröffentlichungen des Münchhausenautors Rudolf Erich Raspe bedient, aus dessen »Beytrag zur allerältesten natürlichen Historie von Hessen: oder Beschreibung des Habichtswaldes und verschiedner andern Niederhessischen alten Vulcane in der Nachbarschaft von Cassel«, 1774, von Raspe bereits 1775 nach seiner Flucht vor Häschern und Gläubigern nach England ins Englische übersetzt. Und noch etwas: Der spätere Verantwortliche für die Bergwerke in den besetzten Gebieten, Heron de Villefosse, war 1805 am Meißner und hat den Braunkohleabbau beschrieben. Er diente vor allem zur Versorgung der Allendorfer Saline. Faujas, der Mineninspektor, verliert darüber kein Wort, obwohl er von Allendorf aus am Meißner angekommen war. Auch im Habichtswald wurde Braunkohle gefördert, das vor allem zur Versorgung der Garnison von Kassel diente. Und wieder schweigt Faujas, der den Habichtswald rein geologisch durchforstet haben will.

Die Beschreibung der Allendorfer Salinen bringt er schließlich in einer Reise von Mainz über Kreuznach nach Oberstein unter, eine Verknüpfung, die an ein geografisches Wunder grenzt. Sie wird 1804 in den *Annales* veröffentlicht. Die Allendorfer Salinen hat er 1798 sehr wahrscheinlich auf der Rückfahrt aus Göttingen besucht, Oberstein auf der Rückfahrt nach Paris. Er hatte dort einen in Metz gebürtigen Achathändler getroffen, der sich über die Annexion durch Frankreich freute, durch die er, nach 40 Jahren im Ausland, ohne sich von der Stelle zu rühren, in heimischer Erde begraben werde. Der lebhaft gefärbte Achat, der in Jahrmillionen in blasigen Hohlräumen erstarrter Lavadecken auskristallisiert, hatte schon Buffon, la Rochefoucauld, Romé de l'Isle, Collini und Besson nach Oberstein gelockt. Einige Konzessionäre kleinerer Gruben in der Umgebung haben sich sehr bedeckt gehalten und Faujas als französischen Büttel wahrgenommen, der sie den Steuerbehörden melden könnte. Faujas hat einige versteckte Gruben ausfindig gemacht und einen Achaten in der Ackerkrume gefunden, aber der Feldforscher fragte sich nicht, wie er dorthin gelangt sein könnte. Er stellte sich überhaupt keine geologischen Fragen und war zufrieden mit seinem Fund. Von der Arbeitern hätte er erfahren können, dass der Achat im Acker aus dem Abraum der Minen stammte, heute noch die Quelle für Edelsteinamateure in der Nähe der aufgelassenen Mine am Steinkaulenberg. Er hätte von ihnen erfahren können, wie sie den Gängen folgen, in denen die Achate durch ihre Stromlinienform die Fließrichtung der Lava mit ihren eingeschlossenen Gasblasen konservierten und er hätte erfahren, dass nicht alle Lavadecken Achat führende Gänge enthalten. Die durch aufsteigendes heißes Wasser veränderten heben sich klar von den ohne Wassereinwirkung veränderten Laven ab, die beim Hervorquellen aus Spalten große Mengen Sand aufgenommen haben, was besonders deutlich direkt am Eingang zur Mine am Steinkaulenberg zu sehen ist. Diese Schichtenfolge führte bei Faujas zur Fehleinschätzung, dass der Trapp, modern ausgedrückt die Deckenlava, nicht vulkanischen Ursprungs sein kann. Einige Achate bewahrten Teile des Hohlraums (Drusen), andere hatten Zeit, den Hohlraum vollständig auszufüllen (Mandelstein). Wegen des kompakten Mandelsteins hat Faujas eine Auskristallisierung in Gasblasen abgelehnt (Abbildung 22, 23).

Abbildung 22: Markante Schichtgrenze zwischen hydrothermal und anhydrothermal verändertem Basalt am Eingang der Edelsteinmine am Steinkaulenberg bei Idar-Oberstein. Die untere Lavadecke war durch Spalten über sandigen Boden geflossen, die obere durch aufsteigende heiße Wasserdämpfe verändert worden. Es sieht so aus, als habe sich die Lavadecke auf dem Meeresboden abgelagert, weshalb Faujas sich beim Trapp gegen einen vulkanischen Ursprung ausgesprochen hat. Foto H.V.

Abbildung 23: Eine Folge von Achaten in der Mine am Steinkaulenberg. Gut in der Diagonalen zu erkennen die drei stromlinienförmigen Achate, die sich in Jahrmillionen in den blasigen Hohlräumen der Lavadecke ausgebildet haben. Foto H.V.

Es fällt schwer, diesem Mimikry von Reisedaten und Routen mit dürftigen und leichterhand getroffenen geologischen Einschätzungen einen wissenschaftlichen Charakter abzugewinnen. Faujas hatte etwas zu verbergen, und dieser Wille, Spuren zu verwischen, wurde mit den Jahren immer stärker. Der Gesandtenmord von Rastatt, dem auch sein alter Bekannter Roberjot 1799 zum Opfer gefallen war, hat ihn ängstlich gemacht. Überhebliche Rechtfertigungen von Konfiskationen wie 1795 in Holland, Belgien und Deutschland werden von nun an vermieden und Tätigkeiten im Rahmen von Dienstverpflichtungen nicht mehr erwähnt. Sein 2. Band des *Essai de Géologie* mit zweifelhaften Reisedaten wurde 1809 veröffentlicht. Drei Jahre vorher hatte er einen weiteren, hinter wissenschaftlicher Fassade versteckten Einsatz in Norditalien, Tirol, Kärnten und der Steiermark, vielleicht sogar Böhmen absolviert, von dem nur noch Rudimente schriftlicher Spuren auszumachen sind, so vorsichtig war er geworden.

Im Brief aus Kassel findet sich ein versteckter Hinweis auf die dramatischen Ereignisse in Holland, die im Schatten des Rastätter Kongresses ein Schlaglicht auf den verbissenen Kampf zwischen Frankreich und England werfen. Faujas hat seine reiche Beute in drei Kisten über General Hatry in Mainz nach Paris verschickt, die nur von ihm selbst geöffnet werden sollten, um ihre Ordnung nicht zu zerstören. Der Verteidigungsspezialist Jacques Maurice Hatry war angesichts der Kriegsgefahr am 11.7.1798 zum Oberbefehlshaber der französischen Truppen in Holland ernannt worden und hatte sein Kommando in Mainz am 30.7. an den Angriffsspezialisten General Joubert übergeben. Hatry konnte die Kisten also mitgenommen haben. Erstaunlich ist, dass der Geologe Faujas schon vier Wochen vor dem offiziellen militärischen Revirement davon wusste. Bei Hatry geht es um eine Personalie, die Holland betrifft, das allmählich in den Fokus für einen verdeckten Einsatz Faujas' gerät.

Der ausführliche und wissenschaftlichen Belangen dienende Aufenthalt in Göttingen, das sich einen internationalen Ruf als Ausbildungsstätte erworben hatte, steht nicht im Widerspruch zur Spionagetätigkeit. Er passt wie angegossen zum Anspruch der französischen Revolutionäre, überall in der Welt die Menschheit durch Verbreitung von Wissen und Vernunft in eine lichte Zukunft zu führen und einen grenzenlosen Austausch unter Wissenschaftlern zu organisieren. Das war Teil des Auftrages, der Faujas zu erfüllen hatte, allerdings mit dem Hintergedanken, oppositionelle Kräfte im Innern der verkrusteten Feudalstaaten auszumachen und sie auf die Seite Frankreichs zu ziehen.

Faujas macht an vielen Stellen seinem Ärger darüber Luft, dass die Sprache Hürden aufbaue, ein Monsieur Medicus nur auf Deutsch schreibe, und deshalb in Frankreich nicht gelesen werde, oder die große Masse an Schriften der Göttinger Bibliothek nicht wahrgenommen werde. Für ihn war die natürliche neue Universalsprache Französisch und das Zentrum der wissenschaftlichen Welt Paris, auf das Wissenschaftler anderer Nationen ausgerichtet werden sollten.

Faujas trifft in Göttingen häufig *Johann Friedrich Blumenbach* (1752-1840), den Inspektor der Naturaliensammlung und vergleichenden Anatom und spricht mit ihm über die Werke Lamarcks. Er lernt *Georg Franz Hoffmann* (1761-1826), den Direktor des botanischen Gartens kennen, der über Flechten, und den aus Südafrika stammenden *Christain Hendrick Persoon* (1761-1836), der über Pilze arbeitet. Faujas hat viele Besuche mit seinem Freund Martinus van Marum gemacht und schweigt sich darüber aus. Van Marum hatte sich bei seiner Reise zum Gothaer Astronomenkongress vier Wochen lang in Göttingen aufgehalten und ein Tagebuch geführt, aus dem hervorgeht, dass er Faujas in Kassel am 10.6. und vom 21.6. bis 29.6. in Göttingen getroffen hat. Van Marum hat 1784 Teile des Kieferschädels eines Mosasaurus vom St. Pietersberg in Maestricht für viel Geld für das Teylermuseum gekauft, und Faujas war gerade dabei, seine Version der Konfiszierung eines viel besser erhaltenen Gesamtschädels während der Besetzung der Niederlande durch die Franzosen 1795 für die Veröffentlichung vorzubereiten. Sie hätten sich viel zu erzählen gehabt, auch über die politische Lage in Holland, aber Faujas schweigt beharrlich. Georg Christoph Lichtenberg wurde von ihm nicht aufgesucht, obwohl van Marum bei ihm ein und aus ging. Lichtenberg schreibt an den betagten Göttinger Mathematiker Abraham Gotthelf Kästner, Faujas sei nur da aufgetaucht, »wo er Eingang zu finden vermuten konnte«. Von van Marum habe er erfahren, Faujas sei wie der Astronom Jérôme Lalande Atheist. Lalande war auf seinem Weg zum Astronomenkongress, der in der ersten Augusthälfte in Gotha stattfand, über den doch auffälligen Umweg Straßburg, Rastatt, Mannheim, Mainz, Fulda gekommen, wie vom Organisator des Treffs Zach zu erfahren ist. Der Bremer Astronom Olbers vermutete hinter der Reise Lalandes wahrscheinlich nicht zu unrecht einen »Direktorialplan«, aber genauso gut kann diese Vermutung den ins Kraut schießenden Verschwörungstheorien geschuldet sein. Die politische Atmosphäre war aufgeheizt, die Gerüchteküche brodelte und Agenten beider Seiten waren unterwegs. Spätestens am 1.8. ist Faujas zurück in Paris, übergibt seine Mitbringsel an die zuständigen Kollegen und nimmt an der Sitzung im Museum teil.

Berlin?

Es scheint nicht ausgeschlossen, das Faujas in Berlin gewesen ist, wie das »Deutsche Magazin« Christian Ulrich Detlev von Eggers von 1800 nahelegt. Dort wird behauptet, Faujas sei im Gefolge von Sieyès, den man 1798 aus propagandistischen Gründen und Stärkung der innerpreußischen Opposition mit 20 000 Louisdor in der Tasche nach Berlin geschickt habe, aus gleichem Grund mit 15 000 Louisdor hinterhergeschickt worden: »Ihm folgt Faujas auf dem Fusse nach mit 15 tausend Louisd'or beschwert und der König von Preussen hat das Herz den Mann, dem Europa den grösten Theil seines Unglücks verdankt (Sieyès), bei sich aufzunehmen.«

Der berühmte Autor der Schrift »Was ist der dritte Stand? – alles«, Emmanuel Joseph Sieyès, war am 10.5.1798 zum Botschafter in Berlin mit dem Auftrag ernannt worden, Preußen auf die Seite Frankreichs zu ziehen und aus der Koalition mit Russland und Österreich herauszubrechen. Er fuhr am 14.6. zuerst nach Rastatt (»Hanauer neue europäische zeitung« vom 18.6.1798), speiste mit dem zwei Tage vor ihm eingetroffenen Bevollmächtigten Jean Debry zu Mittag und reiste ohne Übernachtung ab. Er passierte Hanau nur zum Pferdewechsel und, ohne anzuhalten, Fulda am 17.6. mit drei weiteren Personen in der Kutsche, die nach der Notiz eines flüchtigen Beobachters in der »Deutschen Reichs- und Staatszeitung« vom 10.7.1798 versuchten, mit Masken ihr Gesicht zu verbergen: »Sieyès sass rückwärts fast eingedrückt, Masque mit großen Gläsern vor dem Gesicht. Die übrigen drei Personen suchten ihre Masque so viel wie möglich zu verbergen und schienen etwas schüchtern zu seyn«. Der Schreiber vermutete, dass Sieyès Angst hatte, noch einmal vom Schuss eines Priesters getroffen zu werden, der ihm fast das Leben gekostet hatte. Einer der Insassen dürfte sein Privatsekretär Jean Baptiste Gage Martignac gewesen sein. Sieyès war am 20./21.6., nach anderen Angaben am 29.6 in Berlin eingetroffen und bekam die erste Audienz beim König am 5.7. Da Faujas im Juni auf der Strecke Frankfurt-Göttingen unterwegs war, ist ein Zusammentreffen mit Sieyès durchaus möglich.

Ob »auf dem Fusse folgen« wirklich bedeutet, dass Faujas in Berlin aufgetaucht ist, wird bei Eggers nicht klar. Die Formulierung legt aber nahe, dass Faujas Sieyès hinterher gefahren und nach ihm in Berlin eingetroffen ist. Der Herausgeber des »Deutschen Magazins« Eggers war 1797/98 immerhin Mitglied der dänischen Delegation bei den Verhandlungen in Rastatt, ein aufgeklärter Kameralist, der die Aufhebung der Leibeigenschaft einleitete. Wahrscheinlich hat er diesen Text selbst geschrieben, er war eingeweiht und konnte einen Blick hinter die Kulissen nehmen.

In der Außenpolitik wurde von allen Beteiligten zum Teil mit riesigen Summen bestochen, weshalb Talleyrand, als er zum Außenminister ernannt worden war, sagen konnte, jetzt werde er reich. Der Minister Bayerns z.B., Montgelas, hat Talleyrand zu kaufen versucht. Der Bericht Eggers könnte also zutreffen. Von Kassel oder Göttingen nach Berlin war es nicht mehr allzu weit, wahrscheinlich nicht einmal drei Tagesreisen.

1798 wird Faujas Mitglied der Gesellschaft naturforschender Freunde in Berlin, und das Aufnahmedatum fällt mit der Ankunft von Sieyès zusammen. Faujas wurde gleichzeitig mit Cuvier, Lacépède und Vauquelin als Ehrenmitglieder aufgenommen, »deren Verbindung mit uns wünschenswerth« ist, wie der Lehrer an der Bergakademie und Obergrat, Ludwig Gustav Karsten bei der Rede zum 25. Stiftungstag am 9.7.1798, dem Tag der Aufnahme mitteilte. Vielleicht war sie auch von finanziellem Nutzen. Faujas wurde auf Vorschlag von Friedrich Wilhelm Siegfried gewählt, einem Mitglied der ersten Stunde und Autor des »Index petrefactorum« (Verzeichnis der Versteinerungen) der Societät. Das Diplom wurde Faujas erst im November in seiner Funktion als Mitglied des *Corps des mines* zugeschickt, wofür er sich am 1.7.1799 bedankt hat, ca. neun Monate nach Erhalt und ein ganzes Jahr nach der Ernennung. War Faujas, wenn er denn in Berlin war, dort als Bergwerksinspektor und eventuell mit Empfehlungsschreiben Humboldts aus Rastatt aufgetreten? Übrig blieb eine tote Mitgliedschaft. Faujas hat keinen Kontakt gepflegt, keinerlei Beiträge geliefert und keinen Briefwechsel unterhalten. Karsten jedoch wird mit Heron de Villefosse nach 1805 in dessen Eigenschaft als Mineninspektor für die besetzten Gebiete sehr gut auskommen und mit Cuvier in engem Kontakt stehen.

Jena?

Falls Faujas wie angekündigt in Jena war, scheint er die Ehrenmitglieder dieser Gesellschaft, Goethe und Schiller, nicht getroffen zu haben. Der von Danton als *citoyen français* geehrte Schiller jedenfalls war in Jena, Goethe erst Ende Juli. Auch den Gründer der Gesellschaft, den Leiter des botanischen Gartens und interessierten Mineralogen Batsch, hat er nicht getroffen. Das Gleiche gilt für den Bergsekretär und Professor für Mineralogie Johann Georg Lenz, der 1794 die Mineralien im Jenaer Schloss katalogisiert und dem Geheimrat Goethe gewidmet, 1796 ein »Mineralogisches Handbuch« herausgegeben und eine »Societät für die gesamte Mineralogie« gegründet hatte, und der mit tatkräftiger Hilfe Goethes dabei war, eine mineralogische Sammlung zusammenzustellen. So etwas lässt sich Faujas normalerweise nicht entgehen. Faujas war nicht in Jena, das ist meine starke Vermutung, und wenn er es war, dann ist er so schnell durchgereist, dass er von den in Frage kommenden Wissenschaftlern nicht bemerkt wurde. Aber er hat sich 1803 als Mitglied einer zu diesem Zeitpunkt schon nicht mehr existenten »Naturforschenden Gesellschaft« Jena tituliert.

Hamburg?

Auf Hamburg als möglichen Zielort eines konspirativen Treffs in angespannter politischer Lage deutet eine beiläufig gemachte Bemerkung eines russischen Chemikers in einer Chemiezeitschrift, deren Analyse ganz nah an die Vorbereitung eines republikanischen Putsches in Holland führt und den wichtigsten Grund für die Vertuschungsversuche Faujas' liefert.

In den *Annales de chimie*, erschienen am 21.10.1798, berichtet der Chemiker und Prokurator der Bergwerke in Russland und Mitglied einer sehr einflussreichen Familie, Apollos Apollovich Mussin-Puschkin (1760-1805), über Kristallisationsversuche mit Edelmetallen, die sehr schöne baumähnliche Strukturen hervorgebracht hätten. Faujas habe diese Ergebnisse chemischer Experimente in seiner Sammlung zusammen mit dem Botschafter Claude Roberjeot (sic) gesehen und sehr bewundert (S. 89). Ein ähnlicher Bericht in den deutschen »Chemischen Annalen« von Crell 1797 enthielt die Untersuchungen über Platin und die Bewunderung Roberjots und Faujas' noch nicht, was beweist, dass sie die Kristallisationsergebnisse 1798 gesehen haben müssen. Zeitpunkt und in Frage kommende Orte lassen sich noch weiter eingrenzen.

Der »Botschafter« Roberjot war bis Anfang Juni 1798 Generalbevollmächtigter für die Hansestädte (*ministre plénipotentiaire près des villes hanséatiques*), wurde vom Direktorium am 1.6. aus Hamburg nach Den

Haag abberufen und hat das Schreiben am 4.6 erhalten. Roberjot war wie Faujas aus früheren Einsätzen ein intimer Kenner der Niederlande, die gerade Gefahr liefen, aus französischem Einfluss unter englischen zu geraten, was das Direktorium auf jeden Fall verhindert wollte und am 12.6. in der batavischen Republik einen republikanischen Staatsstreich inszenierte, der die glühenden Vertreter der Revolution an die Macht putschte und die Anhänger des auf England setzenden Hauses Oranien ins Gefängnis brachte oder außer Landes trieb. In Den Haag war Roberjot am 18.6. als Generalbevollmächtigter mit der besonders zwielichtigen Gestalt eines politischen Agenten, mit Jean Gabriel Maurice Rocques, dem sogenannten Graf von Montgaillard eingetroffen, der ihm in Hamburg kompromittierende Papiere aus dem konterrevolutionären Netzwerk des Comte d'Antraigues über den zu den Bourbonen übergelaufenen General Pichegru zugespielt hatte. Am 26.6., nachdem der Staatsstreich erfolgreich über die Bühne gegangen war, wurde Roberjot zu einem der Verhandlungsführer in Rastatt gemacht, wo er am 10.7 eintraf. Im August war er für kurze Zeit noch einmal in Paris, als das Direktorium am 20. August beschloss, die Armee in den Kriegszustand zu versetzen und einige Wochen später 200000 Mann auszuheben. Roberjot wird 1799 nach dem Scheitern des Kongesses von österreichischen Husaren umgebracht. Mit ihm wollte Faujas auf keinen Fall in Verbindung gebracht werden.

Faujas könnte noch vor der Abreise Roberjots Anfang Juni nach seinem überstürzten Aufbruch vom Hohen Meißner bei Kassel in Hamburg gewesen sein. Aber war es auch der Chemiker Mussin-Puschkin? Durchaus möglich. Mit Hamburg verband den Grafen eine lange Geschichte familiärer Präsens. Alexej Iwanowitsch Mussin-Puschkin hat sich als russischer Gesandter in Hamburg in den 60er Jahren um die Ansiedlung deutscher Kolonisten an der Wolga (Wolgadeutsche) gekümmert und war in diplomatische Aktivitäten während des Siebenjährigen Krieges verwickelt. 1785 ist er als Freimaurer in Hamburg dokumentiert. Auch der Chemiker Apollo Mussin Puschkin war Freimaurer und Graf und ist möglicherweise der Sohn Alexejs.

Das ist nicht der einzige Grund, warum Hamburg für Mussin-Puschkins Versuche mit Platin ein hervorragender Ort war. Platin kam damals wegen seiner außergwöhnlichen Hitzebeständigkeit unter Chemikern groß in Mode, nachdem es von den Goldsuchern Lateinamerikas lange Zeit als Verunreinigung des Goldes beiseite geschafft oder zur Goldfälschung verwandt worden war. Napoleon wird für seine Eroberungen in Italien nach dem Frieden von Campo Formio mit einer Platinmedaille geehrt und 1799 wird das Urmeter in Paris in Platin gegossen. Der Russe Mussin-Puschkin musste sich Platin noch außerhalb seines Landes besorgen, da erst 1820 im Ural reiche Platinsandgruben entdeckt wurden. Der Hamburger Hafen war für das Mitglied der Akademie der

Wissenschaften von St. Petersburg sicher nicht der schlechteste Platz, um an das Metall aus den spanischen Kolonien zu kommen und seine ungewöhnlichen Eigenschaften im hauseigenen Labor untersuchen zu können.

War das Zusammentreffen wirklich in Hamburg? Auch Göttingen wäre möglich. Denn der Chemiker Mussin-Puschkin war Staatsrat Zar Pauls I. und könnte den Auftrag gehabt haben, rund zwanzig dort studierende Russen wegen des zu erwartenden Krieges mit Frankreich nach Hause zu holen, darunter Wassili Mussin-Puschkin-Bruce. Der Abzug der reichen russischen Studenten war auch Faujas aufgefallen oder ihm durch Mussin-Puschkin mitgeteilt worden und wurde wegen der finanziellen Einbußen in Göttingen heftig beklagt. Roberjot könnte über Göttingen nach Den Haag gefahren sein. Der Seeweg ist angesichts englischer Bedrohung praktisch auszuschließen.

Göttingen war zwar Wissenschaftszentrum, aber die Hansestadt Hamburg Zentrum widerstreitender europäischer Interessen. In Hamburg hielt sich seit dem 7. Mai 1798 für einige Wochen der von den Franzosen immer noch argwöhnisch beobachtete Lafayette unter dem Schutz des amerikanischen Konsuls auf, um seine Tochter zu verheiraten, ließ nebenbei seine Beziehungen zur Verhinderung eines Krieges zwischen Frankreich und den Vereinigten Staaten spielen und unterhielt freundschaftlichen Kontakt zu Roberjot. Hat er Faujas getroffen? Lafayette verdankte seine Entlassung aus der preußischen und österreichischen Gefangenschaft in Ölmütz/Mähren Bonaparte, der sie im Frieden von Campo Formio ein halbes Jahr vorher erreicht hatte.

Die »Hanauer neue europäische zeitung« berichtet von einem ganzen Schwarm von Kurieren, die durch Europa eilten, zwischen St. Petersburg und Berlin, zwischen Paris und Wien und natürlich immer wieder Rastatt. Sie berichtet auch, dass ein Sonderkurier, in Paris am 16.5. gestartet, schon am 17.5. abends in Rastatt eingetroffen war, um Treilhard die Wahl zum Mitglied des Direktoriums mitzuteilen – 430 km Luftlinie in eineinhalb Tagen. Es gibt im Umfeld des Rastätter Kongresses viele Anlässe für *»lettres d'instruction«*, von denen Boyer spricht und von denen er sagt, dass man sie nicht kenne, und für schnelle Bewegungen von einem Ort zum anderen.

Ein Krokodil und der Verfall der wissenschaftlichen Reputation

Faujas hat von seinen zahlreichen Requisitionen in Belgien, Holland und Deutschland ausführlich nur über die Aneignung eines 1,20 Meter langen Teilschädels eines gigantischen Fossils aus Maastricht berichtet und eine wissenschaftliche Interpretation versucht. 1799 publizierte er *Histoire naturelle de la montagne de Saint-Pierre de Maestricht*, die Herausgabe eines Foliobandes wird sich bis Mai 1803 hinziehen (Brief an van Marum 10.6.1803). Die Umstände, unter denen Faujas 1794 an den Mosasaurus von Maastricht gekommen sein will, haben schon zu seinen Lebzeiten heftigen Widerspruch erzeugt. Sie sind heute weitgehend aufgeklärt, und es ist bewiesen, dass Faujas einmal mehr gelogen hat.

Die wissenschaftliche Auseinandersetzung um die Einordnung des Maastricht-Fundes in die Entwicklungsgechichte der Erde wird zehn Jahre lang unter Einsatz europäischer Koryphäen geführt. An ihrem Ende stand Faujas, der das Fossil des Mosasaurus als Krokodil bezeichnet hatte, selbst als Fossil der überlebten Theorien Buffons nahezu allein auf weiter Flur. Er konnte den akribischen vergleichenden anatomischen Untersuchungen Cuviers nur noch seinen Stein gewordenen Glauben einer Analogie mit lebenden Arten entgegensetzen. Der Mosasaurus hat mit einem Krokodil weniger zu tun als mit einem Leguan. Er entwickelte sich aus den Waranen, einer Riesenechsenart und Landbewohner, unter Rückbildung der Extremitäten zu Flossen und konnte bis zu 17 Meter lang werden (Abbildung 24, S. 154).

Faujas erzählt eine tränenrührige antiklerikale Geschichte, wie die über die österreichischen Truppen siegreiche französische Armee ihr ganzes Augenmerk darauf richtete, das berühmte Fossil unversehrt in die Hände von Thouin, Faujas und Frécine zu legen, die es dahin verbrachten, wohin es auf Grund seiner Bedeutung gehörte: nach Paris ins *Muséum d'histoire naturelle* (S. 59-62). 500 Schritte vom Eingang des Stollens am Sankt Petersberg entfernt seien Arbeiter auf das Fossil gestoßen, das 1770 von Dr. Johann Leonhard Hofmann, einem deutsch-holländischen Arzt im Ruhestand, mit bloßen Händen tagelang ausgegraben worden sei. Aber der Domherr des Ortes, dem der unterirdisch ausgebeutete Kalksteinbruch gehörte, habe auf seinen feudalen Rechten bestanden und dem armen Doktor das Fossil weggenommen. Der wollte seine Rechte einklagen, habe aber keinen Erfolg gehabt: Fossil verloren und auf den Kosten sitzen geblieben. Der Domherr habe es wie eine Reliquie in eine Glasvitrine gesteckt, und das »Krokodil« konnte beobachten, wie ihm mehr als ein Mal Speise- und Trankopfer darge-

Abbildung 24: Der Schädel des Mosasaurus, den Faujas requiriert hat, abgebildet in seiner *Histoire naturelle de la montagne de Saint-Pierre de Maestricht*. Paris 1799

bracht wurden. Dafür habe sich der Domherr freigiebig gezeigt und den besten Wein angeboten. Als die Kampfhandlungen begannen, sei das Fossil aus der Hütte neben dem Fort in das Stadtinnere verbracht worden. Frécine habe demjenigen Soldaten, der es unversehrt beibrächte, 600 Flaschen besten Weins geboten. Und natürlich sei es dann von 12 Soldaten gefunden worden. Man sei gerecht zum Domherrn gewesen, habe ihn von Kontributionen ausgenommen und sei bereit gewesen, nach Schätzung des Wertes der Fossilie, diesen zu begleichen. Alles nicht wahr: Das Fossil war schon immer im Besitz des Domherrn der St. Servaes Kathedrale von Maastricht. Es hatte nie einen Prozess gegeben, und die Franzosen haben nichts bezahlt. Faujas nimmt seine Lügengeschichte als Beweis, wie pfleglich die Franzosen mit wissenschaftlichen Objekten, Kunstwerken und Monumenten und deren Besitzer umgingen und wie berechtigt die Verfrachtung nach Paris zum Schutz und Studium dieses als religiöser Mummenschanz missbrauchten Kleinodes der Wissenschaften gewesen sei.

Die Fabel konnte man damals glauben oder nicht, große Auswirkungen hätte das nicht gehabt. Aber der Streit um die richtige Bewertung des gigantischen Schädels, den Faujas, wie schon der alte Camper vor ihm, als Krokodil bezeichnete, war von grundlegender Bedeutung für die adäquaten Methoden der Untersuchung von Fossilien, für die Frage, ob sie als ausgestorben oder als Analogien noch versteckt lebender Formen in den Tiefen des Meeres oder der Kontinente gelten können, für die Vorstellung einer allmählichen Transformation der Arten oder ihrer

Vernichtung in Katastrophen. Die Erforschung der Fossilien war durch Cuvier für die Wirbeltiere und durch Lamarck für die Wirbellosen inzwischen so verfeinert worden, dass leichthändig vorgenommene prima vista-Diagnosen nicht mehr akzeptabel waren. Cuvier gelang der Ausbau eines Korrespondentennetzes, in dem er eigene Forschungsergebnisse zur Diskussion stellte und seine meisterhaften Zeichnungen von Zähnen, Knochen und Wirbeln mit der Aufforderung herumschickte, sie mit den Beständen in anderen naturhistorischen Museen zu vergleichen. Eine besonders enge Zusammenarbeit entwickelte sich seit Ende 1799, kurz nach Faujas' Veröffentlichung des Fossilienfunde von Maastricht, zwischen ihm und Andriaan Gilles Camper in Holland. Sein Vater Petrus Camper war der erste gewesen, der auf Grund der Form und Lage der Zähne und der rein marinen Umgebungsfauna an der Einordnung des Fossils als Krokodil gezweifelt hatte und ihn schließlich als unbekannten Wal bezeichnete. Sein Sohn Adriaan hielt beide Zuordnungen für falsch: sie hatten übersehen, dass der Unterkiefer von Reptilien wie dem Krokodil und von Fischen aus mehreren Elementen zusammengesetzt ist, während der Unterkiefer von Säugetieren wie den Walen aus einem einzigen zusammenhängenden Knochen besteht. Cuvier und Camper kamen nach intensiver mehrmonatiger Korrespondenz überein, dass es sich um ein schuppiges Tier, um eine riesige marine Eidechse handeln müsse, für die es keine vergleichbare lebende Art gebe.

Die beiden hatten den ersten sattelfesten Beweis angetreten, dass eine Kreatur ausgelöscht worden war, und Cuvier fühlte sich in seiner Katastrophentheorie bestätigt. Ein solches Monster, das bis 17 Meter lang werden konnte, wäre als lebende Art der Menschheit nicht entgangen. Der analogiebesessene Faujas verlegte sich von da an auf Fische, Muscheln und Schnecken, bei denen der Beweis eines Verschwindens sehr viel schwerer anzutreten war. Aber auch da gab es bald eine neue Theorie, die weder zur Katastrophentheorie Cuviers noch zur Theorie der Analogien Buffons passte: Lamarcks Alternative war die allmähliche Umwandlung einer Art in eine andere, eine Transformationstheorie der Anpassung der Lebewesen an sich ständig ändernde Umweltbedingungen.

In der Folge der Veröffentlichung seiner Abhandlung über die Fossilien von Maastricht wurden Faujas mehrere Fehler nachgewiesen, die schlampiger Beobachtung geschuldet waren oder seiner Phantasie entsprangen. Faujas habe, so Cuvier, noch nicht einmal das Gestein richtig beschrieben, in das der Mosasaurus eingebettet war. Es sei kein feinkörniger, quarziger und nur schwach durch einen nur gering gehärteten Kalk zusammengebackener Stein, sondern im Gegenteil, ein gelblich weißer, zerbrechlicher Kalk mit nur sehr geringen Sandeinschlüssen gewesen. Das von Faujas diagnostizierte Gestein suggerierte die Sandbank eines Flusses für sein Krokodil, während der Kalkstein

Cuviers auf marine Ablagerungen hindeutete. Zwischen beiden lagen Welten der Wirbeltierentwicklung, die Faujas mit souveräner Leichtfertigkeit eingeebnet hatte. Der zum Krokodil gemachte Mosasaurus hatte Cuvier endgültig von der Inkompetenz Faujas' in der Bewertung fossiler Knochen überzeugt, wie er am 16.12.1799 an Camper schrieb. Damals soll er ihn einmal Faujas *sans fond* genannt haben. 1809 wies Camper Cuvier auf einen weiteren Fehler Faujas' in seinem Maastrichwerk hin, den dieser in *Sur les ossemens fossiles de tortues* beschrieb: Faujas hatte von einem Hirschgeweih in Kalk gesprochen, aber es war nur der zerbrochene Schild einer marinen Schildkröte. In der Kalklage des Steinbruchs hatte es also keine Säugetiere gegeben. Diese Formationen repräsentierten nach Cuvier »ein Zeitalter der Reptilien«, in dem Säugetiere die Erde noch nicht bevölkerten, ein gewichtiger Schlag gegen die Theorie der Analogien. Cuvier hatte den Echsen vier wichtige Untersuchungen gewidmet: *Espèces des crocodiles vivans* 1807, *Ostéologie des crocodiles vivans*, *Ossemens fossiles de crocodiles* und *Grand animal fossile de Maestricht* 1808.

Der schweizer Botaniker Augustin-Pyrame de Candolle war am 16.9.1802 in Maastricht und hat die Montagne von St. Pierre mit einem jungen Chemiker und Botaniker Nyst besucht, der an Faujas kein gutes Haar ließ und von einer sehr schlechten Beschreibung sprach. Er hätte über Orte geschrieben, die er gar nicht besucht habe, und *marne*, Mergel oder Ton gesehen, den es in Maastricht nicht gebe. Der Faujas eigentlich wohlgesonnene Botaniker Jean-Baptiste Bory de Saint-Vincent (1780-1846) unterstellte ihm sogar eine bewusst gefälschte Darstellung der unterirdischen Galerien des Steinbruchs. Er war 1819 dort, kurz nach dem Tode Faujas', dem er eine freundliche Eloge widmen wird, und hat das weitläufige Gangsystem ausgiebig erkundet. Man würde sich nach der Abbildung bei Faujas eine ganz falsche Vorstellung von der Majestät dieses sehr schönen Galerien machen. Das Bild sei wohl aus der Erinnerung entstanden oder nach Steinbrüchen, die sich unter einigen Teilen von Paris erstreckten. Dort gebe es solche Arkaden, wie sie in der falschen Zeichnung von Maastricht vorkämen, und solche pockennarbigen, überhöhten gothischen Säulen. Die Abbildungen seien trotz des opulenten Kupferstichs nicht sorgfältig ausgeführt.

Elephant und Mammut, Methode und Theorie

In den folgenden Jahren wird die Herangehensweise Faujas'an die Probleme der Geologie zunehmend obsolet. Er wird regelrecht demontiert, obwohl er mit einer Flut von Veröffentlichungen versucht, dagegen anzugehen. Der vergleichende Anatom Cuvier hatte bereits begonnen, das Feld der Geologie mit eigenen Interpretationen zu besetzen. 1799 war *Espèces d'éléphans*, die Vollversion seiner öffentlichen Vorlesung vom

4.4.1796 erschienen. Für Cuvier war das Mammut ausgestorben. Basta. Er verlangte von der Geologie exakte Vergleiche zwischen lebenden und fossilen Arten und das Sammeln von Beweisen über die Revolutionen, die im Verlauf der Erdgeschichte stattgefunden haben. Das ausgestorbene Mammut traf die Erdtheorie Buffons und damit die Auffassung Faujas' ins Mark. Buffon hatte die in Sibirien gefundenen Knochen als solche vom lebenden Elephanten oder vom Rhinozeros gesehen. Sie hätten also in einem ihnen adäquaten warmen Klima leben müssen. Das im Eis entdeckte Mammut war jedoch ans kalte Klima angepasst und dort zugrunde gegangen, wo es gefunden worden war. Das passte nicht zu Buffons Theorie einer allmählichen Abkühlung der Erde. Wären die Mammuts Elephanten gewesen, hätten sie tropisches Klima benötigt. Den Anhängern Buffons blieb nichts anderes übrig, als die Unterschiede zwischen Elephant und Mammut zu negieren oder kleinzureden, wie das Faujas in einem Bericht über einen in der Auvergne gefundenen Stoßzahn gemacht hat. Er war sich relativ sicher, dass es sich um den Stoßzahn eines asiatischen Elephanten handelte, aber spätere Paläontologen diagnostizierten auf Grund der Beschreibung ein »Mastodont dissimulis«, ein ausgestorbenes elephantengroßes Rüsseltier mit kleinen Stoßzähnen.

Ähnlichen Trugschlüssen saß der amerikanische Präsident Jefferson auf, als er durch eine von ihm finanzierte Expedition einige Knochen des amerikanischen Mammut in die Hände bekam. Es ist kleiner als das europäische, aber länger, es hält den Kopf gerade, und es hat andere Mahlzähne. Es war vor ca. 10 000 Jahren ausgestorben. Aber Jefferson glaubte mit religiöser Inbrunst daran, dass lebende Exemplare in den Weiten Amerikas zu finden sein müssen, da Gott die Vernichtung einer Art nicht vorgesehen habe. Am 12.8.1803 schrieb Faujas an *Monsieur le president*, dass ihm dessen Untersuchungen über Elephanten- und Mammutzähne viel geholfen hätten. Die ziemlich einseitig gebliebene Korrespondenz dauerte 18 Jahre. Am 21.3.1812 war Faujas korrespondierendes Mitglied der gerade gegründeten *Academy of Natural Sciences Philadelphia* geworden, wie auch Maclure, der damals noch in Frankreich war. Maclure wurde 1817 zu ihrem Präsidenten gewählt.

Im Frühjahr 1805 legte Cuvier in öffentlichen Vorlesungen über Geologie in den *Athénée des Arts* nach. Die *Athénée* waren noch im *Ancien Régime* als eine Art Erwachsenenbildung für das bürgerliche Publikum gegründet worden. Sie hießen während der Revolution zeitweise *Lycée Republicain*. Einer der Hörer war Giuseppe Marzari-Pencati, der Notizen über Cuviers Vorlesungen machte. Sehr wahrscheinlich war auch sein Freund Faujas unter den Hörern, mit dem er gleich danach seine Italienreisen unternahm. Cuvier setzte sich mit den Hypothesen der Erdgeschichte auseinander, die so zum ersten Mal einem breiten Publikum bekannt gemacht wurden. Sein internationaler Ruf machte ihn, trotz des Krieges mit England, zum Mitglied in der *Royal Society*. Im Sommer 1806 nahm Cuvier die Beurteilung einer Erdtheorie des ehemaligen Kapuziners M. André, Fr. Chrysologue de Gry (1728-1808) im *Institut* zum Anlass, gemeinsam mit seinen Kollegen, den Mineralogen Haüy und Lelièvre, seine eigene Sicht der Geologie zu präsentieren. Es ist ein Manifest der gewünschten Arbeitsweise eines Geologen, ein Aufruf, spekulative Erdtheorien, Chimären, fallen zu lassen, von denen es fast täglich neue gäbe, allesamt auf zu dünner Faktenbasis vorschnell in die Welt gesetzt. Fosslien seien keine Ausnahme. Ihre Faszination habe dazu geführt, dass ohne genau anatomische Studien Hypothesen aufgestellt würden. Sie hätten die Geologie aus einer Wissenschaft von Fakten zu einer solchen von Hypothesen gemacht, von Luftschlössern, die Gelächter hervorriefen. Dagegen setzen die Autoren ein Arbeitsprogramm lösbarer Probleme und begrenzter Schlussfolgerungen, das international schnelle Verbreitung fand.

Schon bei Cuviers Kritik an der Beschreibung des Mosasaurus aus Maastricht war deutlich geworden, wie wenig genau Faujas die Schichten, in denen Fossilien zu finden sind, ins Visier genommen hat. Er schwadroniert über geologische Orte, statt sie stratigraphisch festzuhalten, und über Gesteine, statt sie richtig zu untersuchen. Dadurch gehen entscheidende Informationen verloren. Das war den meisten seiner Kollegen um die Jahrhundertwende klar geworden. Bereits Soulavie wollte mit Schichtfolgen die Erdgeschichte nachvollziehen. Brongniart und Cuvier machten damit 1808 Ernst. Sie veröffentlichten in den *Annales* einen Querschnitt der Erdschichten der Umgebung von Paris und ordneten ihnen die jeweiligen Fossilien zu. So waren sie in der Lage, Süßwasser- von Salzwasserformationen zu unterscheiden und zu erkennen, dass das Pariser Becken Episoden von Salz- und Süßwasser erlebt hatte, die sich in scharfen Grenzen voneinander abheben. Dieser abrupte Schichtenwechsel hatte mit der allmählichen Veränderung des Salzgehaltes der Gewässer, wie er von Buffon und Faujas vertreten wurde, nichts mehr gemein. Genau das hatte Faujas in einer Untersuchung der Schnecken aus der Umgebung von Mainz noch einmal vertreten und behauptet, dass die Meere in früheren Epochen der Erdgeschichte mit ihrem geringen Salzgehalt eher unseren Binnenseen glichen, denn überall dort, wo Fossilien gefunden werden, sei kein Salz nachzuweisen, und die Schnecken seien daher analog denjenigen unserer Binnenseen. Faujas ließ nicht locker. Jahre später brachte er Daubedard de Férrusac dazu, seine Beobachtungen über Muscheln des Rhein-Main-Gebietes nachzuprüfen, die dieser bestätigte und im *Institut* vortrug. Der Kampf wurde giftiger und als Stellvertreterkrieg vor allem zwischen Faujas' Assistenten Cyprien Prosper Brad und Cuviers Mitarbeiter Alexandre Brongniart ausgetragen, begleitet vom Versuch Cuviers, Zensur auszuüben.

In einem Brief aus Loriol vom 2.7.1810 berichtet Faujas von Versuchen des verhassten Cuvier, eine *Mémoire* des Mineningenieurs Brard in den *Annales du Muséum* zu unterdrücken: »Man beginnt jetzt bei den vermeintlich kolossalen und übertriebenen Reputationen ein bißchen klarer zu sehen, die sich manchmal genau so schnell verflüchtigen wie sie mit Unterstützung von maßlos unverschämten Intrigen gekommen waren: der Ruf von Brard wird allmählich wachsen, aber dauerhaft sein.« Möglicherweise hat Faujas übertrieben oder durch Druck erreicht, dass Brard seine Untersuchung zu fossilen Spitzschnecken in der Umgebung von Paris in den *Annales* doch noch plazieren konnte, die sich explizit gegen Auffassungen Cuviers und Brongniarts richtet. Die von Brard untersuchten Lymnaeidae sind Spitzschnecken und leben als Lungenschnecken im Süßwasser oder im Schlamm.

Cuviers Adlatus Brongniart untersuchte die Fossilien der Süßwasserschichten des Pariser Beckens genauer und ignorierte einfach die Arbeit, die sich Brard bereits ein Jahr zuvor gemacht hatte. Dabei identifizierte er eine Schnecke, die er zu Ehren Lamarcks, der von seinem Glück nichts wusste, *Potamides Lamarckii* nannte, und die er als Flussbewohner charakterisierte. Diese Schnecke war jedoch nicht zu unterscheiden von der marinen Nadelschnecke *Cerithium*, was Brongniart selbst zugab. Es hatte also den Anschein, als habe er die Umwidmung der Meeresschnecke *Cerithium* zur Flusschnecke *Potamides* nur vorgenommen, um an der eindeutigen Trennung von Süßwasser- und Salzwasserschichten festhalten zu können. Das war die offene Flanke, in die Brard mit einer dritten und vierten *Mémoire* zum Thema hineinstieß.

Brard verwarf Brongniarts Flussschnecke als durchsichtiges Manöver und nahm das Auftreten einer Meeresschnecke inmitten von Spitz- und Posthornschnecken des Süßwassers als Beweis für seine These, dass es im Pariser Becken niemals einen Wechsel von Süß- und Salzwasser gegeben habe, sondern alle Fossilien im selben Gewässer existiert haben müssen und sie sich erst mit dem allmählichen Anstieg des Salzgehaltes auseinanderentwickelt haben, um in dem Milieu zu leben, das ihnen Vorteile bietet. Da war sie noch einmal, die Theorie Buffons, aber vertreten durch einen jungen Wissenschaftler, der sie mit genauen Untersuchungen belegen wollte.

Ein anderer junger Geologe und Mineningenieur, François Sulpice Beudant (1787-1814) stellte sogar Versuche mit Mollusken an, die er leicht steigenden Versalzungen aussetzte. Ergebnis: Die meisten der heute lebenden Schnecken können sich an nur geringfügige Änderungen des Salzgehaltes anpassen, sowohl die im Süßwasser lebenden, wenn man sie langsam steigenden Salzgehalt aussetzt, als auch die Meeresschnecken, wenn der Salzgehalt langsam fällt. Aussagekräftig sind solche grobe Versuche nicht. Sie negieren völlig den inneren Bauplan der Schnecken, bei denen es alle möglichen Formen von Kiemen-, Lungen-

und Hautatmung gibt, oft in Kombination und auf vielfältige Weise an das Leben im Wasser und/oder an Land angepasst. Die vergleichende Anatomie Cuviers war noch nicht bis zu den Mollusken (Weichtieren) vorgedrungen.

Die Fronten waren nicht nur von Seiten der Buffonanhänger verhärtet. Brongniart war es auch. Statt zu akzeptieren, dass er in einer sonst nur mit Süßwasserspezies gespickten Schicht eine auffallende Meeresschnecke gefunden hatte, bog er sie zu einer Süßwasserschnecke zurecht und lehnte es ab, einen Eintrag dieser Schnecken vom Meer aus in einen Binnensee zu durchdenken. Das könnte durch Flussläufe geschehen sein, in die die Gezeiten vordrangen, das könnte der Meereseinbruch gewesen sein, der die Süßwasserperiode beendete und einen allmählichen Anstieg der Salzkonzentration einleitete. Brongniart konnte sich die scharfen Schichtentrennung von Fossilien des Salz- und Süßwassers nur als katastrophales Ereignis vorstellen.

Beide Kontrahenten waren in ihren Methoden modern. Faujas arbeitete in den *Essai de Géologie* von 1803 immer noch mit *Tables synoptiques*, auf denen er eine schlichte Zusammenstellung der in der Sammlung des Museums vorhandenen Gesteine vorgenommen hatte. Das war sein Verständnis einer »algebraischen Methode« und von mathematischer Exaktheit, wie sie schon 20 Jahre vorher in einem Brief an Merck zur Sprache gekommen war. Eine stratigraphische Zuordnung war ihm fremd. Rachel Laudan nennt diese Methode *enumerative induction* (Auflistung): »So gesehen sind die einzigen legitimen Theorien solche, die aus simplen Verallgemeinerungen der Daten entstehen. Eine Benennung von Hypothesen, die das Sammeln der Daten leiten oder durch die Daten überprüft werden, war nicht erlaubt.« Die Geologen betrachteten das Aufsuchen von Analogien als eine Methode, die zwischen der des Aufstellens von Hypothesen und der Induktion liege. Die Mineralogen versuchten, die Bestimmungsmethoden der Biologen anzuwenden (S. 16).

Charles Darwin findet in einem Brief an Fawcett 1861 drastischere Worte: Vor 30 Jahren hätte man von den Geologen verlangt, zu beobachten statt zu theoretisieren. Man hätte in eine Kiesgrube steigen können, um die Kieselsteine zu zählen und ihre Farben zu beschreiben. »Wie seltsam ist es, dass jemand nicht sehen konnte, dass jede Beobachtung für oder gegen eine Sichtweise gemacht werden muss, wenn sie irgendwie nützlich sein soll«. Faujas zählte zu den Kieselsteinzählern, seine Geologie ist kraftlos. Seine Kriterien bleiben im Dunkeln, die Fundorte verschwinden in den Weiten ganzer Regionen. Kein Mineral lässt sich einer Gesteinsschicht zuordnen, die einen Zusammenhang mit Prozessen ihrer Bildung erkennen ließen. Ein solches Vorgehen wurde im ersten Jahrzehnt des 19. Jahrhunderts obsolet. Es war längst eine Entwicklung in Gang gekommen, die die Geologie der Sammler wertvoller Mineralien in eine Geologie der Entwicklungsgeschichte der Natur verwandelte. Als wissenschaftlich galt jetzt die Kombination verschiedener Methoden: die vergleichende Anatomie zwischen lebenden und fossilen Arten im Sinne von Cuvier, die Feststellung der Ablagerungen in wohldefinierten Schichten im Sinne Werners und deren großräumige Verteilung, die Bestimmung von Kristallen mit Hilfe chemischer, physikalischer und geometrischer Analyse, wie sie in Frankreich von Vauquelin und Haüy vorgenommen wurden.

Eine andere Herangehensweise, die gegen blindwütiges Sammeln den großen Überblick über das geologische Geschehen behalten wollte, vertrat der gebürtige Schotte William Maclure, der seit 1799 im Auftrag einer amerikanischen Regierungskommission hinter dem in der Revolution verloren gegangenen Vermögen amerikanischer Staatsbürger her war. Er weilte mit Unterbrechungen viele Jahre in Paris. Ein Sozialreformer wie Owen, ein Pädagoge wie Pestalozzi, ein Geologe nach der Theorie Werners. Maclure erstellte 1809 die erste geologische Karte Amerikas, in deren korrigierter Fassung von 1817 er den Ostteil des Landes sehr grob nach den sechs Werner'schen Kriterien der Gesteinsklassifikation farblich darstellte. Er hatte als Negativbeispiel Faujas' *Voyage en Angleterre* vor Augen, den er in seinen *European Journals* von 1810 (S. 236) wegen seiner Sammelwut kritisierte und ihn nebenbei noch als selbstsüchtig bezeichnete. Eine Sammelwut, die sich in zwei Bänden entlade und doch auf vier Seiten passe. Im Vorwort zur Amerikakarte spricht er gegen eine ausufernde Empirie, die in ihren Einzelheiten ersäuft und gezwungen ist, über jede Meile der Erdoberfläche Bände zu füllen. Die Methode, die sich auf genaue Untersuchung eines begrenzten Raumes stützt, führe in der Praxis zur voluminösen Beschreibung unendlich feiner Abstufungen im Aufbau der Gesteine, die eher ermüde als aufkläre. Um die Umrisse der geologischen Verhältnisse eines Landes zu beschreiben, genügten wenige Seiten, die die Grenzen bestimmen, z. B. bestehe der Norden Europas, von wenigen Ausnahmen einer Übergangszone abgesehen, aus primitiven Gesteinen. Selbst wenn man diese Ausnahmen weglasse, wäre das kein Unglück. Der nächste Beobachter könnte weitermachen. Beim umgekehrten Vorgehen, mit der genauen Beschreibung der begrenzten Region eines Gebirges zu beginnen, könnte der Leser in Verwirrung geraten, weil er den Teil fürs Ganze nähme und dadurch das Ganze in Misskredit brächte:

»Die kurze Zeitpanne, in der der Mensch in der Lage zu sein scheint, richtige Beobachtungen zu machen, und das winzige Segment des riesigen Kreises der Naturvorgänge, das sich in der vergleichsweise kurzen Periode gedreht hat, machen aus allen Spekulationen über die Natur der Erdkruste bloße, auf hergeholte und obskure Analogie gegründete Vermutungen. Wäre es möglich, diesen metaphysischen Teil von der Sammlung und Klassifikation von Fakten zu trennen, würden sich

Wahrhaftigkeit und Genauigkeit der Beobachtung vergrößern und der Fortschritt an Wissen sicherer und einheitlicher; aber die Freude, sich der Einbildung hinzugeben, steht so über den aus Arbeit und Plackerei abgeleiteten Beobachtungen – die Selbstliebe des Menschen wird so von der vergiftenden Idee einer Teilhabe an der Schöpfung geschmeichelt – dass wir kaum erwarten können, irgendeine große Sammlung von Fakten ohne die Fehlfarben von Systemen zu finden.«

Maclure hat mit Faujas, Haüy, Cordier und dem Historiker Volney Kontakte geknüpft. Ich glaube kaum, dass er und Faujas Freunde geworden sind.

Aber auch die Wernerianer waren nicht frei von Voreingenommenheit und produzierten das, was Maclure die Fehlfarbe von Systemen nannte. Robert Jameson kritisierte 1800 Faujas, weil er in Schottland Vulkangestein gefunden hatte. Jameson meinte, dass es in ganz Schottland keinen einzigen Vulkan gegeben habe, was völliger Unsinn ist. Nur zwei Beispiele: In der direkten Umgebung von Edinburgh hat es vor 300 Millionen Jahren intensiven Vulkanismus gegeben, *Arthurs Seat* ist eine vom Eis glatt geschliffene vulkanische Erhebung mit Panoramablick auf die Stadt, und die Basaltsäulen von Staffa, einer Insel vor Nordwestschottland, sind vor rund 55 Millionen Jahren entstanden.

Die Kontroversen zwischen Vulkanisten und Neptunisten haben Faujas nicht davon abgehalten, Werner mit Haüy und van Marum zum Abendessen einzuladen, als er im September 1802 einige Wochen in Paris weilte. Werner hatte die lange Reise von Freiberg unternommen, um das berühmte Set Haüys mit 500 Kristallmodellen aus Birnenholz zu erwerben. Faujas wird ihm ein Jahr später (24.8.1803) vorab den 1. Band seines *Essai de Géologie* mit einem Begleitbrief schicken, in dem er seine unterschiedlichen Auffassungen andeutet. Eine wissenschaftliche Debatte wird sich daraus nicht entwickeln.

Ein Bericht an Napoleon über die Fortschritte in den Naturwissenschaften, u.a. auch in der Geologie, musste auf den 69-jährigen Faujas wie eine Ohrfeige wirken. Dort lässt es sich der federführende Cuvier nicht nehmen, die Verdienste Desmarest' bei der Entdeckung der erloschenen Vulkane und der Klassifizierung des Basalt als vulkanischen Ursprungs herauszustellen und Faujas nur als einen zu erwähnen, der Ähnliches für den Vivarais gemacht hat. Faujas habe zwar einige fossile Pflanzen beschrieben, dabei aber Schiefer und Kohle unterschlagen. Cuvier lobt das Werk von La Méthrie über die verschiedenen Erdtheorien und erwähnt Faujas nur in einer Aufzählung zusammen mit de Marschall, Bertrand, Lamarck, André de Gy »und anderen« Und er muss ausdrücklich betonen, dass Faujas *nach* Fabroni in Italien das Pouzzolan in Frankreich entdeckt habe. Er stand nun völlig im Abseits.

Ein trügerischer Frieden und ein Feuerwerk von Publikationen

Ende 1799 war Frankreich bankrott, das Direktorium hatte abgewirtschaftet, und seine Profiteure prassten und tanzten schamlos halb nackt auf einem Vulkan ungelöster Probleme. Das Rhônetal, die Provence, der Languedoc und der Südwesten versanken in ein Chaos marodierender Banden und unter den Attacken von 40000 Partisanen (*Chouans*). Die Industrie lag darnieder, die Bevölkerung litt unter der Willkür von Soldaten, die sich wie Besatzer in einem fremden Land gebärdeten, Generäle machten Politik auf eigene Faust. Bauern rebellierten gegen die Wehrpflicht und die Einschränkungen der Religion. Das soeben annektierte Belgien wollte sich der Besatzer entledigen, und Italien war durch die Niederlage Jouberts bei Novi im August verloren gegangen. Das Volk wollte Frieden und die Gewinner der letzten Jahre Sicherheiten für ihre Beute. Da landete Bonaparte auf dem Rückweg vom missglückten Invasionsversuch Ägyptens in Frejus und wurde auf seinem Weg nach Paris als einer gefeiert, der der ungeliebten Direktorialherrschaft ein Ende bereiten könnte. Dort war der legalistisch bemäntelte Versuch eines Staatsstreichs gegen das Direktorium unter der Führung des *Abbé* Sieyès bereits im Gange. Er endete mit dem gewaltsamen Umsturz vom 18. *brumaire,* dem 9.11.1799, unter Beteiligung Bonapartes, der in den folgenden Wochen die Oberhand über die anderen Putschisten gewann. Nach einer fragwürdigen Volksabstimmung über eine auf ihn zugeschnittene Verfassung war Bonaparte am 25.12.1799 erster Konsul mit diktatorischen Vollmachten geworden. Bonaparte erklärte die Revolution für beendet, ging hart gegen jakobinische Komplotte vor und schob ihnen das von bretonischen Royalisten auf ihn verübte Attentat am 24.12.1800 in der rue St. Nicaise unter, in dessen Folge einige schon in Gefangenschaft befindliche Jakobiner erschossen oder guillotiniert und 130 auf die Seychellen deportiert wurden. In rituellen Proklamationen teilte er den Franzosen mit, dass er nur Krieg führe, um einen dauerhaften Frieden zu sichern, der in Lunéville zwischen Österreich und Frankreich am 9.2.1801 und in Amiens am 25.3.1802 zwischen England und Frankreich greifbar nahe schien. Die Franzosen dankten es Bonaparte im August und machten ihn in einem Plebiszit zum Konsul auf Lebenszeit.

Obwohl es keine Dokumente gibt, die explizit die Haltung Faujas' zu diesen Entwicklungen festhalten, so finden sich doch in den folgenden Jahren viele Hinweise auf eine grundsätzliche Ablehnung des napoleonischen Vorgehens im Innern und besonders eindeutige gegen dessen militarisierte Außen- und Wirtschaftspolitik. Aber so ganz ist diesen

Deklamationen nicht zu trauen. Ein Beispiel: Als er sich am 18.7.1800 in einem Brief an den Präfekten der Drôme für die Mutter des auf dem Feld der Ehre für Frankreich in Wallonien gefallenen und aus Loriol gebürtigen »tapferen Grenadier Pie« einsetzte, die zwei Söhne im Krieg für das Vaterland verloren hatte und nun ohne Mittel dastand, dann ist neben dem humanitärem Engagement sehr deutlich nationaler Stolz über die militärischen Siege herauszuhören, auch wenn sie Napoleon erzielt hatte. Der Fall des Soldaten Pie schlug Wellen – es wurde sogar eine Straße in Valence nach ihm benannt –, weil die Mittellosigkeit heimkehrender Verwundeter oder von Angehörigen Gefallener ein drückendes Problem geworden war und Sprengkraft für den nationalen Zusammenhalt entwickelt hatte. Es war so schwerwiegend, dass Napoleon für die Dekorierten der 1802 ins Leben gerufenen *Légion d'Honneur* eine nicht pfändbare Pension vorsah. Auch Faujas' Assistent Brard hat sich um Kriegsopfer gekümmert und für eine Ausbildung Kriegsversehrter gesorgt.

Ansonsten achteten die Wissenschaftler aller Nationen sehr darauf, eine Art Internationale der Wissenschaften aufrecht zu erhalten, egal, welche kriegerischen Konflikte gerade ausgetragen wurden. So war Faujas schon zwei Tage nach dem Frieden von Florenz zwischen Ferdinand I. von Neapel und Sizilien und Frankreich am 18.3.1801 über die dort erreichte Freilassung von Dolomieu aus zweijähriger sizilianischer Haft informiert. Sie war das Ergebnis beispielloser Aktivitäten von 38 Mitgliedern der *Académie des sciences*, die sich mitten im Krieg mit England direkt an den Begleiter auf Cooks Weltreise, den Botaniker und einflussreichen Präsidenten der *Royal Society*, Joseph Banks, gewandt hatten und in zahlreichen diplomatischen Kanälen aktiv geworden waren.

Dass Frankreich mit der Machtergreifung Napoleons wenigstens im Innern eine zeitlang etwas zur Ruhe gekommen ist, spiegelt sich auch in der wissenschaftlichen Produktivität Faujas' wider. Es ist kaum nachvollziehbar, wie er diese Menge von Veröffentlichungen neben seiner ausgedehnten Reisetätigkeit zustande gebracht hat. Darunter sind einige Perlen, nicht solche wissenschaftlicher Glanzleistung, sondern solche lebendiger Schilderungen seiner Fähigkeiten, auf Reisen Kontakte zu knüpfen und sich an wichtige Mineralien- und Fossilienfundorte führen zu lassen. Er arbeitet an einer großen Zusammenschau seiner geologischen Kenntnisse, an der Klassifikation von vulkanischen Mineralien und der weiteren Ausarbeitung seiner bzw. der Buffon'schen Theorie der Analogien, die er um Fische, Farnkräuter und Steinkorallen erweitert. Und er verpasst Unternehmungen, die anderen als wissenschaftlichen Zwecken gedient hatten, einen ausschließlich geologischen Anstrich, so als ob er solche politischen oder Spionageaufträge vergessen machen wollte. Oftmals liegen Jahre zwischen der Reise und der

Veröffentlichung ihrer Ergebnisse, so dass nur der Eingeweihte nachvollziehen kann, welchem ursprünglichen Zweck sie einmal gedient hatte. Dahinter steckt eine bewusste publizistische Strategie, die den Revolutionär, Requisiteur, Spion und Mineninspektor hinter dem nur der Wissenschaft verpflichteten Professor für Geologie verschwinden lassen soll. Diese Strategie des Verbergens war erfolgreich, aber sie hat ihn nicht an die Spitze seiner Zunft katapultiert, sondern in einen Abwehrkampf gegen neue Sichtweisen und Methoden der Geologie verstrickt. In der Vorbereitung seiner Zusammenschau der Geologie, die er 1803 und 1809 als *Essai de Géologie* veröffentlichen wird, blieb er der Sammler, der er immer gewesen war.

Vom Zoologen Geoffroy Saint Hilaire, der nach einem dreijährigen Ägyptenaufenthalt in Paris eingetroffen war, wollte er Muscheln, die seine Theorie der Analogie beweisen könnten. Faujas setzte immer noch darauf, dass in den Weiten des Meeres und der Kontinente lebende Fossilien aufgespürt werden. Das erwartete er auch von der Expedition Baudins. Sie war im Oktober 1800 zur Vermessung der australischen Küste gestartet, um französische Ansprüche gegen die Briten geltend machen zu können, und hatte die unglaubliche Menge von 100000 Tier- und Pflanzenarten dokumentiert. Louis Claude Desaulces de Freycinet, der Sohn seines Freundes aus Loriol, war Teilnehmer gewesen, und ihn beglückwünschte Faujas zu seiner Rückkehr, nicht ohne über die schlechte Führung durch Baudin zu klagen. Er wusste das bereits von dem Botaniker Bory de Saint-Vincent, der Baudins Expedition gleich zu Beginn auf Mauritius verlassen und während eines zweijährigen Aufenthaltes auf La Réunion den Ausbruch des Vulkans Piton de la Fournaises am 25.10.1801 erlebt und darüber mit Faujas korrespondiert hatte und zwei Jahre vor Freycinet zurückgekehrt war. Faujas freut sich wieder über reiche Beute an naturhistorischen Funden der Expedition und die große wissenschaftliche Leistung des im Juni 1803 auf Timor an der Ruhr verstorbenen Astronomen Pierre-François Bernier.

Ein Besuch in Paris im neuen Jahrhundert bedeutete für Wissenschaftler nicht mehr automatisch auch einen Besuch bei Faujas. Faujas hat zwar mit Werner und van Marum diniert, um das Geschäft mit den Kristallmodellen seines Kollegen Haüy zu vermitteln, aber andere haben seinen Kontakt nicht gesucht. Sie machten einen Bogen um ihn oder trafen in nur zufällig. Das gilt für den Sohn des Alpenforschers Horace-Bénédict de Saussure, Nicolas-Théodore, der März bis Juni 1800 in Paris verbrachte. Das gilt für Brugnatelli und Volta, die zwischen Ende September und Anfang Dezember 1801 praktisch die gesamte wissenschaftliche Welt des damaligen Paris kennengelernt haben. Ich gewinne aus dem Tagebuch den Eindruck, dass Faujas nicht mehr zur ersten Garde der Wissenschaftler gerechnet werden kann, falls er es jemals gewesen ist. Kaspar von Sternberg hat Faujas 1804 zufällig bei Thouin getroffen, aber die beiden waren sich sofort sympathisch, so »als hätten wir auf einem andern Planeten schon zusammen gelebt«, und vereinbarten eine Zusammenarbeit über analoge Farnkräuter. Sternbergs dann in den *Annales* veröffentlichte Nachricht bezieht die weltweiten Farnkräuter im *Muséum* aus den Expeditionen v. Humboldts, Bory de Saint-Vincents und anderen auf die Abdrücke von Fossilien in Kohle und Schiefer, und er kommt zu dem Ergebnis, dass fossile Farne aus kälteren Klimaten eher mit lebenden aus den Tropen analog sind. Die Korrespondenz wird nicht fortgesetzt.

Noch während des Aufenthaltes von Brugnatelli und Volta wird am 18.11.1801 die *Société d'Encouragement pour l'industrie nationale* (Gesellschaft zur Ermutigung der nationalen Industrie) zu einem Zeitpunkt gegründet, als die Industrie darnieder lag, extrem hohe Arbeitslosigkeit herrschte und der Getreidepreis schwindelnde Höhen erreichte. Und wieder ist Faujas nicht dabei, obwohl er sich einige Meriten mit Pouzzolan und anderen unternehmerischen Aktivitäten verdient hatte, z.B. erst jüngst mit einer Erde, aus der Briketts hergestellt werden, die auf dem Wasser schwimmen und in den Pulverkammern der Schiffe (*saintebarbe*) gegen ein Überspringen des Feuers gebraucht werden könnten. Wie schon als Kommissar für die Kanonen, beim Pouzzolan und beim Teer hatte Faujas die Stärkung der französischen Marine im Blick.

Die Verantwortlichen der *Société* sind alle bekannt, z.B. Bosc, Molard, Montgolfier, Vauquelin. Cuvier ist Chef der Redaktion des *Bulletin*, obwohl er keinen Beitrag zur Entwicklung von Industrie und Landwirtschaft geliefert hat. Wegen dieser Ämterhäufung hat Faujas ihn gehasst, denn Cuvier hat den Zugang zur *Société* für Faujas sicher blockiert, wahrscheinlich auch Montgolfier, der von den Intrigen um die Ballonaufstiege genug hatte. Labillardière und Thouin kümmerten sich von Anfang an um den neuseeländischen Flachs (*phormium tenax*), den Faujas zehn Jahre später in Loriol anpflanzen wird. Damals schrieb er einen Brief an Claude Pierre Molard (1758-1837), um zu erfahren, ob es im *Conservatoire* ein Gerät zur Messung der Stärke von Seilen aus diesem Flachs gibt. Molard saß in der Leitung der *Société* und war Direktor der vom Festungsbauer Vaucanson der französischen Regierung vermachten Maschinensammlung und Mitbegründer des *Conservatoire des arts-et-métiers* (Konservatorium für Kunst und Gewerbe). Er hatte mit anderen die erste Industrieaustellung organisiert, in der auch gestohlene Objekte aus den besetzten Gebieten gezeigt wurden. Faujas Bemühungen um die Anpflanzung der roten Kartoffel aus Philadelphia in der Umgebung von Paris fanden nur Aufnahme in die *Annales*.

Auch bei anderen wichtigen Aufgaben ist Faujas nicht mehr zum Zuge gekommen. Am 28.5.1801 unterbreitete der *Conseil des mines* einen Vorschlag, Bergbauschulen (*écoles pratiques*) an Minenstandorten einzurichten, an denen die zukünftigen Bergbauingenieure eine praxisnahe Ausbildung erhalten sollten. Vier Schulen waren vorgesehen. Eine für Kohle, eine für Eisenerz, eine für Blei und Kupfer und eine für die Salinen. Faujas wurde als Inspektor für die Salinen in Lons-le-Saunier ins Auge gefasst. Nach sieben Monaten Beratung blieben nur zwei Schulen übrig, Geiskirchen im Saarland und Moûtier/Pesey am Montblanc. Für den 60 Jahre alten Faujas wäre die Lage von Lons-le-Saunier auf dem halben Weg zwischen Loriol und Paris ideal gewesen. Er hätte mit seinen Nervenschmerzen in den Beinen Salzbäder nehmen und nebenbei die reichen Muschelvorkommen auswerten können.

Obwohl die anerkannten Größen des Wissenschaftsbetriebes ihn weitgehend kalt gestellt hatten, blieb Faujas für Studenten und Interessierte als Professor für Geologie attraktiv. Das galt für den jungen Marzari-Pencati, der seine Vorlesungen hörte und der sein Begleiter in Norditalien werden wird, das galt für Giovanni Valentino Leopoldo Fabbroni, später einer der Gründer des naturhistorischen Museums in Florenz und 1805 Mitglied im Vorbereitungskommittee für den *Consiglio delle minieri* in Mailand. Die geologischen Vorlesungen Faujas' begeisterten im Sommer 1802 den Engländer Weston, der sie als kostenfrei und gut besucht schildert, viele Frauen hörten zu, und Faujas fand lebendige Vergleiche und sprach frei. Er referierte in den sechs Vorlesungen über Vulkane, die Systeme der Neptunisten, Vulkanisten und Plutonisten (Hutton). Die Vorlesungen waren eine internationale Nachricht wert, denn das *Intelligenzblatt der Allgemeinen Literaturzeitung* teilte sogar den Vorlesungsbeginn in der Bibliothek des Museums mit. Durch die Veröffentlichung der Vorlesung vom 1.5.1802 im *Essai de Géologie Bd. 1.* lässt sich abschätzen, worauf ihre Attraktivität beruhte: auf einer in leicht verständlicher Sprache gehaltenen populärwissenschaftlichen Einführung in die Probleme der Geologie.

Es gab ein kleines Trostpflaster. Faujas durfte bei der Aufstellung der Kandidaten für die 200 Inspektoren der *Écoles spéciales*, Sektion Mathematik und Physik mitbestimmen. Nach dem Gesetz zur Organisation der öffentlichen Erziehung war dem *Institut national*, der Nachfolgerin der *Académie des sciences*, ein großer Einfluss auf die Besetzung der Professorenstellen eingeräumt worden. Faujas, der nicht Mitglied des *Institut* war, befand sich in einer seltsamen Zwitterstellung. Sein eigener Lehrstuhl wurde vom *Institut* besetzt, aber er hatte das Recht, selbst Vorschläge zu machen und abzustimmen.

Der gefeierte Professor für Naturgeschichte in Pavia, Lazzaro Spallanzani, und Autor eines vielgelesenen Buches über die Vulkane Siziliens und Neapels war im Februar 1799 verstorben. Warum in Paris 1799/1800 eine zweite französischen Übersetzung seiner *Voyage dans les deux Siciles* mit Anmerkungen von Faujas erscheinen musste, nur zwei Jahre nach der ersten des Genfer Archivars, Pflanzenphysiologen und Freundes Spallanzanis, Jean Senebier, in Bern, bleibt reichlich undurchsichtig. Wahrscheinlich hat Bory de Saint-Vincent Faujas in seiner Eloge mit einem wichtigtuerischen Charakterzug gut getroffen: Er habe durch seine Anmerkungen zum richtigen Zeitpunkt einen Platz unter den Autoren Palissy (von Buffon hochgelobt) und Spallanzani (soeben verstorben) eingenommen.

Der eine Übersetzer, Georges Toscan, war Bibliothekar des Museums und Teilnehmer an der Runde bei Thouin 1790, wie Faujas Mitglied in der *Société des sciences, des lettres et des arts* von Grenoble, ein Ex-Redakteur der *Décade philosophique, littéraire et politique*, und der andere, der Historiker Amaury Duval, 1794 ihr Mitbegründer. Diese Zeitung erschien im Rhythmus des revolutionären Kalenders alle zehn Tage, ein Organ der Pariser Intellektuellen und Ideologen, die die Werte der Aufklärung verteidigten und unter Napoleon in liberaler Opposition geblieben sind. Sie wurde 1807 durch Zwangsheirat mit dem *Mercure de France* mundtot gemacht, der Zeitung ihres Gegners Chateaubriand, der von einem *Génie du christianisme* gesprochen hatte. Die *Décade* berichtete häufig über Faujas, aber nach der Herausgabe Spallanzanis war damit Schluss. Ein Zerwürfnis mit Toscan und Duval wie zwanzig Jahre zuvor bei der Neuauflage von Palissy mit Gobet liegt nahe. Dafür spricht, dass Duval nach dem ersten Band ausgestiegen ist und Faujas nach dem dritten keine Bemerkungen mehr untergebracht hat.

Sie sind eine einzige Selbstdarstellung, und man lernt Faujas trotz seiner unablässigen Schwüre auf die Selbstorganisation von Fakten als einen entfesselten Phantasten des Ablaufs von Vulkanausbrüchen kennen, der ohne Sicht auf empirische Grundlagen ins Blaue hinein spekuliert. Seit Dolomieus Beobachtung eines ins Meer gelangten Lavastroms nimmt Faujas als Ursache für die Entstehung von Basaltsäulen die sehr langsame Abkühlung im Innern des Vulkans an, bei der das Caloricum entweicht. Die Säulen kristallisieren jedoch erst nach dem Ausbruch im Innern des Lavastroms, in dem die Abkühlung langsamer als an der Oberfläche erfolgt. Weil Kohlelager in ausgebrannten Vulkanen fehlen, glaubt er, der große Blasebalg Vulkan habe sie vollkommen verbrannt. Einer geläufigen neptunistischen Theorie zufolge, mit der Faujas anscheinend keine Probleme hat, waren brennende unterirdische Kohlelager verantwortlich für Vulkanausbrüche. Bei den Ausbrüchen des Stromboli, die von Explosionen, Gasen und Dämpfen begleitet werden, sieht Faujas eine Dekomposition von Wasser in brennbaren Sauerstoff und explodierenden Wasserstoff. Da die Gase jedoch aus schmelzendem Gestein entweichen, sind sie in ihrer Zusammensetzung variabel und enthalten beispielsweise Kohlendioxid, Schwefeldioxid und Methan. Meistens explodiert plötzlich hoch erhitzter Wasserdampf.

Die *Annales du Muséum d'histoire naturelle* erscheinen seit 1802. Sie werden seine Hauspostille, auf die er als Professor am *Muséum* und Mitherausgeber den Zugriff behalten wird und nicht von Cuvier behindert werden kann. Die *Annales* werden bis Nr. 20/1813 erscheinen und nach der turbulenten Zwangspause, die Napoleons Sturz begleitet, als *Mémoires du Muséum* 1815 fortgeführt. Er heißt in der Professorenliste weiterhin Faujas-Saint-Fond, seine Artikel zeichnet er jetzt wieder mit Faujas de Saint-Fond. Ab der Nummer 2 sind die *Mémoires* dem König gewidmet.

Der *Essai de Géologie ou Mémoires pour servir à l' histoire du globe*, deren erster Band 1803, der zweite wegen zweier Dienstverpflichtungen erst 1809 erschien, ist sein wissenschaftliches Vermächtnis. Die beiden Bände bieten eine Zusammenschau seiner Kenntnisse über vulkanische Mineralien, von Quarz, Feldspat und Granit, der Metalle, eine Aufstellung der seiner Meinung nach analogen fossilen Muscheln, eine Wiederholung von Reiseberichten, seiner Arbeitsweise und Theoriefeindlichkeit und stolze Erwähnung der zahlreichen wissenschaftlichen Kontakte, die Faujas brieflich und persönlich gepflegt hat. Faujas arbeitete schon Ende 1800 an dieser Kompilation seiner eigenen Veröffentlichungen und korrespondierte ergänzend, um weitere Mineralien und Fossilien mit genauen Angaben der Fundorte zu bekommen. Ein großer Teil des Materials im *Muséum* war nicht ordentlich beschriftet, und die Masse der überhasteten Requisitionen von Mineralien waren durch Transport und lieblose Lagerung wissenschaftlich zweitrangig geworden. Poëy d'Avant in Fontenay, mit dem seit langem Sammlerkontakte bestanden, bittet er um Pflanzenabdrücke in Schiefer im Tausch mit einigen Fosslien von Grignan/Drôme. Dort war er selbst gewesen, wobei ihm eine Basaltsäule den linken Fuß zerschmettert hat. Faujas hatte die Hochalpen, den Hérault, die Provence, die Drôme, die Rhône und die Côte d'Or durchfahren. Im Dezember 1796 war es um den Tausch von Doubletten gegangen, aber Faujas hatte kaum welche zur Verfügung, weil sie für die rund 100 *Écoles centrales* bestimmt gewesen waren, die 1802 von den *Lycées* abgelöst wurden.

Der evangelische Theologe und Landwirtschaftsreformer der Vogesen Johann Jakob Oberlin wird kontaktiert, ein Freund Villars, Bibliothekar in Straßburg und wie Faujas Mitarbeiter am *Magazin encyclopédique*. Auch mit Alberto Fortis muss er korrespondiert haben, denn Fortis widmet sein Werk über die Fossilien Italiens Faujas. Ihre gemeinsame Basis war die Suche nach Analogien.

Faujas ist 62, steht wissenschaftlich im Abseits und war einige Male von jüngeren Kollegen regelrecht vorgeführt worden. Mangelnde Reiselust und fehlende Feldforschung wird ihm zum schlagenden inhaltlichen Argument gegen den verhassten Cuvier, der das Analyserepertoire mitgebrachter Sammlerstücke in Paris verfeinert, Fossilien mit lebenden Arten vergleicht und aus der vergleichenden Anatomie eine geologische Wissenschaft macht. Internationale Anerkennung wird Faujas zwar zuteil, sie drückt sich wie üblich in Mitgliedschaften wissenschaftlicher

Gesellschaften aus, aber das sind bei Faujas bloße Etiketten für den Buchdeckel, die nichts über seine tatsächlichen Beziehungen aussagen. Göttingen, Berlin, Harlem, Jena, Dublin, Perth, Berlin, München, London, Wetterau werden genannt, eine Korrespondenz ist mit keiner einzigen belegt. Faujas pflegt persönliche Kontakte und macht sie in seinen Werken immer dann öffentlich, wenn sie seine Auffassungen bestätigen. Gelegentlich bettelt er um Berichte, mit denen er einen Trumpf in der Tasche zu haben glaubt, wie mit denen des amerikanischen Präsidenten Jefferson. Er sammelt die Beobachtungen anderer und präsentiert sie wie Fundstücke von Fossilien.

Neben dem Siedestein ist der Trapp ein Lieblingsthema geblieben. Trapp ist der steingewordene Ausdruck einer sehr dünnflüssigen Lava (Flutbasalt), die sich deshalb über sehr weite Strecken ausbreiten und nach vielen Ausbrüchen zu hohen Schichtfolgen auftürmen kann. Die größte Ausdehnung hat der sibirische Deckenbasalt, der vor 250 Millionen Jahren eine Fläche von zwei Millionen Quadratkilometern bedeckte und bis 3000 Meter Mächtigkeit erreichen kann. Faujas hat aus der Tatsache, dass die Laven eines Vulkanausbruchs kompakter und härter als die aus Spalten fließenden Laven des Trapp sind, allerlei umflossenes Geröll enthalten und gelegentlich durch dünne Schichten aus Quarz und Kalk voneinander getrennt sind, geschlossen, das dieser nicht vulkanischen Aktivitäten zugeordnet werden kann, weshalb er von Oberstein trotz Vorhandenseins von Porphyr, einem Vulkangestein, sagt, dies sei keine vulkanische Region. Beim Trapp konnte sich Faujas mit dem Gefühl der Überlegenheit des weitgereisten Feldforschers richtiggehend ereifern und als letzte Instanz inszenieren. Er hatte den alten Whitehurst während seiner Englandreise noch gnädig verschont, den unglücklichen Lamamon aber von der Veröffentlichung seines Werkes über das Hochtal des Champsaur abgebracht und zuletzt Brongniart und Breislack zurechtgewiesen. Aber auch da lag er falsch.

Ein neues Durchdenken findet nicht statt. Dolomieu und er seien übereinstimmend der Meinung gewesen, dass man erst noch die Fakten anwachsen lassen müsse, sie nach allen Seiten befragen soll, bis sie sich für das große Gebäude der Theorie »auf natürliche Weise von selbst an dem Platz einordnen, der ihnen bestimmt war und sich gegenseitig stützen werden« (S. 23). So bleibt alles bei der Praxis, die Buffon in der Einleitung zu seiner Naturgeschichte vor einem halben Jahrhundert als »die beste Art, Naturgeschichte zu lernen«, propagiert hat: beobachten, ordnen, definieren, bezeichnen. Daher die ewigen Klagen über ausufernde Nomenklatur, einmal mehr beim Trapp:

»Wir sind noch nicht genügend darin geübt, über diese großen Objekte nachzudenken, weil unsere Art der Unterrichtung im Studium der mineralogischen Wissenschaften zu künstlich, zu genau und auf gewisse Weise zu streng ist; dass die bis zum Exzess vervielfältigten und in Opposition zu unserer Sprache geschöpften Nomenklaturen die Wissenschaft töten statt bereichern und die Mehrheit der aufgeklärten Menschen abstoßen, die sich seit dem Verlust des großen Buffon andauernd darüber beklagen« (*Essai de Géologie,* Bd. 2, S. 278, eigene Übersetzung). Dass Geologen den Trapp »litoides« nennen und die französische Sprache bei der Beschreibung vergessen, macht ihn wütend, die Auseinandersetzung um Begriffe bleibt jedoch trotz Zornesröte völlig blutleer. Faujas kommt angesichts der Kristallographie seines Kollegen Haüy, die dieser direkt vor seinen Augen entwickelt, und Vauquelins Steinchemie nicht auf den Gedanken, dass sich hinter den unzähligen Nomenklaturen verschiedene analytische Schwerpunkte der Beschreibung von Mineralien verbergen können und bereits ein Ringen um dynamische, ihren Bildungsprozess beschreibenden Bezeichnungen jenseits von Wortfindungsstörungen im Gange ist.

Orientierungslosigkeit und Fehldiagnosen sind nicht Ergebnis ausufernder Nomenklatur, sondern umgekehrt, die Begriffsvielfalt ist Ausdruck analytischer Defizite. Auch ein französischer Begriff hätte Faujas nicht davon abgehalten, die bis zu 900 Meter hohen Decken von Flutbasalt bei Oberstein als Meeresablagerungen zu bezeichnen und die Achatentstehung in Gasblasen von Lavadecken abzulehnen. Seine peniblen Klassifikationen des Trapp haben ihn ebenfalls nicht davor bewahrt.

Im jahrzehntelangen Streit um die Herkunft der Braunkohle im Pariser Becken (*lignites du Soissonnais*), seinem einzigen Versuch, Schichtenfolgen zu rekonstruieren, gelingt Faujas eine grobe Trennung in der Analyse des Inhaltes der einzelnen Schichten nur durch eine vorschnelle Spekulation über einen der letzten katastrophalen Einbrüche des Meeres, der die Wälder umreißt, die Hölzer an bestimmten Stellen versammelt und die Vierbeiner auslöscht. Ähnliche Vorstellungen wurden von den früheren Theoretikern der Sintflut vertreten, die Katastrophentheorie hat Gemeinsamkeiten mit Cuvier. Faujas bleibt damit weit hinter der Werner'schen Schule zurück, die Schichten über weite Strecken verfolgt, also wirklich stratigraphisch arbeitet. Die Tabellen, die er für verschiedene Orte anbietet, in denen Braunkohle und Torf zu finden sind, beschreiben die Schichtfolgen, so wie sie bei einer vertikalen Brunnenbohrung sichtbar werden, nicht die Andeutung ihrer Verfolgung in der Horizontalen. Sie kommt ihm erst gar nicht den Sinn (Bd. 1, S. 414).

1805-1807: Italien und darüber hinaus

Am 2.12.1804 lässt sich Napoleon in Nôtre Dame vom Papst nach dem traditionellem Ritual der Bourbonen salben, zum erblichen Kaiser krönen und setzt sich die Krone selber auf. Am 26.5.1805 folgt die Krönung zum König von Italien im Dom zu Mailand, nachdem er Ligurien mit Genua annektiert und die Republik Lucca zu einem Fürstentum für seine Schwester Elisa gemacht hatte. Ab 29. Juni inspiziert er eine Woche lang die Hafenanlagen, Schiffe und Arsenale Genuas und ist am 11.7. zurück in Paris. In der Folge dieser Ereignisse ist Faujas mit seinem jungen Freund, Conte Guiseppe Marzari-Pencati aus Vicenza (1779-1836), zu einer Reise nach Italien aufgebrochen. Ob aus freien Stücken oder dienstverpflichtet wird zu klären sein.

Marzari hat Faujas schon als Kind in einer Theaterloge in Paris kennengelernt. Er studierte Botanik in Padua und Vicenza und Chemie und Mineralogie bei dem Neptunisten Nicolò Da Rio, landete 1802 bei Faujas in Paris und hörte auch Vorlesungen von Cuvier und Haüy. Dann tourte er die erloschenen Vulkane des Zentralmassivs und das Haute-Loire-Gebiet und zusammen mit Hassenfratz die Tarantaise am Oberlauf der Isère. Im Mai 1804 waren Faujas und Marzari Pencati schon einmal zusammen in der Auvergne und im September im Vivarais. Sein Mentor Faujas war für ihn ein Mensch von grenzenloser Güte, erfahren, lebhaft und präzise im Erfassen geologischer Verhältnisse. So charakterisiert er ihn in der kleinen Schrift eines von ihm entwickelten Tachigoniometers, eines Gerätes zur Winkelmessung. Nur dort wird von einem für die Einschätzung des Zwecks der Reise so wichtigen Aufenthalt Faujas' in Mailand gesprochen, wobei Marzari einen verschwörerischen Ton anschlägt.

Gleich zu Beginn der vorgeblich wissenschaftlichen Unternehmung gibt es einige Merkwürdigkeiten, die mit zunehmender Dauer zu einem ansehnlichen Durcheinander von Reisedaten und unterschlagenen Zwecken anwachsen. Faujas muss aus seinen Auslandseinsätzen im staatlichen Auftrag den Schluss gezogen haben, sich nicht mehr aus dem Fenster zu hängen und alle Spuren zu verwischen, die nicht mit geologischen Fragestellungen zu tun haben. Aber er war nicht vorsichtig genug und hinterließ Spuren des Mineninspektors Faujas, der in die Kriegsführung eingebunden ist, und des Geologen, der als Spion von Truppenbewegungen in Betracht kommt. Mit Hilfe von Marzari und anderen unfreiwilligen Zeugen können verdächtige Indizien für einen Auftragseinsatz den strategischen und taktischen Intentionen Napoleons zugeordnet werden.

Marzari hat den Beginn dieser Reise in ihrer Abfolge genau beschrieben, so dass es möglich wird, sie zu rekonstruieren und die teils fraglichen Zeitangaben in den weit verstreuten Veröffentlichungen Faujas zu überprüfen, die wie ein schlecht geschnittenes Puzzle zusammengefügt werden müssen. Die beiden hatten eine Italienreise anscheinend nicht geplant und waren erst durch das Auftauchen eines Mineningenieurs in ihrem Sommersitz in Loriol gezwungen, ihre Pläne zu ändern. Für eine solche Annahme spricht vor allem die zeitliche Verzögerung bei der Herausgabe des zweiten Bandes des *Essai de Géologie*, der erst 1809 erscheinen wird, obwohl Faujas das ganze Jahr 1804 hindurch die kurz bevorstehende Publikation angekündigt hatte, u.a. gegenüber Werner und Jefferson. Cuvier war sich dessen so sicher, dass er 1804 in einem Artikel über die Tapire in den *Annales* aus dem noch gar nicht erschienen Band mit genauer Seitenangabe zitiert. Seine Seitenangabe stimmt nicht mit der Ausgabe von 1809 überein, weil Faujas den Band nach seiner Italienreise gründlich überarbeitet und ergänzt hat.

Die Domäne Saint Fond muss in der Hitze des Sommers eine baumbestandene Idylle gewesen sein. Im Garten hatte Faujas inmitten eines Teiches eine Statue des vor vier Jahren verstorbenen Dolomieu mit der Inschrift »*A Dolomieu, mon Disciple, mon Maître, et mon Ami*« errichten lassen. Ein kleiner Bach bewässert das von exotischen Pflanzen bewachsene Gelände. Von hier aus machen sie im Juli in der Umgebung von Loriol in Begleitung von Valeriane Boisset und der Tochter Faujas' kleinere Ausflüge. Sie überqueren die Rhône mit einer Fähre (*Traille*), die von 24 Pferden an einem Seil gezogen wird, und Faujas zeigt Marzari die eisenhaltigen Haematitvorkommen von La Voulte und Laven des Rompon. Da taucht am 29.7. der Mineningenieur Louis-Étienne Héricart de Thury (1776-1854) wie der Blitz aus heiterem Himmel auf, und verschwindet wenige Tage später ohne nähere Erklärungen Marzaris ins *Vercors* nördlich von Die. Direkt danach sind immer noch keine Zeichen eines Aufbruchs zu einer weiten Reise auszumachen. Den ganzen August hindurch werden Freunde in Villeneuve-de-Berg, Aubenas und eine alte Geliebte Faujas' bei Montélimar besucht und basaltische Strukturen in der Auvergne besichtigt.

Erst im September bewegen sich Marzari und Faujas allmählich Richtung Italien. Am 2.9. geht es über Orange nach Avignon, und Marzari lässt sich Zeit für einen Abstecher nach Sorgues und die Fontaines de Vaucluse. Am 5.9. fahren beide nach Marseille und sind am 14.9. in Aix. Sie machen Ausflüge in die Gipssteinbrüche und zum erloschenen Vulkan von Beaulieu, finden freundliche Aufnahme im Schloss und gut erhaltene Fischfossilien.

Ab jetzt werden genaue Reisedaten für ein Bewegungsprofil unumgänglich, weil es eklatante Widersprüche zwischen den Angaben Faujas' und denen Marzaris gibt. Nach Marzari sind die nächsten Stationen am 18.9. Brignoles, wo sie zu Mittag essen und Le Luc, wo sie übernachten, sie erreichen Frejus am 20.9, besuchen Grasse und passieren den Esterel nach Cannes, und sind am 22.9. in Nizza, wo sie mit dem Naturhistoriker und Advokaten Mars und dem Professor für Botanik, Risso Farmacopola, die Umgebung durchstreifen. Am 27.9. verlassen sie Nizza und erreichen abends über Monaco und Menton Ventimiglia und sind schließlich am 3. Oktober in Genua. Hier endet der verlässliche Bericht von Marzari, der im Stil eines ausgearbeiteten Tagebuches abgefasst ist. Danach verteilen sich die Reisenachrichten auf verschiedene Veröffentlichungen und Briefe Faujas', liegen Teile des Weges im Zwielicht widersprüchlicher oder fehlender Zeitangaben, und Orte verschwinden nach Zielankündigung.

Faujas will erst zwei Tage später aus Nizza abgereist sein, und er nennt für Genua kein Ankunftsdatum. Er wird Einzelheiten schildern, wie sie die Kutsche nach Genua eingeschifft haben, mit Leihmulis zu Fuß über unglaublich schlechte Wege gegangen sind und in dreckigen Gasthäusern mit dreckigen Wirten nächtigten. Faujas misst dem Zustand der Wege große Bedeutung bei, so als wollte er prüfen, ob sie für den Verkehr ins gerade französisch gewordene Ligurien hergerichtet werden könnten. Die Wegeverhältnisse waren ein großes Hindernis bei der Kontrolle über Napoleons Königreich Italien, weshalb die Simplonstraße schon 1807 fertig gestellt mit dem Bau eines Stollens zwischen Coni und Nizza für eine direkte Verbindung nach Turin begonnen wurde. Auch eine Küstenstraße war vorgesehen, sie konnte jedoch unter Napoleon nicht mehr verwirklicht werden.

Eine weitere Auffälligkeit: Faujas bringt hier in der Beschreibung der Reise von Nizza nach Imperia den Bibliothekar der berühmten *Biblioteca Ambrosiana* in Mailand, Abbé Carlo Amoretti, unter, von dem er Lava zur Herstellung von schwarzem Glas bekommen hat, und unterschlägt, dass er ihn wahrscheinlich in Mailand getroffen hat, wo Amoretti Mitglied der *Società Patriotica* war und wenig später in das Vorbereitungkomitee für das Bergbaukollegium, den *Consiglio delle miniere*, berufen wird.

Von Genua aus unternehmen Faujas und Marzari eine Exkursion mit dem aus einer der reichsten Familien Genuas stammenden Insektenspezialisten Maximilien Spinola und dem Botaniker Viviani zu den Magnesiumsulfatbrüchen von Sestri. Deren Betreiber Alberto Ansaldo führt sie von da aus zu Fuß weiter durch die Schlucht des Charavagna hinauf zum Monte Ramazzo. Magnesiumsulfat (Bittersalz) wurde als Abführmittel und zum Beizen verwendet. Beim Magnesiumsulfatabbau in Sestri waren zwölf Arbeiter beschäftigt, die rund zehn Tonnen pro Jahr förderten, wofür Ansaldo mehrere Verdienstmedaillen einheimste und ab 1810 von einer Erhöhung des Zolls von rund sechs auf sechzehn Francs den Zentner profitierte. Faujas bemerkt mangelnde Sicherheitsvorkehrungen in der Mine und korrigiert eine in Genua veröffentlichte Karte, die in die Irre führen könnte. In seinem Nachlass fanden sich die berühmten Militärkarten von Napoleons Topographen Bacler d'Albe. Wie wichtig für ihn die Glasherstellung aus vulkanischem Material geworden war, zeigt sein Interesse an Variolithen, die man heute als Variolen bezeichnet, kugelige glasige Aggregate aus vulkanischen Silikaten.

Ein rabenschwarzer Schatten fällt auf Faujas' Glaubwürdigkeit mit seinem in den *Annales* veröffentlichten Brief an Lacépède über fossile Fische im Golf von La Spezia und im Meer von Genua. Er will ihn am 20.8.1805 in Genua geschrieben haben. Das ist nach den genauen Angaben bei Marzari und der von Faujas genannten Abreise aus Nizza ganz unmöglich. Nach der Schilderung Marzaris war das Ankunftsdatum in Genua der 3.10.1805, also mehr als sieben Wochen später. Faujas behauptet sogar, er sei schon acht Tage vorher in Genua angekommen, habe die Fahrt mit dem Wagen von Nizza über die Corniche auf den schlechtesten Wegen, die er jemals gefahren sei, in vier Tagen gemacht und oft zu Fuß. Nach Marzari hatten sie dafür sieben Tage gebraucht (27.9.-3.10.). Was stimmt nun? War Faujas am 20.8. mit Marzari noch in Rochessauve bei Montélimar oder schon seit acht Tagen in Genua? Der Widerspruch kann kein Versehen sein, und ein Druckfehler ist unwahrscheinlich. Der Setzer hätte den 3. Oktober zum 20. August machen müssen.

Der Adressat Lacépède war wie Faujas ein früher Mitarbeiter Buffons. Es ist nicht das erste Mal, dass sie wegen fossiler Fische miteinander zu tun hatten (s. *Annales* T. 5, 1804). Seit 1803 war der Ichthyologe Bernard de Lacépède nicht mehr Lehrer am *Muséum*, sondern nach Fertigstellung seines voluminösen Werkes über Fische als Mitglied des Senats und *Grand Chancellier de Légion d'Honneur* eine wichtige öffentliche Person mit direktem Draht zu Napoleon. Das wusste Faujas.

Das Ankunftsdatum in Genua wurde von Faujas gefälscht, daran besteht kein Zweifel. Warum? Die seltsame Begleitung durch den Mineningenieur de Thury, der spätestens am 29.7.1805 in Loriol aufgetaucht war und bald wieder verschwand, ohne dass Gründe für sein Auftauchen und für sein Verschwinden erkennbar wären, kann einen Hinweis geben. Napoleon könnte Faujas nach der Annexion Liguriens im Juni und der Inspektion der Marine und der Hafenanlagen Genuas Ende Juni Instruktionen erteilt haben, die seinen Plänen zuwider liefen und die Herausgabe des 2. Bandes des *Essai de Géologie* verhinderten, abgesehen von persönlichen Aversionen gegen Napoleon nach der Arretierung seines Sohnes Alexandre Aymar. Faujas war auf Napoleon schon seit dem Staatsstreich vom 18. *fructidor* (4.9.1797), den er durch Vermittlungsversuche zwischen den Putschisten und den Royalisten verhindern wollte, nicht gut zu sprechen gewesen und mit dessen Kaiserpomp schon gar nicht. Man darf Faujas wegen der gefälschten Reisedaten eine Art passiven Widerstand gegen einen vermuteten Geheimauftrag unterstellen, der erst im weiteren Verlauf konkreter fassbar wird. Zwei Wochen von Loriol bis Genua wären ihm wohl zugestanden worden, aber nicht mehr als zwei Monate.

Von Genua nach Vicenza 1805/ 1806

Nach seiner Darstellung hat ihn Viviani in Genua überallhin begleitet, u.a. zum Comte IIppolito Durazzo in dessen zauberhaften Garten in Zerbino, dessen Bruder in Cornigliano eine weitgefächerte naturhistorische Sammlung zusammengetragen hat. Viviani war kurz vor Faujas' Ankunft von Napoleon zum Professor für Botanik bei der imperialen Neugründung der Universität von Genua gemacht worden. Faujas trieb sich auf den Märkten Genuas herum, um die örtlichen Benennungen der Fische zu erfahren, die er angeblich brauchte, um den Fossilien analoge Fische zu besorgen. Viviani hatte eine ihm hilfreiche vergleichende Nomenklatur auf Italienisch, Genuesisch und Latein zur Verfügung gestellt, die er kurz danach als Katalog der Fische im Golf von Genua veröffentlichen wird. Faujas wollte in einigen Tagen nach Mantua aufbrechen, schrieb er an Lacépède, und nach Ankunft in Venetien die wertvolle Sammlung des Abbé Stephano Chereghin inspizieren, der seit mehr als 40 Jahren Fische der Adria gesammelt und vermessen hat. Er hoffe, davon aus Chiosa berichten zu können (heute Chiogga, 20 km südlich von Venedig).

Erst sechs Wochen nach Genua gibt es den ersten Hinweis, dass Faujas in Vicenza, der Heimat Marzari-Pencatis, angekommen ist. Es ist der 16.11.1805. An diesem Tag muss Faujas mit Marzari in Traito (Valle Cossagente) bei Vicenca gewesen sein und hat Temperaturen in einer Kaolinmine gemessen, Grundstoff für Porzellan. Faujas hat als alter Mann in einem von Humbert-Bazile veröffentlichten Reisetagebuch aus der Erinnerung des Jahres 1814 oder später, für diesen Besuch das Jahr 1780 genannt. Da wäre Marzari ein Jahr alt gewesen. Der senile Gascogner konnte seine Lügen wohl nicht mehr richtig steuern.

Am 19.11.1805 ist Faujas mit Conte Pietro Bissari (1767-1820) in der Gegend von Montecchio-Maggiore unterwegs, 15 km von Vicenza. Dieser Graf aus uraltem Adel hat den Untergang der Republik Venedig 1797 freudig begrüßt, ist Agitator für die Verbesserung der Landwirtschaft und der Artillerie. Unter Napoleon wurde er Direktor der Waffenfabrik in Lovere am Iseo-See in der Nähe von Bergamo und Präfekt. Wer hat das Treffen arrangiert? Es erhärtet den Verdacht, Faujas sei in Napoleons Kriegsmaschinerie verwickelt gewesen. Vier Wochen später lässt Faujas bei Montecchio-Maggiore graben und findet eine verkohlte Palme.

Seit 1. Januar 1806 ist der republikanische Kalender abgeschafft. Am 13.1. schreibt Faujas aus Padua einen Brief an seine Kollegen im Muséum. Es sei sein 5. Brief, sagt er. Er beschwert sich darüber, dass er noch keinerlei Antwort erhalten habe und fürchtet, dass alle seine Briefe vielleicht nicht angekommen seien, da seine Verwandten von sechs Briefen nur zwei erhalten hätten. In den neuen Ländern sei die *post civile* noch nicht gut organisiert, die *poste militaire* arbeite genauer, aber die gäbe es nicht überall. Er sei froh, dass er hier von einer profitiere – als Privatmann? Dann berichtet er vom Monte Baldo am Gardasee, von dessen riesigem Fischfriedhof und reichhaltigen Pflanzenfunden und von einem *Exposé*, das er zur Veröffentlichung in den *Annales* an die Administration geschickt habe. Er kündigt noch einmal seinen sehr baldigen Besuch in Chiosa an. Das Kabinett der Universität von Padua enthalte eine reichhaltige Sammlung von Laven der Umgebung und der Berge, und er wolle Paduas Umgebung mit dem Mineralogen Comte Da Riò und dem Anatomie- und Pharmazieprofessor Salvatore Mandruzzato durchstreifen, der sehr genau über die Thermalquellen von Abano Bescheid wisse. Mandruzzato hatte einem Werk über die Thermen von Montegrotto ein Aquarell beigefügt, das die damals noch weitgehend unzerstörte römische Therme mit angeschlossenem Theater zeigt. Diese Tour in die *Colli Euganei* hat Faujas tatsächlich unternommen (*Essai de Géologie*, Bd. 2, S. 473). Beim Grafen Paul de Castro, der Chemie und Physik betreibe, habe er einen Eudiometer (einseitig geschlossenes Glasrohr zur Messung von Gasen) und schöne galvanische Apparate gesehen. Für Cuvier hat er die Mitteilung, dass es im naturhistorischen Kabinett des Monsieur einen hervorragenden versteinerten Zahn von »*lintognitum da Symore*« (?) gebe, der größte Zahn, den er jemals zu Gesicht bekommen habe (gemeint ist sicher »*incognitum*« vom russischen Fluss Symorya. Mit *incognitum* bezeichneten die Wissenschaftler die fossilen Funde des »unbekannten« Mammut). Auch Mollusken vergisst er nicht, will sich aber erst dann genauer äußern, wenn er Venedig und die benachbarten Inseln evaluiert hat.

Falls es das Wetter und die Jahreszeit erlaubten, wolle er eine geologische Reise nach Istrien unternehmen und dort auch die Bergwerke besuchen. Wahrscheinlich dachte er an die Quecksilberminen in Idria/Krain, die Bergbaustadt Labin im Südosten Istriens und die Marmor- und Kalksteinbrüche, aus deren Steine Aquilea und Teile Venedigs erbaut sind. Er habe zwei Kisten mit Mineralien nach Mailand geschickt, darunter roten Zeolith aus Tirol und aus dem Tal des Zuccanti, die von Fourcroy und Vauquilin (sic!) analysiert werden sollen. In Padua habe er den Prinz Eugène besuchen können und mit ihm diniert, und dieser habe ihm alle Erleichterungen zugesagt, die für den Erfolg seiner Reise nützlich seien und ihre naturhistorische Sammlung vergrößern könnten.

War das ein Arbeitsessen? Davon ist auszugehen. Obwohl Faujas Marzari nicht erwähnt, dürfte er dabei gewesen sein. Es ist kaum denkbar, dass die von Beauharnais ins Leben gerufene Kommission zur

Gründung einer Bergbaubehörde bei den Gesprächen nicht eine wichtige, wenn nicht die entscheidende Rolle gespielt hat. Marzari kannte Beauharnais aus Paris, wo er 1803 über den Garten seiner Mutter und Frau Napoleons, Josephine Beauharnais, eine botanische Notiz publiziert hatte.

Faujas wird bis Ende Februar 1806 Gast in Vicenza sein. Wie ging es weiter? Außer einer Bemerkung in den *Annales T. 19* von 1812, dass er die Glasmanufakturen von Venedig unter die Lupe genommen hat, gibt es keine Nachrichten mehr. Als eine Station auf der Rückreise käme Genua in Frage, wo seit Februar Daniel Lescallier Marinepräfekt geworden war, mit dem er schon 1783 wegen des Pouzzolan in Verbindung gestanden hatte, und der ihm aus Guadeloupe in Sternkorallen eingeschlossene Muscheln hatte zukommen lassen. Es ist nicht einmal sicher, wann Faujas wieder in Paris gewesen ist. Wenn es stimmt, dass er seine Anwort auf den Brief des alten Militärs aus Korsika, Rampasse, über den Aufsehen erregenden Kugelgranit im Mai 1806 verfasst hat, wird er spätestens da wieder in Paris zurück gewesen sein. Sein Freund Marzari fuhr ohne ihn nach Tirol, wo er sich die Untersuchung von Felsformationen konzentrierte und ihm aus Innsbruck schrieb.

Nach diesen Daten war die Reise eine rein wissenschaftliche Unternehmung. Wir erfahren kein Wort darüber, dass Krieg herrschte. Hat er wirklich ohne Faujas stattgefunden?

Der Geologe im Krieg

Das expansive Vorgehen Napoleons hatte seine Gegner in einer sogenannten 3. Koalition zusammengeführt: England, Österreich, Russland und Schweden. Am 11.8.1805 hatte der Zar mit London einen Bündnisvertrag unterzeichnet. Zwei Wochen später setzte sich Napoleons Armee von Boulogne aus, wo sie sich auf die Invasion Englands vorbereiten sollte, mit 150000 Mann zum Rhein in Bewegung. Am 20. Oktober wurde Villeneuve in der Schlacht von Trafalgar von Nelsons Geschwader vernichtet. Im November 1805 war Faujas in seinem Refugium bei Vicenza von Schlachtengetümmel umgeben, das mit dem Sieg der Generale Massena und Molitor über Erzherzog Karl in Caldiero bei Verona endete. Napoleon war am 14.11. in Wien. Anschließend besichtigte er das zukünftige Schlachtfeld von Austerlitz in Mähren und schlug sein Quartier in Brünn auf. Er sah sich wegen der völlig erschöpften Staatsfinanzen gezwungen, die von der Revolution abgeschafften indirekten Steuern wieder einzuführen, und im Süden und Westen Frankreichs wurden royalistische Verschwörungen von Fouché enttarnt, der einige Agenten hinrichten ließ.

Nach dem Sieg bei Austerlitz in Mähren über die österreichischen und russischen Truppen am 2.12.1805 war Napoleon darauf bedacht, die dritte Koaltion zu sprengen, Österreich zu neutralisieren und Russland aus dem Spiel zu nehmen, weshalb er Ungarn von Massenaushebungen verschonte und zusicherte, keine Aufstände zu inszenieren, und in Böhmen keine außergewöhnlichen Einberufungen vorzunehmen. Böhmen war während der Truppenbewegungen um die Schlacht bei Austerlitz von französischen Verbänden, dem 1. Korps Bernadotte, vor allem aber von den befreundeten russischen schwer getroffen worden, die bei ihrem Rückzug brandschatzend und vergewaltigend durch die Dörfer zogen. Seine reichen Erzvorkommen lagen greifbar nahe, aber Napoleon versuchte, zwischen Österreich und Preußen einen Keil zu treiben und ließ das Beutegut unangestastet. Zunächst mit Erfolg. Seit Sommer 1806 drohte Krieg nur mit Preußen, der im Oktober voll entbrannte und mit der Niederlage Preußens bei Jena und Auerstädt endete. Nun glaubte Napoleon, zum großen Schlag gegen England ausholen zu können und rief am 21.11.1806 in Berlin die Kontinentalsperre aus. Damit hat er sich zum Gefangenen eines weltweiten Handelskrieges gemacht, den er verlieren wird.

Tirol war seit dem 21.11.1805 von französischen Truppen besetzt, die wenig später nach dem Frieden von Preßburg von den mit Napoleon verbündeten bayerischen Truppen abgelöst wurden. Bayern war nun Königreich von Napoleons Gnaden. Am 13.1.1806 fand in München die Hochzeit zwischen Eugène de Beauharnais und Augusta, der Tocher des bayerischen Königs Maximilian im Beisein Napoleons statt. Da war Faujas in Padua und berichtete von einem Essen mit dem Vizekönig Italiens, Beauharnais.

Als Marzari, und wahrscheinlich ohne Faujas, 1806 nach Tirol gefahren war, dann jedenfalls nicht mehr in Feindesland, sondern ins mit Napoleon verbündete Bayern, das Tirol, Brixen und Trient erhalten hatte. Für Faujas' Reisen nach Kärnten und in die Steiermark, ev. Böhmen, galten ganz andere Voraussetzungen.

Faujas lässt in *Essai de Géologie* (Bd. 2, S. 645) die Bemerkung fallen, er sei erst am 27.11.1807 wieder in Paris gewesen, um die Analyseergebnisse Vauquelins zu erfahren. Er habe eine sorgfältige Analyse seiner Funde in Italien auf seiner langen Reise, zu der er in diesem Zeitraum verpflichtet gewesen sei, nicht vornehmen können. Das hat mich stutzig gemacht, denn das kann eigentlich nur bedeuten, dass er in offiziellem Auftrag und dienstverpflichtet unterwegs gewesen war und mehr zu erledigen gehabt hat als die wissenschaftliche Einordnung von fossilen Fischen. Er war an Orten wichtiger Entscheidungen, die er in seinen Berichten nicht erwähnt, aber es sind Spuren zu finden, die, aufmerksam gelesen, ins Gestrüpp napoleonischer Militärstrategie führen und mehrere Hypothesen einer Verstrickung erlauben.

1. Möglichkeit: Aufbau des consiglio delle miniere *(Bergbaukommission)*

Zeitlich fällt die Reise exakt mit der Initiierung eines *consiglio delle miniere* zusammen. Das Dekret für die Vorbereitungskommission einer Bergbaubehörde durch Eugène Beauharnais datiert vom 8.11.1805. Faujas könnte damals in Mailand gewesen sein, da er Genua im Verlauf des Oktober verlassen hat. Er schrieb zwar aus Genua an Lacépède, er werde nach Mantua aufbrechen, aber das sollte man bei dem Revolutionär und Überlebenden des Terrors, dem erfahrenen Requisiteur, dem in direktoriale Intrigen verwickelten Politiker und dem Spion in Deutschland nicht für bare Münze nehmen, wenn er in geheimem Auftrag zu agieren hatte oder zur eigenen Sicherheit den wissenschaftlichen Schein zu wahren suchte. Er konnte ohne weiteres über Mailand nach Mantua gefahren sein.

Die Liste der Ernannten für das Vorbereitungskomite der Bergbaubehörde aus Naturwissenschaftlern jeder Provenienz ist ein Zeugnis für den Mangel an Spezialisten und deckt einige Verbindungen zu Faujas auf: Pietro Moscati (1739-1824) war Arzt in Mailand und hatte 1770 »*Lettera ad un amico*« veröffentlicht, in dem er die Frage stellte, ob der Mensch dazu gemacht sei, auf zwei Beinen zu gehen. Er kam zum Schluss, eher auf vier. Für die Fragestellung begeisterten sich Kant und La Méthrie; der Botaniker Luigi Castiglioni (geb. 1756) hatte einige

Jahre in Virginia verbracht; Giuseppe Cautieri (1769-1833) war Arzt und Neptunist, später Generalinspektor der Forsten des Königreiches Italien und korrespondierte mit Goethe; Padre Ermenegildo Pini (1739-1825) war als Professor für Naturgeschichte in Mailand Autor mehrerer mineralogischer Werke über den Gotthard und verschiedene Regionen Italiens; Antonio Porati (1742-1819), ein Pharmazeut aus Mailand war mit Faujas' Schüler Giovanni Valentino Fabbroni befreundet; Pellegrino Salvigni (1779-1841) war Professor für Chemie in Bologna, Direktor der bischöflichen Münze, Mitbegründer des naturhistorischen Museums in Florenz und Explorateur von Kohleminen. Giovanni Maironi da Ponte (1733-1833) unterrichtete am Lyceum und schlug sich noch wie Pini mit Sintfluttheorien herum und war in der geologischen Feldpraxis stark von Faujas beeinflust. Und Faujas' Freund Carlo Amoretti aus Mailand, über den schon berichtet wurde.

Nach Faujas' Abreise aus Italien wurden seine Freunde Marzari und die schon an der Vorbereitungskommission beteiligten Isimbardi und Brocchi Mitglieder des am 9.8.1808 gegründeten *consiglio delle miniere*. Der Mailänder Patrizier und Sammler fossiler Knochen Carlo Innocenzo Isimbardi (1767-1824) war später Chef der Mailänder Münze und Generaldirektor für die Zechen des Königreiches Italien. Giambattista Brocchi (1772-1826) wurde Curator des 1809 gegründeten Mailänder Museums für Naturgeschichte (*Museo Reale*), das auf der Sammlung von Guiseppe Cortesi aus Piacenza aufbaute. Cortesi hatte sich geweigert, seine Sammlung auf Wunsch Cuviers nach Paris zu verkaufen. Nach langen Verhandlungen kaufte sie das Königreich Italien. Faujas hat Cortesi eine ganze Reihe der von ihm als Doubletten bezeichneten Schnecken abgeluchst, sogar einige Unikate eingeheimst und von »nobler Teilung« gesprochen, angesichts der Begleitumstände die gemeine Umschreibung einer Nötigung.

Der *consiglio delle miniere* war als Schaltstelle zur Beschaffung von Ressourcen für die napoleonische Kriegsführung konzipiert, die letztlich von Paris aus gesteuert und überwacht wurde. Ein Jahr nach Gründung der Vorbereitungskommission, am 12.12.1806, hatte Napoleon in Posen ein Dekret für die endgültige Organisation des *Corpo delle Miniere* erlassen, den er Militärdepartements zuordnete, und die aktuelle Zahl der Ingenieure erhöht. Drei italienischen Ingenieuren wurde ein *Capo* vorgesetzt, der Franzose zu sein hatte. Deren Leiter wurde der frühere Schüler und spätere Nachfolger Faujas' auf dem Lehrstuhl für Geologie, Cordier, der seit 1801 für den Teilabschnitt ab Brig für die 1807 fertiggestellte Militärstraße über den Simplon verantwortlich gewesen war und seit 1804 als Lehrer an der *école des mines* von Pesey am Montblanc unterrichtete. Die Bevölkerung war gegen den Bau der Straße und weigerte sich, die Arbeiter mit Proviant und Materialien zu versorgen.

Der *Consiglio* war seit Napoleons Posener Dekret keine Spielwiese für Wissenschaftler verschiedener Couleur mehr, sondern ein Instrument der Kriegsführung. Er war mit dem *Conseil des mines* in Paris regelrecht verzahnt, und es kann kein Zufall sein, wenn dort Leute plaziert wurden, die über Faujas mit der *École des mines* verbunden und zum Teil seine Freunde waren. Die Ingenieure mussten von jeder Inspektionsreise eine Kopie ihrer Berichte nach Paris schicken. Bis auf drei Berichte an zwei Bergwerksbetreiber sind sie verloren gegangen, und diese sind nur noch im *Fonds ancien* der Bibliothek der *École des mines* zu finden. Sie hätten Aufschluss über die Aktivitäten des Bergwerkinspektors Faujas in Italien geben können. Wahrscheinlich sind die Dokumente nach oder noch vor der Niederlage Napoleons 1814 vernichtet worden, wie das auch für zahlreiche Akten in Paris der Fall gewesen war. Oder sie sind deshalb verschwunden, weil der *Consiglio* als napoleonisches Kriegsinstrument von den Siegern aufgelöst worden war.

2. *Möglichkeit: Militärspion*

Der Verdacht eines Einsatzes als Spion drängt sich auf, weil Faujas den Eindruck erweckt, es herrsche Friede und er passiere keine Städte des Aufruhrs oder reise nicht in einem Land permanenter Mobilmachung und schmerzhafter Kontributionen. Proben von Kohle und eisenhaltigen Gesteins aus Oberitalien, Bemerkungen über Fahrten nach Kärnten und in die Steiermark, Ankündigungen von Besuchen der Bergwerke von Istrien, die in der Eloge von Freycinet erwähnte Reise in das an Bergwerken reiche Böhmen legen nahe, dass Faujas in den operativen Teil der Kriegsführung Napoleons eingebunden war. Es gibt wenige beziehungslose Indizien, isolierte Fußabdrücke im Gestrüpp der Desinformationen und einige verblüffende Details, die einen eventuellen Auftrag auf wenige plausible Möglichkeiten beschränken.

Napoleon war ein Meister der Nachrichtenbeschaffung. »Ein Spion am rechten Ort ersetzt zwanzigtausend Mann an der Front.« Einer dieser Spione war »in der Farbe eines Reisenden« unterwegs, wie er es in allen Einzelheiten in einem glücklicherweise erhaltenen Brief an den Kriegsminister Marschall Berthier zur Verwendung des Adjudanten Romieu erläuterte. Dieser habe sich auf schnellstem Wege nach Konstanz zu begeben, von da nach Lindau und in alle österreichischen Besitzungen in Schwaben. Er solle die exakten Truppenstärken und die Namen der Generäle festhalten. Dann weiter nach Innsbruck, Botzen, Villach, Klagenfurt, Gratz, Laibach, Goritz und Triest. Dabei habe er die Truppenbewegungen der letzten drei Monate und der zukünftigen aus umlaufenden Gerüchten in regelmäßigen Berichten an die französischen Minister in der Schweiz und in München und an den kommandierenden General in Verona zu melden. Falls er bemerkenswerte

Truppenbewegungen von mehr als dreißigtausend Mann feststelle, müsse er sich eines Sonderkuriers bedienen. Er müsse unbedingt für absolute Diskretion sorgen und sich immer daran erinnern, dass er nur zum Vergnügen reise.

Eine Möglichkeit für einen entsprechenden Einsatz Faujas' in der Farbe eines Geologen kommt in Briefen zur Sprache, die Napoleon im Januar 1806 geschrieben hat, als Faujas noch mit Marzari unterwegs war. Napoleon hatte vor, Eichstätt nordwestlich von Ingoldstadt zu besetzen, und benötigte Ingenieure, die die Wegeverhältnisse auf dem linken Donauufer von Passau, wo der Inn in die Donau mündet, bis zum Eichstätter Gebiet erkunden sollten. Vor allem, so sieht er es bereits, könnten diese Kenntnisse sehr nützlich für Böhmen sein. Nebenbei sollte Braunau am Inn durch Öffnen der Schleusen zerstört werden. Napoleon wusste genau, dass Böhmen wegen seines gebirgigen Charakters am besten von der Donau aus zu besetzen ist. Wenn Faujas mit dieser Erkundungsfahrt beauftragt gewesen sein sollte, gäbe es den gesuchten Grund, nach Böhmen gelangt zu sein, und auch eine Erklärung dafür, dass Faujas von dieser Reise keinerlei Berichte abgeliefert hat.

Andere Erkundungsaufträge Napoleons betrafen die Verteidigungsanlagen von Genua, die Gründe für die Nichtbewaffnung der Genueser, die ja Franzosen geworden waren, und die Arsenale in Tirol. In Genua war Lescallier, ein Verfechter des Pouzzolan, seit Februar 1806 für den Hafen verantwortlich und versenkte tausende Ecu ohne Effekt ins Hafenbecken, wie Napoleon im März in einem Brief an Beauharnais beklagte und diesen davor warnte, in Venedig mit ähnlichen teuren Unterwasserbauten Geld zu verschwenden.

Schon auf der Reise des Jungvermälten Beauharnais von München durch Tirol hatte sich Napoleon beschwert, dass er ihm vom Zustand des Landes nicht berichtet habe (4.2.1806). Kaum war der Vizekönig Beauharnais in Mailand angekommen verlangte Napoleon Ingenieure, Geographen und *Officiers de génie* (Pioniere) zur Erkundung der Straßenverhältnisse und zum Erstellen von Karten in Dalmatien, das kurz zuvor im Frieden von Preßburg von Österreich an Frankreich abgetreten worden war (9.3.). Beauharnais musste ihm mitteilen, dass kaum Ingenieure vorhanden seien. Aber am 14.3. meldete er, dass die Ingenieure schon vor zwölf Tagen nach Dalmatien abgereist waren. Napoleon beschwerte sich nun bei Beauharnais, dass er Leute nach Dalmatien geschickt habe, die ihm Schwierigkeiten bereiten könnten.

Gehörte Faujas zu diesen eventuell schädlichen Leuten, die nach Dalmatien geschickt wurden? Das wäre möglich, zumindesten bis Istrien, und schädlich, weil Napoleon Faujas' Sohn Alexandre Aymar kurz zuvor als Kurier aus Gouadeloupe gedemütigt hatte. Der Brief aus Padua an seine Kollegen im *Muséum*, er wolle, falls es das Wetter erlaube, in Istrien geologische Untersuchungen anstellen und die Minen besuchen, spricht für einen solchen Einsatz. Er könnte sogar mit Beauharnais unterwegs gewesen sein, der am 2.5.1806 von einer Inspektionsreise aus Istrien zurückgekehrt war und darüber Napoleon in einem Brief aus Palmanova bei Udine berichtete.

Warscheinlicher ist jedoch ein Einsatz in Kärnten und in der Steiermark. Am 11.4. meldete Beauharnais, dass er nun Berichte über österreichische Truppenstärken am Isonzo, in Triest und auch aus Kärnten und der Steiermark habe, nur von Klagenfurt fehlten sie noch. Faujas war nach seinen eigenen Angaben in Kärnten und in der Steiermark. Im 2. Band seines *Essai de Géologie* (S. 276) beschreibt er einen tiefen Taleinschnitt, der von Gemona (Friaul) über Villach bis nach Klagenfurth führt, so als ob er diese Straße selbst gefahren sei. Sie ist eine der drei Einfallstore, die Napoleon für die Verteidigung von Udine im Visier hatte und die durch Befestigungen gesichert werden sollten. Da Faujas keine weiteren geologischen Angaben macht, ist es durchaus möglich, dass er diese Straße als Spion Napoleons befahren hat. Dieser hat sich von Januar bis Juli mit dem Problem befasst und eine ganze Reihe von Anweisungen erteilt, die auf eine Blockade der antizipierten österreichischen Invasion hinausliefen. Auf der Rückfahrt aus Kärnten hat Faujas dann einen Pechstein, ein schwarzes vulkanisches Glas, für Beauharnais' Liebhaberkabinett überreicht und sich so an die napoleonische Grundregel für Spione gehalten und die Farbe auch in seinen Veröffentlichungen nicht gewechselt (*Essai de Géologie*, Bd. 2, S. 600). Spätestens im Mai ist er nach Paris zurückgekehrt. Von dort lässt Faujas Beauharnais sein Buch über das Krokodil von Maastricht wie selbstverständlich über den Innenminister Italiens, Marchese di Breme, zukommen, der in Mailand für den Aufbau der Bergwerkskommission verantwortlich war. Der Bergwerksinspektor Faujas konnte ohne Probleme den ministriellen Verwaltungskanal nutzen. Beauharnais bestätigt den Erhalt mit Brief vom 21.10.1806.

3. Möglichkeit: Salinen und Wasserversorgung in Versailles

In der Nr. 131 der *Journal des mines* vom Nov. 1807 erscheint ein anonymer Bericht über eine bayerische Saline und neue Methoden der Salzgewinnung, dessen Duktus an die Beobachtungen von Faujas' Englandreise erinnert. Der Orginalbrief war am 15. September 1807 in »Allgemeiner Anzeiger der Deutschen« erschienen. Bei dem anonymen Bericht geht es um die 1807 begonnene Verlängerung der Soleleitung von Bad Reichenhall nach Rosenheim, um Salzanreicherungsanlagen und um den Geheimrat des bayerischen Bergbaus und Erfinder Joseph Baader (1763-1835). Der anonyme Schreiber versichert, dass Baader dem *conseil des mines* in Paris eine ausführliche Darstellung seiner neuen Salzanreicherungsanlagen zukommen lassen wird. Daraus ist nichts geworden. Es folgte vielmehr im *Journal des mines* vom Februar 1809 die anscheinend viel wichtigere Beschreibung von Windkesseln, die Baader 1803 in das Pumpwerk für die Fontänen des Nymphenburger Schlosses eingebaut hatte. Fontänen waren das Lieblingsspielzeug der Höfe Europas, ob in Sanssouci, Versailles oder Nymphenburg.

An diesem anonymen Bericht ist einiges merkwürdig: Erstens wird nicht klar, in welcher Weise der Schreiber an die Salinen Bayerns angebunden (*attaché*) war, zweitens lässt der Zeitpunkt der Abfassung des Briefes, Juni 1807, aufhorchen, drittens legt eine Bemerkung im Text, diese Salzanreicherungsanlagen Baaders verursachten »in diesem Land« einen großen Lärm, einen nicht bayerischen Schreiber nahe, viertens fällt die eindeutige Parteinahme für Baader in dem unten ausgeführten Streit auf, fünftens die in der Sache völlig unnötige Anonymität des Schreibers und sechstens die Versicherung, Baader werde dem *conseil des mines* eine ausführliche Darstellung zukommen lassen. Es spricht Einiges für Faujas als Urheber des Artikels.

Faujas konnte Baader am 12.5.1806 bei seinem Vortrag im *Institut national* über eine neue hydraulische Maschine für Marly im *Institut* zugehört haben, wenn er bis dahin aus Italien zurückgekehrt war. Es war ein großes und lange angekündigtes Ereignis, denn Baader war von Napoleon nach Paris gerufen worden. Seit 1775 hatte die *Académie des sciences* immer wieder diskutiert, wie das Wasser der Seine am besten auf eine Höhe zu pumpen sei, deren Gefälle ausreicht, um es über einen Aquädukt von Marly nach Versailles zu leiten. Faujas waren die Probleme seit 1785 bekannt. Er hatte die Dampfmaschine von Watt ausspioniert und wusste vom Engagement des Ministers Calonne für die Lösung der Probleme mit der Wasserversorgung von Versailles (Abbildung 25, S. 188).

Die Pläne zur Herstellung dieser hydraulischen Maschine wurden jedoch nie ausgeführt. Ein Exemplar der Schrift Baaders mit dem Monogramm Eugène de Beauharnais' beweist, dass Beauharnais informiert, vielleicht sogar involviert war, ebenso wie Louis Héricart de Thury, der sich jahrelang um Marly kümmern wird, derselbe Thury, der in Loriol vor der Italienreise aufgetaucht war. Baader wird Mitte Juli 1806 aus Paris zurückkehren, mit einem Schreiben des *Conseil des mines* vom 10.7. in der Tasche, in dem die Nützlichkeit seiner Erfindung betont und Baader um regelmäßigen Kontakt gebeten wird.

Bis Ende November wird in der »Oberdeutschen Litteraturzeitung« ein Streit um die Funktionsfähigkeit der Baaderschen Pumpen für das Reichenhaller Projekt mit dem Salineninspektor Wagner ausgetragen, der die Wassersäulenmaschine von Reichenbachs bevorzugte. Für die 108 km lange Leitung, die notwendig geworden war, um die Sole weg vom Kahlschlag der Salzsiedereien hin an Orte mit ausreichenden Holzvorräten zu bringen und alte Kanäle zu ersetzen, wurden mehrere

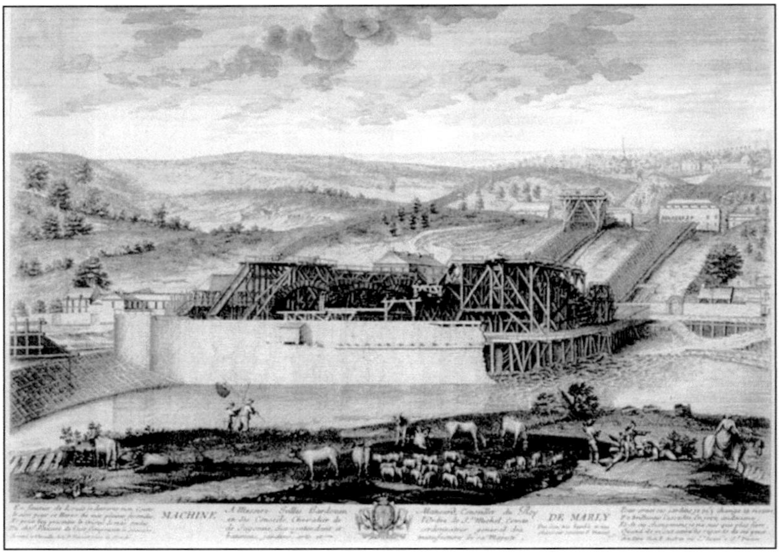

Abbildung 25: Die 1684 fertiggestellte Maschine von Marly in einem Kupferstich Ende des 17. Jahrhunderts. Oben rechts auf der Anhöhe schwach zu erkennen der Aquädukt, den Faujas wegen des Einsatzes von Pouzzolan besichtigt hat. Bis zu dieser Höhe musste das Wasser mit Hilfe von 14 Wasserrädern und 250 Pumpen 162 Meter aus der Seine gehoben werden. Mitte des 18. Jahrhunderts war sie nur noch teilweise in Betrieb und verfiel während der Revolution.

Pumpen benötigt, die große Förderhöhen erreichen mussten. Die innovativen Pumpen des Georg Friedrich von Reichenbach waren denen Baaders haushoch überlegen, aber dessen Einfluss auf den wichtigsten Mann in der Regierung, Innenminister Maximilien Joseph Montgelas, als »Wirklicher Rat bei der Deputation in Salz-, Münz- und Bergwerken« reichte aus, um zunächst die Seinen zum Zuge kommen zu lassen. Deshalb ist die eindeutige Stellungnahme des anonymen Schreibers zugunsten Baaders merkwürdig. Sie wird mit der Förderung Baaders durch Napoleon zu tun gehabt haben und damit, dass sich von Reichenbach nicht unbedingt als Freund der Franzosen gezeigt hatte. Er baute Geschützbohrmaschinen, 1806 in Augsburg eine Geschützgießerei und reorganisierte die Amberger Gewehrfabriken.

Für Faujas als den anonymen Schreiber spricht auch, dass er usprünglich vom *conseil des mines* bei der Einrichtung der *écoles des mines* am 28.5.1801 als Ausbilder in den Salinen von Lons-le-Saunier vorgesehen war. Er galt als deren Fachmann. Norditalien hatte damals große Probleme, sich und zahllose Truppenverbände mit Salz zu versorgen. Ein Teil des italienischen Imports musste die weite Strecke von den Salinen von Hyères über Genua herangeschafft werden und war damit den Attacken britischer Seestreitkräfte nach Trafalgar nahezu schutzlos ausgeliefert. Man muss sich darüber hinaus die Frage stellen, warum der Bericht eines geheimnistuerisch mit den bayerischen Salinen verbandelten und anonym bleibenden Reisenden in einer »Allgemeinen Zeitung der Deutschen« nur wenig später und passend zum Datum der Rückkehr Faujas' nach Paris ausgerechnet im *Journal des mines* gelandet ist.

Der Herausgeber dieser »Allgemeinen Zeitung der Deutschen«, Rudolf Zacharias Becker, stammte aus Gotha. Gotha käme als Zwischenstation für Faujas auf seiner Rückreise durchaus in Frage, wenn man für 1807 als wahrscheinlichste Route Genua, Pavia, Mailand, Vincenza, Reichenhall, Böhmen annimmt. In Gotha lebten auch der Faujas bekannte Paläobotaniker Ernst Friedrich von Schlotheim, der verantwortlich für die Bergwerke Thüringens war, und der fast erblindete Melchior Grimm, mit dem Faujas vor Jahrzehnten korrespondiert hatte. Napoleon war am 23.7.1807, drei Wochen nach dem Frieden von Tilsit, zu Besuch bei seinem glühenden Verehrer Herzog August v. Sachsen-Gotha-Altenburg, den er in Briefen mit *mon cousin* zu titulieren pflegte. Und mit dem Waffenstillstand zwischen Russland und Frankreich am 20.6.1807 war Hérons de Villefosse zum Generalinspektor der Minen in den besetzten Gebieten zwischen Rhein und Weichsel ernannt worden. De Villefosse kannte sich in Böhmen gut aus und war vorher in Warschau als Chefingenieur im Einsatz. Er schickte den Kontrolleur Frossard zur Inspektionsreise der Salz- und Berwerke Preußens. Schickte er Faujas nach Böhmen? Die Franzosen machten Inventur, schöpften ab und requirierten Bergwerks- und Hütteneinrichtungen, und es kam zu Plünderungen der Magazine beim Durchmarsch französischer Truppen. Sie waren vor allem an Salz, Kohle und Eisen interessiert.

4. *Möglichkeit: Eisenerz und Kohle, Kanonengießerei*

Zum Szenarium gehören die großen Schwierigkeiten Napoleons, die Kontinentalsperre selbst im Inneren des Kontinents durchzusetzen. Sie wurde in großem Stil und von oft einflussreichen Industriellen und Bankiers umgangen. Der Handel lief sowohl nach als auch aus England heraus mit zahlreichen Produkten, z. B. Wolle aus amerikanischen Kolonien, die über den Orient (Mazedonien, Türkei, Georgien) nach Triest durch die Alpendrehscheibe Schweiz und die Drehscheibe Bayern hereingeschleust wurden, und Fertigwaren aus England, die über Korfu, Dalmatien, Illyrien, Wien auf einem riesigen Umweg bis nach Calais gelangen konnten. Noch Ende 1806, kurz nach dem Berliner Dekret zur Errichtung der Kontinentalsperre, ließ Napoleon zahlreiche Zwischenlager beschlagnahmen und später auch anzünden. Die Preise für Kohle und Eisen stiegen enorm, und es lohnte sich nun für die technisch zurückgebliebenen Zechen an der Ruhr, Kohle zu fördern oder Eisenschmieden im Osten Deutschlands einzurichten. Im September 1807 schrieb Napoleon aus Fontainebleau an Beauharnais, dass einige der englischen Güter, die in Leghorn (Livorno) beschlagnahmt wurden, durch Mailand geschleust worden waren. Ein Großteil der Handelsware ins Königreich Italien trage falsche Stempel, und der Zoll sei wohl miserabel geführt. Im November und Dezember war Napoleon in Mailand und erließ Dekrete zur Verschärfung der Kontinentalsperre, die nun auch neutrale Schiffe auf offenem Meer mit Konfiskation bedrohte, sofern sie aus britischen Häfen einschließlich solcher in den Kolonien gekommen oder vom britischen Zoll kontrolliert worden waren. Die Engländer machten dasselbe, so dass der Seehandel vollkommen zu erliegen drohte. Die italienischen Hafenstädte Genua, Venedig, Livorno und Triest waren ruiniert. Die von ihnen offiziell abgefertigte Tonnage ging innerhalb der nächsten fünf Jahre um 60 Prozent zurück. Sie lebten vom Schmuggel und versuchten, die gekappten und gewachsenen Handelsverbindungen Italiens zu kompensieren, die sie durch die brutalen und nahezu unüberwindlichen allseitigen Zollschranken zu ersticken drohten.

Ein Brief des Kriegsministers des Königreichs Italien, Marie-François Caffarelli, den dieser am 1.3.1807 an Beauharnais geschrieben hat, zeigt, wie in der angespannten Rohstofflage verzweifelt nach neuen Quellen Ausschau gehalten wurde. Caffarelli teilt ihm mit, man habe in Bayern Kohle-, Eisen- und Kupferlager entdeckt. Der Fundort liege im Kreis von Roveredo in den Bergen von Chizzola, rund zehn Kilometer östlich des Nordzipfels des Gardasees. Dort geht es hinauf zum Monte Baldo, auf dem sich Faujas und Marzari-Pencati herumgetrieben haben. Dieser Nordzipfel gehörte gerade noch zu Tirol und deshalb seit dem Frieden von Pressburg zu Bayern. Es ist sehr wahrscheinlich, dass sie die Funde gemacht haben, sie werden allerdings beide in dem Brief nicht erwähnt. Den Fingerzeig, dass sie es gewesen sein müssen, liefert das *Journal de Chimie et de Physique:* Faujas war am Monte Baldo und hat Proben eisenhaltigen Gesteins mitgebracht, die Vauquelin in Paris analysierte.

Und Faujas hatte auf der Durchreise durch Pavia vom Chemiker Luigi Valentino Brugnatelli eine spezielle Kohle überreicht bekommen und Mailand passiert. Brugnatelli hatte ein Jahr zuvor einen Beitrag zu den Eigenschaften der Kohle veröffentlicht und elektrolytische Untersuchungen mit Kohlenstoff angestellt.

Caffarelli hatte schon zuvor Gaetano Pietro Cadolino aus Cremona zur Qualität der Kohle und der Erze für die Waffenproduktion befragt, wie aus der Korrespondenz zwischen Caffarelli und dem Sohn Cadolinos vom 21.2.1807 hervorgeht. Cadolino war 1803 der Gründer der *fonderia di Pontevico* zwischen Breschia und Cremona am Fluss Oglio, einer Fabrik für Artilleriemunition, und belieferte das napoleonische Heer. Die Tagesproduktion lag bei 6,5 Tonnen, wofür auch Schrott und alte Kanonen geschmolzen wurden. Wegen ausbleibender Zahlungen der Armee für den Transport und exzessiver Spekulationen musste er Bankrott erklären und hat die Fabrik dem Staat am 26.Juni 1807 zum Kauf angeboten. Faujas könnte bei diesem Deal seine Finger im Spiel gehabt haben.

Cadolinos Sohn bittet den Kriegsminister um Protektion, um die Konzession zum Erz- und Kohleabbau von Bayern zu erhalten und das Recht des zollfreien Exports der Produkte, sowie um Intervention beim Fürsten von Monaco für deren zollfreie Einfuhr. Die Verweigerung einer solchen Ausnahme hätte unter den hohen Zöllen der Kontinentalsperre existenzbedrohend sein können. Cadolino argumentiert mit dem enormen Vorteil eines Transportes von Pontevico über den Oglio bis nach Istrien, weil viele Armeelieferungen wegen fehlender Transportmöglichkeiten und desolaten Straßenverhältnissen ihr Ziel nicht erreichten. Statt Kohle und Eisen aus Kärnten und der Steiermark nach Triest zu transportieren, sparte es Kosten, wenn das Erz schon in Pontevico geschmolzen und zu Munition verarbeitet wurde. In Istrien bereitete sich Napoleon gerade auf einen weiteren Waffengang vor, der die Russen aus Dalmatien vertreiben sollte. Zar Alexander wird erst nach in Aussicht gestellte Kompensationen in Finnland und Moldavien im Frieden von Tilsit am 1.7.1807 Dalmatien räumen und den Franzosen den Kriegshafen Cattaro (Kotor in Montenegro) und die Ionischen Inseln überlassen.

Dass der Kriegsminister des Königreiches Italien Vizekönig Beauharnais über Kohle- und Erzvorkommen in Bayern Bericht erstattet, zeigt, dass der französische Zugriff auch nach dem Frieden von Preßburg nicht nachgelassen hat. Ganze Truppenverbände mussten mit horrenden Summen ausgehalten werden, z.B. in Rosenheim oder auch in Augsburg, das Napoleon als Hauptdepot für seine Armee ausersehen hatte. Die Frau des Ministers Montgelas schrieb einen erbosten Brief an Talleyrand, in dem sie die ungeheure Ausplünderung durch einen Verbündeten geiselt: Die Franzosen wollten alles und zahlten nie.

Der Kriegsminister Caffarelli war der Bruder von Charles Ambroise (1766-1835), der 1800 für einige Monate Präfekt der Ardèche gewesen war und den Faujas über seinen Freund aus La Voulte, d'Hauteville, gekannt hat. Der Präfekt hatte diesem den Stoßzahn eines »Elephanten« überreicht, der ihn an Faujas weiterleitete. Ein weiterer Bruder des Kriegsministers, Marie Maximilien (1756-1799), war von Napoleon mit der Vorbereitung der Expedition nach Ägypten beauftragt worden und hat auch den Freund Faujas', Dolomieu, ausgesucht. Er war später im *Institut de l'Egypte* mit der Auswertung befasst. Es spricht also einiges dafür, dass Faujas und Marzari Cafarelli die Informationen über

Erzvorkommen verschafft haben. Personalien, persönliche Verbindungen, Zielsetzung und Zeitraum passen zusammen.

Faujas unterstand auch nach seiner Rückkehr militärischem Kommando, denn er unterrichtete an der *École Polytechnique*. Sie war seit 1804 eine Militärschule, die Schüler wurden kaserniert. Das ehemalige Aushängeschild einer Republik der Professoren wurde jetzt von einem General geführt, Schüler und Lehrer mussten damit rechnen, jederzeit eingezogen zu werden (Gillispie, S. 539). Der einzige Hinweis auf diese Tätigkeit stammt vom späteren General Désiré Chlapowski, der den Alltag an der Schule beschreibt und die Diskussionen der jungen Leute, die alle um den Krieg kreisen. Von dort gingen seit 1802 ca. zwei Schüler pro Jahr nach Moûtier an die *École des mines de Mont Blanc*. Die *École polytechnique* war ein eher erbärmliches Etablissement, sagt der Böhme Buquoy im Tagebuch seiner Parisreise, und Napoleon konnte sie trotz der Unterwerfung unter militärische Disziplin nicht leiden, weil die Schüler unabhängig zu denken begonnen hatten. Professor Faujas dürfte zu denen gehört haben, die eine Lippe riskierten. Das ist den Bemerkungen des Ingenieurs und Geographen de Beaumont aus Chambery zu entnehmen, der im März 1808 mit Faujas und anderen beim Jakobiner und Gegner Napoleons Félix Le Peletier dinierte. Le Peletier gehörte nach dem Attentat auf Napoleon an Weihnachten 1800 zu den fälschlicherweise beschuldigten und verbannten Jakobinern und hätte sich trotz Amnestie 1805 nicht in Paris aufhalten dürfen.

Faujas' Einsatz wurde 1808 mit dem *Chevalier de la Légion d'Honneur* belohnt. Es ist der unterste Grad dieses Ordens, den Napoleon 1802 ins Leben gerufen hat. Damals nannten sich alle *Légionnaire*. Seit 1.3.1808 gibt es den *Chevalier*. Er war für Faujas verbunden mit einer jährlichen Pension von 250 Francs. Er hätte sich sogar die Erblichkeit des Titels an einen Sohn für 3 000 Francs kaufen können. 1814 waren immerhin ein Promille der Bevölkerung Träger dieses Ordens, rund 32 000, sechs Jahre zuvor erst 6000. Circa zehn Prozent waren zivile Orden, die große Mehrzahl militärische mit stark steigender Tendenz. Dass Faujas den Orden nach seinem Sondereinsatz bekommen hat, lässt Raum für Spekulationen, vor allem weil das Vorschlagsdossier verloren gegangen ist. Unter der Restauration wurden alle Dossiers derjenigen vernichtet, die nicht auf Louis XVIII geschworen hatten, andere verbrannten während der *Commune*.

Grand Chancellier der Legion war seit 1803 Lacépède, dessen Hauptaufgabe es war, zusammen mit seinem Schatzmeister die Ressourcen für eine immer schneller steigende Zahl von Honorierten zu mobilisieren, die als heimkehrende Soldaten in Schwierigkeiten waren, deren Familien nicht über die Runden kamen oder sonstwie in der Klemme saßen. Die Pension von 250 Francs konnte nicht verpfändet werden, so dass auch den hoch Verschuldeten ein Überleben ermöglicht wurde. Zu ihnen gehörte Faujas, dessen Misere der junge Champollion in Briefen an seinen Bruder beschreibt. Mit der Restauration verlor Lacépède im April 1814 seinen einflussreichen Posten von Napoleons Gnaden und Faujas den wahrscheinlich für die Pensionszahlungen Verantwortlichen. Das könnte ein Grund für deren Einstellung 1815 gewesen sein, ein weiterer die Rache der Sieger und ein anderer, dass er nicht geschworen hat. Letzteres ist nach den Ausbrüchen von Freude bei Rückkehr des Königs nicht anzunehmen.

Fossilien menschlicher Geschichte

Wie viele Naturforscher seiner Zeit, betrachtete Faujas Geschichte und Naturgeschichte wie zwei Seiten einer Medaille. Beide versenkten sich in die Tiefe der Zeiten, für die menschliche Geschichte eine altbekannte, für die Naturgeschichte eine neue, revolutionäre Erkenntnis, die dem biblischen Schöpfungsmythos zuwider lief und unter heftigen Konvulsionen mit bis dahin unvorstellbar langen Zeiträumen umzugehen lernte. Buffons Epochen der Natur griffen noch viel zu kurz. Aber auch in die menschliche Geschichte wird tiefer gebohrt, was sich an der verbreiteten Faszination für ägyptische Mumien und Hieroglyphen ablesen lässt, der auch Faujas erliegt. Sein Interesse an der Antike hatte er bereits in seinem Erstlingswerk mit der Untersuchung der schwarzen Madonna von Le Puy unter Beweis gestellt, und es gewinnt in seinem letzten Lebensjahrzehnt die Oberhand über Geologisches. Wahrscheinlich schon 1804, seit ihrer Gründung, war Faujas Mitglied im illustren Kreis der *Académie celtique*, die es sich zur Aufgabe gemacht hatte, die Kultur der Gallier und die französische Geschichte zu studieren. 1813 wird daraus die *Société des Antiquaires de France*. Die *Académie celtique* war bald so wichtig geworden, dass Champollion seinem jüngeren Bruder nahelegen wird, seine Arbeiten zur Entzifferung der Hieroglyphen zunächst ihr vorzulegen.

Die Gallier als Klammer für die in sich zerrissene französische Nation haben Faujas schon lange umgetrieben. Sie waren ein wichtiges Argument in seiner Rede, die er 1789 als Inspektor der Nationalgarden in Palaisse gehalten und wie Asterix gegen die papistischen »Straßenräuber von Rom« gewettert hat. Inzwischen hat er eigene räuberische Erfahrungen gesammelt und sucht gegen Ende seines Lebens gallischen Ursprung in den Steinen und den Weg Hannibals in Dolchen und Stoßzähnen.

Als Faujas 1810 in der Nähe seiner Domäne einen Fund von vier Bronzedolchen sichern kann, sieht er Hannibal am Zug. Wie sich später herausstellte, waren es Dolche aus der Bronzezeit des 16. Jahrhundert v. Chr., aus Kupferminen und Metallschmelzen in den Bergen des Wallis. Einem ähnlichen Irrtum war Faujas später (*Dernière promenade géologique*) erlegen, als er in angeblichen Elephanten-, aber tatsächlichen Mammutzähnen aus der Region den Beweis für eine Rhôneüberquerung Hannibals bei Saint-Laurent zu sehen glaubte. Mit dem Geographen Walckenaer geht er der Frage nach, wo die von Ptolemäus als einzigem antiken Schriftsteller erwähnte »civitas Acusorium« gelegen haben könnte, bietet Montélimar als Lösung an und vermutet gallischen Ursprung, denn in einer Schenkungsurkunde wird die Kirche in Montélimar »ecclesiam Acusiensem« genannt. Jacques-Vincent Delacroix (1743-1832), wie Faujas Mitglied der *Société des Antiquaires*, erfährt von einem verwitterten Meilenstein mit lateinischer Inschrift in Saulce (Drôme). Auf eigene Kosten lässt Faujas in den *puits de Bicêtre*, den Brunnen der Irrenanstalt und Gefängnis der Revolution, Nachforschungen anstellen, bei denen antiquarische und geologische Interessen zusammenfallen. Er wollte die Abfolge der Schichten im 60 Meter tiefen Brunnen so darstellen, wie sie vom Architekten Bellanger erkannt worden waren, und versuchen, sie mit einer Abbildung aus der Zeit zu vergleichen, als die Brunnen gebohrt wurden.

Die Korrespondenz mit Jacques Josef Champollion-Figeac, dem Bibliothekar in Grenoble und älteren Bruder des Hieroglyphenentzifferers dauerte acht Jahre und betraf vor allem die Bibliothek und naturhistorische Sammlung in Grenoble, aber der vom Ägyptenfieber befallene Faujas zeigte auch Interesse an Mumifizierungstechniken, die er zur Behandlung von Hautkrankheiten einsetzen wollte. Eine bemerkenswerte Idee. Die antiken Balsamierungsstoffe bestanden aus Harzen und Teeren von Nadelbäumen, Bienenwachs und Mastix aus Summachgewächsen, vermischt mit Bitumen (Erdpech). Bis in unsere Tage behandelte man die Schuppenflechte mit Steinkohlenteer. Champollion hatte außerdem in ägyptischen Mumien ein Insekt entdeckt, das bisher noch nicht beschrieben war, und Faujas hat Brard darauf angesetzt, der vom Genfer Naturalisten Louis Jurine die Diagnose einer Art Schinkenkäfer, dessen Larven Fleisch fressen, erhielt.

Die Engländer hatten den Franzosen nach dem missglückten militärischen Ägyptenabenteuer Napoleons den Stein von Rosette abgejagt, aber die mitgereisten Wissenschaftler waren dennoch mit einer märchenhaften Ausbeute zurückgekommen, die sich in imperialen Bänden niedergeschlagen hat. Am 13.9.1807 war der jüngere Bruder von Jacques Josef, Jean-François Champollion, in Paris eingetroffen und wurde gegen Bezahlung von der Familie Faujas verpflegt. Er wird mit einem Abklatsch des Steines von Rosette die Hieroglyphen entziffern und sich zur Vorbereitung mit koptischen Manuskripten aus der Sammlung des Kardinals Stefano Borgia befassen. Der Lehrer des jüngeren Champollion am *Lycée* in Grenoble war Villars, der alte Bekannte von Faujas, und ein anderer, Fourcroy, hatte schon den 12-jährigen lebhaft unterstützt. Faujas arbeite »wie ein Galeerensklave«, schrieb der junge Champollion an seinen Bruder in Grenoble, und sei wohl nicht ohne eigene Schuld in eine missliche Lage geraten. Der Phrenologe Franz Josef Gall kam zu Besuch, derselbe, der weiland Madame Sévignés Hirnschale in Augenschein genommen hatte, sah Champollion und wusste sofort: ein Sprachgenie. Faujas ließ seine Beziehungen zu Fourcroy und zum Innenminister Emmanuel Crétet spielen und konnte verhindern, dass Champollion als Emissär nach Persien geschickt wurde und seine Arbeiten zu Entzifferung der Hieroglyphen fortsetzen konnte.

Die letzten Jahre unter Napoleon

Der Frieden von Tilsit im Juli 1807 sollte endlich den Frieden in Europa bringen, aber der Krieg war ohne Not in Spanien weitergegangen und hörte trotz hoher Verluste auf beiden Seiten nie richtig auf. In Preußen und Österreich regte sich Widerstand im Volk, die Napoleon wohlgesinnten Republikaner waren durch das tyrannische Besatzerregime und Kontributionszahlungen, durch Kontinentalsperre und Aushebung von Soldaten enttäuscht. Es gab wieder Verschwörungen in Frankreich, und diesmal nicht nur von Royalisten, sondern auch von Jakobinern, aber entscheidend war für die Franzosen, dass trotz aller Anstrengungen und Lasten Siege ausblieben, die wirklich Frieden brachten. 1809 versuchte Napoleon mit einem Kraftakt noch einmal eine taugliche Armee aus dem Boden zu stampfen, um Preußen und Österreicher in Schach zu halten. Die übrigen schienen im Rheinbund nach napoleonischen Rechtsreformen ruhig gestellt, aber unter der gerupften Oberfläche Preußens raunte es bedrohlich von Germanentum und Franzosenhass eines Fichte, Arndt, Körner und Jahn.

1810 war das *Muséum* zu einem Zentrum der Opposition gegen Napoleon geworden, immer noch eine Republik der Wissenschaftler, die Ruhm, Ehre und imperialen Pomp ablehnten, und Joseph Lakanal fragte, ob der Baum der Freiheit der einzige sei, der nur im *Jardin des Plantes* gedeiht. Lakanal hatte unter Napoleon alle seine einflussreichen politischen Funktionen, u.a. im *Comité d'Instruction publique*, abgegeben oder verloren.

Eine andere Opposition war die *Société d'Auteuil*, die einst von Madame Helvetius begründet worden war und die jetzt von Cuvier und dem Historiker Volney an die Professoren des *Jardin des Plantes* herangeführt wurden. Für Napoleon waren die Professoren Wracks der alten Ökonomen, die sich im *Café Corazza* im *Palais Royal* getroffen hatten, und für Chateraubriand war das *Institut* eine Höhle der Philosophen. Der Polizeiminister Savary, Duc de Rovigo, sprach in seinen Memoiren von fast unglaublich freizügiger Rede und Kritik, die er aus ihren Unterhaltungen heraushörte. Und doch hätten sie nie Konsequenzen zu befürchten gehabt, obwohl der Inhalt ihrer Gespräche Napoleon durch dienstfertige Zuträger bekannt gewesen sei. Im Gegensatz zur Restauration, wo man solche Kritiker der *police correctionelle*, also der administrativen Willkür ohne Gerichtsverfahren, zugeführt hätte, sei die Regierung Napoleons stark gewesen, basierend auf einer nationalen Theorie: »Er hatte alle Ideen und alle Parteien zusammengeführt.« Abweichende Meinungen, die Zwietracht säten, hätte man höchstens als verrückt bezeichnet, sie aber nicht gefürchtet. Die Professoren genossen demnach Narrenfreiheit, und Faujas war einer von diesen Narren, der darüber hinaus von der napoleonischen Justiz wegen seiner missglückten Spekulation mit der *Société Ling* in den Ruin getrieben wurde. Am 1.6.1812 versteigerte Faujas einen Großteil seiner Bücher. Der 80-seitige Katalog in der Staatsbibliothek Berlin ist wahrscheinlich von Faujas handschriftlich mit Preisen versehen.

Trotz des aufmüpfigen Geredes war Faujas in Loriol wieder einmal dabei, Frankreich aus der Patsche zu helfen, Napoleon hin oder her. Allerdings war die Stimmung in Süden Frankreichs, besonders in der Ardèche und der Provence nach neuen Einberufungen in einer miserablen Versorgungslage gegen Napoleon aufgebracht. Wegen der Kontinentalblockade und des Ausbleibens von Zucker waren Ersatzstoffe zu einer Frage geworden, mit der sich der Minister beschäftigte. Parmentier ließ eine entsprechende Instruktion in mehreren Zeitungen veröffentlichen und Faujas teilt Champollion mit, er habe einige sehr fähige Chemiker auf seine Domaine nach Loriol dazu eingeladen, vor den Augen seiner Nachbarn Sirup aus dem Zucker der Trauben herzustellen, um sie durch dieses Beispiel zur Nachahmung anzuregen.

Im Februar 1810 wird seine geologische Beobachtung von allgemeinem Wert für das Auffinden von Kohle vom *Journal des mines* anerkennend erwähnt. Faujas hatte in einem Bericht über Braunkohlevorkommen im *département du Gard* davon gesprochen, dass sich echte Kohle, die sich zum Schmelzen von Eisen eignet, immer unter Schieferlagen mit Pflanzenabdrücken ohne Muscheln findet, während die trockene Kohle (Braunkohle), die man beim Schmieden verwenden kann, beinahe immer von muschelhaltigem Kalkgestein eingeschlossen ist. Es ist eine der wenigen Veröffentlichungen im *Journal des mines* und ein Aufguss von Beobachtungen, die Faujas vor 30 Jahren bei Glasgow gemacht hat..

Ein Jahr danach bemühen sich Faujas und sein Freund Freycinet in Loriol um die Kultivierung des *phormium tenax*, des neuseeländischen Flachses, nachdem durch die Kontinentalblockade Baumwollimporte ausblieben und die Preise für amerikanische und englische Baumwolle durch exorbitante Zölle in Schwindel erregende Höhen gestiegen waren und die mit zehnjähriger Zwangsarbeit bedrohten Schmuggler große Profite machten. Napoleons merkantilistische Idee, Großbritannien finanziell ins Mark treffen zu können, hatte ihm zwar etwas Geld in die Kassen gespült, aber verschiedene Rohstoffe für die kontinentale Industrie gefährlich verknappt. Napoleon vergab deshalb massenhaft Lizenzen, die der Kontinentalsperre völlig zuwider liefen, das stillschweigende Eingeständnis des Scheiterns.

Von den Bourbonen zu den Bourbonen

Wissenschaftlich ist Faujas schon längst im Abseits, obwohl er weiter schreibt. Er hat alle Entscheidungsschlachten mit den stumpf gewordenen Waffen Buffons verloren und ist nicht mehr in der Lage, sich andere zu besorgen. Die Veröffentlichungen in den *Mémoires du Muséum* haben die *Annales* abgelöst, und Faujas wärmt aus seinen alten Reisenotizen bekannte Argumente auf. Das alte Eisen, das er schmiedet, ist erkaltet, die Form nicht mehr zu verändern. Er wehrt sich gegen die zukunftsträchtigen Klassifikationsversuche der Mineralien nach rein chemischen Kriterien und stellt sie der Altersbestimmung von Fossilien nach ihrem Umgebungsgestein gegenüber, was ohnehin gängige geologische Praxis geworden war und nicht im Widerspruch zur chemischen Analyse steht. In seiner letzten Veröffentlichung 1819 muss eine alte Aussage von Caspar Maria von Sternberg dazu herhalten, noch einmal die Fortsetzung der Suche nach Analogien zu fordern. Aber er hatte kaum noch Mitstreiter, die ihm in diese Sackgasse folgten, aus der kein Weg in die Entwicklungsgeschichte des Lebens führte. Faujas sei für seine unentschlossenen Spekulationen und seine langweilige Mineralogie nur noch zu bemitleiden, meinte Thomas Carlyle in einem launigen Brief an Robert Mitchell vier Tage vor Faujas' Tod. Damit stand er nicht allein.

Faujas bewegte sich auf seine alten Tage mit seiner Cousine Boisset, die er noch heiraten wird, mit seinem Schüler und Kampfgefährten Brard und dessen Sohn im Umkreis von Loriol und besuchte alte Freunde in Sète, Montpellier, Vals-les-Bains und Privas und tauchte sogar in Spa bei seinem Schüler Laurent-François Dethier auf, einem wallonischen Revolutionär der ersten Stunde. Reisen war zur Gewohnheit geworden, die er noch einmal mit einer letzten geologischen Exkusion am 5. Mai 1814 zelebrierte.

Ende April wollte er die Rückkehr des »guten Königs« und der »majestätischen Familie« im Kreise seiner geliebten Verwandten in Pont Saint Esprit feiern und sprach vom schmerzlichen Exil und von Tugenden der königlichen Familie. »Nach diesem wahrhaft religiösen Akt fühle ich mich für große Gedanken besser gerüstet.« Gehörte er zu den ultraroyalistischen Narren, wie der konservative Friedrich von Gentz sie nannte? Ausgerechnet in diese geologische Exkursion fügt Faujas einen Brief von Joseph de Montgolfier vom 5.2.1784 an den Comte d'Artois ein, um seine fast religiöse Verehrung der Bourbonen zu unterstreichen. Comte d'Artois, der Bruder des Comte de Provence und jetzt Louis XVIII, gehörte zu den schlimmsten Ultraroyalisten, die den weißen Terror von 1815 organisierten. Er wird nach dem Tod seines Bruders 1824 als Charles X die Gallionsfigur der unerbittlichen

Restauration. Im Rhônetal soll die Bevölkerung mehrheitlich auf Seiten dieser Leute gestanden und den Terror gegen die Anhänger Napoleons und gegen die Republikaner gutgeheißen haben. Der einst glühende Jakobiner Faujas war mitten unter ihnen.

Er hat sich zu früh gefreut. Napoleon kommt wie ein böser Traum noch einmal zurück. Am 1.3.1815 landet er in Cannes. Vier Wochen später gibt es ein Gefecht in Loriol zwischen Anhängern Napoleons und Royalisten unter Führung des Duc d'Angoulême. Auch Pont St. Esprit, Montélimar und andere Orte sind betroffen. Der Duc wird vom Bürgermeister und der Bevölkerung Loriols sehr freundlich empfangen und mit frischen Getränken versorgt. In Montélimar ernennt er den bisherigen Unterpräfekten von Montélimar, Faujas' alten Bekannten de Laboissière, zum Präfekten.

Nach der Schlacht von Waterloo am 18.6.1815 besetzten die siegreichen Truppen Paris und Louis XVIII wieder den Thron. »Während eine Million fremder Soldaten das Land auffraßen, gab es sich noch dem Bürgerkrieg hin. Hungersnot wütete« (Golo Mann). Besonders schlimm traf der weiße Terror der Ultraroyalisten die Bretagne, die Vendée, Le Mans und den Süden Frankreichs, vor allem die Umgebung von Toulouse und Marseille, wo Dutzende napoleonischer Soldaten und Mameluken der kaiserlichen Garde von den *Verdets*, den Banden in den Farben des Comte d'Artois schon eine Woche nach Waterloo umgebracht wurden. Auch Marschall Brune wurde von einer selbsternannte Rächerbande massakriert, dessen Leiche neben vielen anderen von Avignon die Rhône herunter schwamm. Die Massaker an Zivilisten, Plünderungen und Brandstiftungen dauerten bis in den Spätherbst und haben Loriol nicht verschont. Da war Faujas in Paris mit der Abwicklung der Rückgabe der 1795 aus Holland geraubten naturhistorischen Schätze beschäftigt und hielt weiter seine Vorlesungen ab. Der darauf folgende »legale Terror« wird bis Ende 1816 70000 politische Gefangene machen und 6000 Verurteilungen zu Tod oder Verbannung exekutieren.

Zu allem Übel der Besatzung und des weißen Terrors hatte am 10.4.1815 der Vulkanausbruch des Tambora auf der Insel Sumbawa in Indonesien eine gigantische Menge Schutt bis in die Stratosphäre geschleudert und weltweit die Temperaturen um 1,5° abgesenkt, örtlich, wie in Savoyen und den Berner Alpen sogar um bis zu 5,5°. Am Genfer See kam Mary Shelley in einem düsteren Sommer mit dem Frankenstein nieder. In Frankreich gab es Hungerrevolten, es herrschte eine Anarchie auf Leben und Tod.

18.7.1819 Tod in Loriol

Faujas wird auf seiner Domäne an dem von ihm bezeichneten Platz beerdigt. Sein Grab gibt es nicht mehr und auch nicht den Gedenkstein, den er für Dolomieu errichtet hat. Aber Loriol hat eine Straße nach ihm benannt. Das ist alles. Keiner seiner jahrzehntelangen Wissenschaftlerkollegen am *Muséum* wird einen damals üblichen Nachruf verfassen, nicht Cuvier, nicht Haüy, nicht Thouin. Der einzige Wissenschaftler, der seine Verdienste würdigt, ist Bory Saint-Vincent. Als Verbannter der Restauration, die ihm als altem militärischen Haudegen die Unterstützung Napoleons auch nach dessen Flucht von der Insel Elba ankreidete, erwähnt er ihn 1819 in einer *Éloge* aus Brüssel zusammen mit dem verstorbenen Handlungsführer für die Rückgabe der requirierten Objekte, Brugmans. Bory Saint Vincent hatte an der Expedition Baudins teilgenommen und Faujas vulkanische Gesteinsproben aus La Réunion mitgebracht. Faujas sei ein »resigniertes Opfer seiner Verleumder« geworden, der keinerlei Anstrengungen unternommen habe, gegen missgünstige Sticheleien vorzugehen. Niemals Mitglied einer Akademie, habe er sich 1815 damit trösten können, dass das *Institut* wieder von den alten Elementen des *Ancien Régime* übernommen und Carnot, Monge, Guyton-Morveaux, David und andere eliminiert wurden. Er habe keinen seiner alten Freunde vergessen, obwohl diese ihn mit einem Bann belegt hätten, und habe selbst aus Frankreich Verbannte mit Wohlwollen zitiert, wenn sie seine Sammlung bereichert hatten. Darunter war er selbst. Mehr als einmal habe man sich seiner Ideen und der Funde bemächtigt, die er in weit entfernten Ländern gemacht habe.

Der Nachruf von Freycinet ist das einzige Dokument, in dem von einer Reise Faujas' zu den Bergwerken in Böhmen berichtet wird. Sein alter Freund Louis de Saulces de Freycinet (1751-1827), der Direktor des Krankenhauses von Montélimar hat sie geschrieben und nicht, wie vielfach angenommen, dessen Sohn Louis Claude de Saulces de Freycinet (1779-1842). Er hatte 1800 an der Expedition der französischen Marine unter dem Kapitän Nicolas Baudin nach Australien teilgenommen 1817 war seine Frau als blinde Pasasagierin auf einer Weltreise zur Vermessung der Erdgestalt und des Magnetismus dabei, und er war erst im November 1820 in Le Havre eingelaufen. Die Freycinets waren Protestanten. Der schwülstige Nachruf ist Ausdruck einer 40-jährigen Freundschaft und diente allen Verfassern kurzer Biographien als Quelle seines Lebens. Daher kommt es, dass zwielichtige Einsätze, missglückte Auftritte und wissenschaftliche Fehleinschätzungen nirgendwo Erwähnung gefunden haben. In Faujas' Nachlass fanden sich Manuskripte, die seine Interessen in den letzten Lebensjahren dokumentieren: Hannibal, Laura und Petrarca, Antiquitäten des Dauphiné, Seidenraupen.

Als sein Nachfolger im *Muséum* wird der Freund Dolomieus, der Mineninspektor Pierre-Louis-Antoine Cordier (1777-1861) in einer Kampfabstimmung gegen den engen Vertrauten Cuviers, Alexandre Brongniart, gewählt. Vielleicht war die Wahl Cordiers ein Aufstand gegen den omnipräsenten Cuvier, der Buffon abgelöst hatte.

Faujas' Vermögen war verbraucht, die Domäne wurde auf richterliche Anordnung verkauft, um die Schulden zu decken. Sie erbrachte 70 500 Francs und ging an Henri-Alexandre de Fontbonne (1788-1850), dessen Vater Alexander-Louis de Fontbonne eine Rolle in den vorrevolutionären Ereignissen in Vizille gespielt hatte. Selbst sein hervorragend gearbeitetes Schreibzeug wurde verkauft, wie der stolze Besitzer Baron de Coston berichtet. Verkauft wurde auch seine Bibliothek. Nach Bezahlung der Schulden blieb der Familie ein kläglicher Rest.

Epilog

Faujas de Saint-Fond ist heute als Geologe in Vergessenheit geraten. Am ehesten verbindet man ihn noch mit seiner Dokumentation der Ballonaufstiege. Er gehört zu den Wissenschaftlern, die in Zeiten großer Umbrüche trotz eifriger Tätigkeit ihre alten Denkgewohnheiten pflegen und sie zuweilen aggressiv gegen neue Sichtweisen verteidigen. Sein Einsatz für die Revolution und für seine hartnäckig verfolgte und praktisch geförderte Aufholjagd des produktiv rückständigen Frankreich kontrastieren mit dem sturen Festhalten an den spekulativen Theorien Buffons, als sich die Geologie in ihren Methoden endgültig zu einer naturwissenschaftlichen Disziplin mauserte. Er war so häufig in Sachen Geologie unterwegs, dass man von ihm die Rolle eines Erneuerers erwartet hätte, aber trotz seines üppigen Erfahrungsschatzes nichts dergleichen. Faujas ist mit seinem gesamten wissenschaftlichen Leben der Beweis dafür, dass nur das gesehen und erkannt wird, was in einer Leitidee bereits vorgeformt existiert. Er war nicht in der Lage, seinen Standpunkt zu ändern, als er längst von einer Unzahl von Fakten ins belächelte Abseits verwiesen worden war.

Buffon hatte er seinen Aufstieg zu verdanken, von ihm konnte er nicht lassen. Der alte Faujas sehnte sich zurück in die gute alte Zeit, als man in den Wissenschaften noch mit elegant formulierten Hypothesen und großen Entwürfen brillieren konnte und als feiner Herr quasi im Vorbeifahren Gesteine diagnostizierte und zuhause mit Fossiliensammlungen glänzte. Aber er war mit seinen Fundstücken nur noch zum Lieferanten der daheim Gebliebenen geworden, die sich der peniblen Kristalldiagnostik und der vergleichenden Anatomie widmeten, und zur Karrikatur eines Feldforschers, der seine Funde in weiten Regionen lokalisierte, statt sie geologischen Schichten zuzuordnen. Von heute aus gesehen ist er als Wissenschaftler von Interesse, weil mit ihm als rückwärts gewandte Folie die Auseinandersetzungen seiner Zeit wieder lebendig werden, als sich die Geologie ihrer biblischen Schlacken und vorschnellen Hypothesen entledigte.

Der Spagat zwischen Paris und der Provinz, zwischen Frankreich und seinen besetzten Gebieten, zwischen *Ancien Régime* und Revolution, macht ihn zum Zeugen vieler Aspekte der Umbrüche, die in einer allgemeinen, auf Paris zentrierten Darstellung der französischen Revolution fast immer zu kurz kommen. Der Aufsteiger aus der Provinz handelte mit bestem Gewissen im hohen Auftrag der Vernunft gegen Tyrannei und Aberglauben, und es gibt keine schriftlichen Beweise dafür, dass er sich über die moralischen Auswirkungen seines zuweilen fragwürdigen Tuns und seiner überraschenden Kehrtwendungen persönlich Rechenschaft abgelegt hätte.

Anhang

Bibliographische Bemerkungen

Viele Manuskripte Faujas' sind verloren gegangen oder tauchen gelegentlich auf dem allgemeinen Markt im Zuge von Versteigerungen auf, andere verschwanden in dunklen Kanälen: der *Fonds Libri et Barrois* ist einer von ihnen. Es ist eine finstere Geschichte von Manuskriptdiebstahl aus der *Bibliothèque Nationale*, von ihrem Verkauf in England und ihrem nur teilweise gelungenen Rückkauf durch Leopold Victor Delisle. Hauptfigur und Dieb war der italienische Mathematiker Comte Gugliemo Libri, der Generalinspektor der Bibliotheken in Frankreich zur Zeit Louis Philippes. Er floh mit 30000 Büchern und Manuskripten nach England, wo sie teilweise von Lord Ashburnham, einem reichen Landbesitzer und Eisenindustriellen, gekauft wurden. Einen anderen Teil erstand er von dem Buchhändler Barrois, der mit Libri unter einer Decke stand. 1897 konnte Delisle aus dem Nachlass des Lords einige Werke zurückkaufen, darunter Briefe von Faujas und die Korrespondenz von Séguier in Nîmes. Einige Manuskripte wurden beim Tod Libris 1869 zurückerstattet, aber viele blieben verschollen.

Catalogue des manuscrits des fonds Libri et Barrois (1888). Im Vorwort die Geschichte der Transaktionen.

Besonders tragisch ist das Schicksal der Sammlung Chaper. Deren späte Auflösung nach dem 2. Weltkrieg hat zahlreiche Manuskripte, darunter auch einige Reisetagebücher in der Welt verstreut, wie Auktionskataloge beweisen. Eugène Chaper besaß eine umfangreiche Sammlung von Autographen des Dauphiné, darunter mehrere Briefe von Faujas, die mit seinen Arbeiten zu tun haben. Sie sind teilweise in der *Bibliothèque Municipale* von Grenoble gelandet, als die Erben 1946 die Sammlung auflösten und verkauften. Nicht so das Notizbuch einer Reise nach Deutschland, von dem der Auktionator annimmt, es sei um 1780 geschrieben worden. Das wäre, wenn das zweifelhafte Datum stimmen sollte, der bisher einzige Hinweis auf eine frühe Reise Faujas' nach Deutschland. Einige Briefe gelangten in die *Smithsonian Institution* nach Washington DC, einer bis nach Australien.

Pierre Bergé et Associés, Grand Sablon 40 Grote Zavel Bruxelles, 1000 Brussel (Lot 611, 6eme vente 17./18.12.2007).

P. Vaillant: les Autographes du fonds Chaper acquis par la Bibliothèque de Grenoble, dans Petite revue des bibliophiles dauphinois, 1951, pp. 31-39 et Robert Avezou: Inventaire des documents de la collection Chaper du château d'Eybens acquis par les Archives de l'Isère, Grenoble, 1953). La Petite revue des Bibliophile dauphinois (n° 2, février 1906, pp. 53-62.

Viele Dokumente sind verschwunden oder bewusst vernichtet worden. Darunter dürften die gewesen sein, die Aufschluss über die Spionagetätigkeiten Faujas' geben könnten. Als im Mai 1814 die Koalitionsarmeen auf Paris vorrückten, wurden auf Befehl der Kaiserin Marie-Louise vor ihrer Flucht nach Wien insbesondere Dokumente der Geheimpolizei, der englischen Spionage und solche der Überwachung der Royalisten vernichtet. Kurz danach hat Tayllerand alles beseitigen lassen, was ihm schaden könnte. Dann hat sich Napoleon während seiner 100 Tage missliebiger Korrespondenzen entledigt. Viele Vorschlagsdossiers für die *Légion d'honneur* sind verschwunden oder während der Pariser Kommune 1871 zerstört worden. Ein wichtiger Teil der Korrespondenz des Vizekönigs von Italien, Beauharnais, landete in den USA.

État général des fonds des Archives nationales (Paris). Mise à jour 2009. ARCHIVES DU POUVOIR EXÉCUTIF 1789-1815

Légion d'honneur (1806-1813): AF/IV*/92. Les archives de la Grande Chancellerie de la Légion d'honneur sont conservées pour partie à la Grande Chancellerie et au Musée de la Légion d'honneur (Hôtel de Salmà Paris), pour partie aux Archives nationales (série LH), et pour partie détruites (cf. la fiche sur la série LH).

Royaume d'Italie (1804-1811): AF/IV*/479 à 491. AF/IV/1707à 1718 États dépendants.1707 et 1708. République italienne. An VIII-an XI.1709 à 1712. Royaume d'Italie; correspondance du vice-roi. 1805-1810.1713. Provinces illyriennes. 1806-1813

In der Nachlassversteigerung fand sich ein Manuskript Malherbes, das über blutige Umwege in die Hände von Faujas de Saint-Fond gelangt sein muss: eine »Einführung in die Botanik, zusammengestellt für Madame Senozan, seine Schwester«. Der Bankier und Freund Alexander v. Humboldts, Benjamin Delessert, hat das Manuskript auf der Nachlassauktion gekauft. Seine Bibliothek wurde von seinem Bruder 1869 an die *Académie des sciences* vermacht und so der Vorbesitzer bekannt. Es war François de Hell, der Deputierte des dritten Standes aus dem Elsass, mit dem Faujas im Dauphiné unterwegs gewesen war und den er in der *Société d'histoire naturelle* als neues Mitglied präsentiert hat. Madame Senozan, ihr Bruder Malherbes und Hell wurden 1794 guillotiniert. Die Herrschaft von Taulignan, aus der Faujas' Frau Marie-Marguerite Richon stammte, gehörte Madame Senozan. Wenn Hells Bibliothek, wie nach Enthauptungen üblich, konfisziert worden ist, dann auch das Manuskript. Es landete bei Faujas im *Muséum d'Histoire naturelle.*

Introduction à la botanique, composée pour Mme. de Senozan, sa sœur. Manuscrits de l'Institut de France, Bibliothèque, http://www.bibliotheque-institutdefrance.fr. Chateaubriand – Mémoires d'outre-tombe, S. 467

Bibliographie

Bücher

Faujas de Saint-Fond, Mémoire sur des Bois de Cerfs Fossiles, Trouvés en creusant un Puits, dans les environs de Montélimar en Dauphiné, Grenoble 1776. Kupferstiche von Gautier-Dagoty, Toulouse.

Œuvres de Bernard Palissy revues sur les exemplaires de la Bibliothèque du Roi avec des notes de M. Faujas de Saint Fond et Gobet. Paris 1777.

Faujas de Saint-Fond, Recherches sur les volcans eteints du Vivarais et du Velay avec un Discours sur les Volcans brûlans, des Mémoires analytiques sur les Schorls, la Zéolite, le Basalte, la Pouzzolane, les Laves & différentes Substances qui s'y trouvent engagées, & c. A Grenoble Chez Joseph Cuchet, Imprimeur-Libraire de Monseigneur le Duc d'Orléans. A Paris Chez Nyon ainé, Libraire. Née et Masquelier, Graveurs. MDCCLXXVIII.

Dt. Auszug S. 369-416: Briefe des Abbé Mortesagne über die erloschenen Vulkane von Vivarais und Velay. Übersetzt von S. S. Witte. Hamburg 1791.

Faujas de Saint-Fond, Recherches sur la pouzzolane, sur la théorie de la chaux (Kalk) et sur la cause de la dureté du mortie. Paris 1778.

Faujas de Saint-Fond, Mémoire sur la manière de reconnaître les differentes espèces de pouzzolane et les employer dans les constructions sous l'eau et hors de l'eau, Paris 1780.

Dt.: Von der Puzzolane und deren nützlichem Gebrauche zu allerhand Arten Bau-Anlagen. Übersetzt von A.T. Gersdorf. Dresden 1784.

Faujas de Saint-Fond, Histoire naturelle de la province du Dauphiné, avec des gravures et une carte géolographique et minéralogique de cette province, Grenoble 1781 (vier Bände geplant, nur einer erschienen).

Faujas de Saint-Fond, Description des expériences de la machine aérostatique de MM. de Montgolfier et de celles auxquelles cette découverte a donné lieu, suivie de recherches sur la hauteur à laquelle est parvenu le ballon du Champ-de-Mars... (2 Bde., 1783-1784).

Faujas de Saint-Fond, Minéralogie des volcans, ou description de toutes les substances produites ou rejetées par les feu souterrains. Paris 1784.

Dt.: Mineralogie der Vulkane, oder: Beschreibung aller durch die unterirdische Feuerausbrüche hervorgebrachter oder ausgeworfener Substanzen. Leipzig 1786.

Faujas de Saint-Fond, Essai sur l'histoire naturelle des roches de trapp. Paris 1788.

Faujas de Saint-Fond, Essai sur le goudron du charbon de terre et sur la manière de l'employer pourcaréner les vaisseaux, Paris, 1790.

Faujas de Saint-Fond, Voyage en Angleterre, en Écosse et aux îles Hébrides..., 2 Bände. Paris 1797.

Dt.: Reise durch England, Schottland und die Hebriden in Rücksicht auf Wissenschaft, Künste, Naturgeschichte und Sitten, nebst einer mineralogischen Beschreibung von Newcastle. Derbyshire, Edinburg, Glasgow, Perth, S. Andrews, des Herzogthums Inverary und der Fingalshöhle. Übersetzt von James MacDonald. Göttingen 1799.

Engl.: Travels in England, Scotland, and the Hebrides; undertaken for the purpose of examining the state of arts, the sciences, natural history and manners, in Great Britain. London 1799.

A Journey through England and Scotland to the Hebrides in 1784, by B. Faujas Saint-Fond; a revised edition of the English translation, editied with notes and a men of the author, by Sir Archibald Geikie. Glasgow 1907.

Faujas-Saint-Fond (sic!), Histoire naturelle de la montagne de Saint-Pierre de Maestricht, Paris An VII (1799). Das manchmal zusätzlich angegebene Datum 1798 resultiert aus dem revolutionären Veröffentlichungsjahr VII: einen zweiten Band gibt es nicht, aber 100 Exemplare in Großfolio auf Velin von 1803.

Holl.: Natuurlyke Histoire van den St. Pietersberg bij Maastricht door B. Faujas St. Fond, hot Fransch door J. D. Pasteur. Amsterdam 1802.

Lazzaro Spallanzani, Voyage dans les deux Siciles et dans quelques parties des Apennins, Paris an VIII (1799/1800) 6 Bände, übersetzt von Amaury Duval (Bd. 1) und G. Toscan (Bd. 2-6). Mit Anmerkungen von Faujas de St.Fond.

Faujas de Saint-Fond, Essai de Géologie ou Mémoires pour servir à l'histoire du globe, Paris 1803 (Band 1), 1809 (Band 2).

Faujas de Saint-Fond, Histoire naturelle des roches de trapps considéré sous les rapports de la géologie et la minéralogie. 2. vollständig überarbeitete Ausgabe, Paris 1813.

Dt.: Physikalische Abhandlung über den Trapp. Strassburg 1789.

Zeitschriften

Annales du Muséum d'histoire naturelle

N° 1, 1802.

Mémoire sur le Trass ou Tuffa volcanique des environs d'Andernach.

Description des carrières souterraines et volcaniques de Niedermennich, à trois lieues d'Andernach, d'où l'on tire des laves poreuses propres à faire d'excellentes meules de moulin.

Mémoire sur le Caoutchouc, ou Bitume élastique fossile du Derbyshire.

Mémoire sur un Poisson fossile trouvé dans une des carrières de Nanterre près de Paris.

N° 2, 1803.

Mémoire sur une défense fossile d'éléphant, trouvée à 5 pieds de profondeur dans un tuffa volcanique de la commune d'Arbres (Ardèche).

Mémoire sur une grosse dent de requin et sur un écusson fossile de tortue, trouvés dans les environ de Paris.

Mémoire sur deux espèces de boeufs dont on trouve les crânes fossiles en Allemagne, en France, en Angleterre (...).

Notice sur des plantes fossiles de diverses espèces, qu'on trouve dans des couches fossiles d'un schiste marneux recouvert par des laves, dans les environs de Rochesauve (Ardèche).

N° 3, 1804.

Mémoire sur quelques fossiles rares de Vestena-nova dans le Véronais, qui n'ont pas été décrits.

Essai de classification des produits volcaniques, ou prodrome de leur arrangement méthodique.

N° 5, 1804.

Notice sur un essai de culture de la patate rouge de Philadelphie dans les environs de Paris.

De la prénite, désignée sous le nom zéolithe cuivreuse du duché de Deux-Ponts (...).

Voyage gélogique depuis Mayence jusqu'à Oberstein, par Creutznach (...).

Classification des produits volcaniques.

N° 6, 1805.

Voyage géologique à Oberstein.

Voyage géologique au volcan éteint de Beaulieu (B.-du-Rhône), ou l'on trouve de grandes quantité de laves compactes et de laves poreuses, au milieu de calcaires (...).

N° 8, 1806.

Notice sur le gisement des poissons fossiles et sur l'empreintes de plantes d'une des carrières à plâtre des environs d'Aix (B.-du-Rhône).

Voyage géologique sur le Monte-Ramazzo dans les Apennins de la Ligurie (...).

Lettre à M. Lacépède sur les poissons fossiles du golfe de la Spezzia et de la mer de Gênes.

Des coquilles fossiles des environs de Mayence.

N° 9, 1807.

Notice sur le madréporite à odeur de truffe noire, de Monteviale, dans le Vincentin.

Notice sur une portion de tronc de palmier trouvée à 60 pieds de profondeur, au milieu d'un tuffa ou brèche volcanique de Montechio-Maggiore, dans le Vicentin.

N° 10, 1807.

Description géologique des brêches coquillières et osseuses du rocher de Nice.

Observation critique sur le clou de cuivre que Sulzer dit avoir trouvé dans l'intérieur d'un bloc de pierre calcaire dure de Nice.

N° 11, 1808.

Notice (...) sur la sacrolithe de Montechio-Maggiore et de Castel.

Notice sur une espèce de charbon fossile nouvellement découvert das le territoire de Naples.

Voyage géologique de Nice à Menton, Vintimille, Port-Maurice (...).

Notice sur un nouveau genre de coquilles bivalves.

N° 14, 1809.

Notice sur une mine de charbon fossile du département du Gard dans laquelle on trouve du succin et des coquilles marines.

Notice sur le piquant ou aiguillon pétrifié d'un poisson du genre de raies, et sur l'os maxillaire d'un quadrupède trouvé dans une carrière des environs de Montpellier, précédée de quelques observations sur les corps organisés qu'on trouve dans les environs de cette ville.

N° 15, 1810.

Addition au mémoire sur les coquilles fossiles des environs de Mayence.

N° 19, 1812.

Mémoire sur le phormium thenax, improprement appelé lin de la Nouvelle-Zélande.

Mémoire sur les roches de trapps.

Mémoires du Muséum d'histoire naturelle

N° 2, 1815.

Histoire naturelle de diverses substances minérales silicieuses, passées à l'état de pechstein ou pierre de poix, par l'action des souterrains.

Nouvelle notice sur les plantes fossiles renfernées dans un schiste marneux des environs de Chaumerac et de Rochesauve.

N° 3, 1817.

Des émaux, des verres et des pierres ponces des volcans brûlants et des volcans éteints.

Notice sur quelques coquilles fossiles des environs de Bordeaux.

N° 5, 1819.

Notice sur quelques-unes des plantes fossiles qu'on trouve dans les couches calcaires du Monte-Bolca, dans le Véronais, et de Vestena-Nova, dans le Vincentin (...).

Journal des mines

N°36, 1796/97.
Mémoire sur la terre d'ombre ou terre brune de Cologne.

N° 158, 1810.
Sur le gisement d'un Charbon fossile (lignite) du département du Gard.

Décade philosophique, littéraire et politique

Band 6, N° 47, 1795.
Carrières, de meules de moulin, à Nieder-Mennich, à quatre lieues d'Andernach.

Band 7, N° 52, 1795.
Fin de la description des carrières volcaniques de Nieder-Mennich, près d'Andernach.

Manuskripte und Briefe

Correspondances de Séguier conservées à la bibliothèque municipale de Nîmes, par François Pugnière (inventaire de ms 84, 103, 111, 129, 132, 133, 135-150, 303, 309-313, 355, 415-417, 498.

Brief Faujas an Derome Delisle 21.8. 1780 aus Paris. Smithsonian Institution Libraries, Special Collections (oCoLC) ocm10150585.

Brief Faujas an de la Rochefoucauld aus Paris, Oktober 1783. Archives communales de Mantes-la-Jolie. Repertoire numérique, Sous Série 3 S. Fond de l'ancienne collection des manuscripts de la bibliothèque de Mantes (Nr. 1413).

Brief Faujas an Jacques Molinos und Jacques-Guillaume Legrand 14.4.1783. Smithsonian Search Center, Catalogue Source N° ocm10150585.

Briefe Faujas an Franklin 19.1.1783 Paris. 639039 = 038-u627.html franklinpapers.org.
16.6. und 18.6.1783. A.L.S. 3p. XXVIII, 171. American Philosophical Society.

Manuskript *Voyage de Paris 1782*. Archives départementales de l'Isère, J546.

Briefe Faujas an William Herschel. 30.5.1786 (Herschel Archive, Royal astronomical Society-RAS. Index 13.F.4). 14.5.1788 (Index 13.F.5).

Briefe Buffon an Faujas 3.10.1781, 5.8.1786, 9.8.1787. Correspondance inédite de Buffon: à laquelle ont été réunies les… Band 2, Paris 1860.

Brief Faujas an Buffon 2.9.1785. Bibliothèque du muséum d'histoire naturelle Paris, Accession number: Ms 2528/58-59.

Brief Buffon an Faujas 28.3.1777. Collection Nadault de Buffon. Correspondance de Buffon, édition électronique, L 272.

Manuskript Faujas, Carnet de Voyage. Humbert-Bazile et Henri Nadault de Buffon (Hg.). Buffon. Sa famille, ses collaborateurs et ses familiers, Bd. 1, S. 154, S. 163. Paris 1863.

Brief Faujas an Ducros 9.4.1787: Joelle Rochas, Du Cabinet de curiosité au Muséum: les origines scientifiques du Muséum d'histoire naturelle de Grenoble, 1773-1855, S. 255.

Brief Faujas an d'Angeviller 15.7.1788 in: E.C.Spary, Utopias Garden, The University of Chicago Press 2000, S. 161.

Brief Faujas 23.8.1795 (unbekannter Adressat) aus dem *Jardin des Plantes*, 6 fructidor III (23 août 1795). Bibliothèque municipale de Grenoble. Manuscrit de la réserve. Cote N. 3623.

19 Briefe Faujas an Van Marum 1788-1803. Van Marum Papers, Microfiche No. 64-65. www.BritishOnlineArchives.co.uk

Ferdinand Boyer, Un voyage scientifique après Campo Formio. Trois lettres de Barthélemy Faujas de Saint-Fond à ses collègues du Muséum. Revue d'histoire des sciences XXIX/4, 1976. Persée online.

Brief Faujas an die GNF 1.7.1799. Archiv der Gesellschaft naturforschernder Freunde zu Berlin (Museum für Naturkunde der Humboldt Universität, Historische Schriftsammlung).

Brief Faujas 16.3.1797 (unbekannter Adressat). Ms 2017(14), Bibliothèque municipale de Lyon.

Briefwechsel Faujas – Thomas Jefferson

1800, October 15, Paris. Relating to natural history, fossil remains, and geological discoveries. Series 2, vol. 33, No. 67. Calendar of the correspondence of Thomas Jefferson 1893.

12.8.1803 und 20.9.1803 Faujas (aus dem Muséum) an Jefferson (Thomas Jefferson Papers, Serie 1).

1804 Annales T. 5, S. 293-315: S. 316 ein Briefauszug von Jefferson an Faujas zum Megalotherix.

October 15, 1806, Faujas-St. Fond to Jefferson (Sowerby Catalogue Volume I: page 302).
10.2.1807 Brief Faujas aus Paris an Jefferson in Washington (Jefferson Papers, Series 2, vol. 33, No. 66. [Folio. 2 pages.].
16.2.1807 Brief an Jefferson (Sowerby Catalogue Volume I: page 302).
16.5.1809 1. Thomas Jefferson to Barthelemy Faujas-St. Fond, May 16, 1809 (Thomas Jefferson Papers, Serie 1).
Nov. 1809 Faujas (aus dem *Muséum*) an Jefferson (The Papers of Thomas Jefferson, digital edition).
1.9.1818 Faujas (aus dem *Muséum*) an Thomas Jefferson (Thomas Jefferson Papers, serie 1). Barthelemy Faujas-St. Fond to Thomas Jefferson, September 1, 1818.

Brief Faujas an den Prefet du départément de la Drôme 18.7.1800. Société d'archéologie et de statistique T. 17, S. 442.

Brief Faujas an Geoffroy Saint-Hilaire 29 ventôse an IX (20.3.1801) aus dem *Jardin des Plantes*. Smithonian Insitution Libraries, Special Collections (oCoLC) ocm10150585.

Brief Faujas an Louis Claude Desaulces de Freycinet aus Montélimar 11.6.1804. Libraries Australia http://trove.nla.gov.au/work/38847422 38847422, Manuscript reference no.: MS Acc10.186.

Brief Faujas an Molard 21.10.1812. Aus dem *Jardin des Plantes*. 45 At i Bibliothek der Universität Amsterdam.

Brief Faujas an Jean-Augustin Poëy-d'Avant 18.10.1800. Société d'Émulation de la Vendée BIB PC 16 art. 17 – Jean-Augustin Poëy-d'Avant et son cabinet d'antiquités/A. Bitton. In: Annuaire départemental de la Société d'émulation de la Vendée, 1889, 3e série, vol. 9, p. 62-80. Vie et oeuvre de Jean-Augustin Poëy-d'Avant (1736-1801), avec des extraits de sa correpondance, échangée avec divers grands savants de son époque (de Jussieu, Lakanal, Berholet, Faujas, Cavoleau).

Brief Faujas an Oberlin 26.11.1800. Bibliothèque National de France (BnF), Archives et manuscrits. Recueil des lettres adressées à Oberlin. Allemand 192-204 (cote). (http://archivesetmanuscrits.bnf.fr/)

Brief Faujas aus Padua an die Kollegen im *Muséum* 13.1.1806. Bibliothèque Muséum nationale d'histoire naturelle Paris: Ms 1975/751.

Briefe Faujas an Champollion-Figeac aus Loriol. Fonds Champollion, Archiv départementale de l'Isère.
14.9.1810 (Vol 2, No. 303), 16.1.1811 (Vol. 13, No. 8), 3.2.1811 (Vol. 3, No. 21, 7.2.1811 (Vol. 3, No. 22), 27.3.1812 (Vol. 3, No. 185, auch in:

Rochas, Curiosité et momies: la part de l'égyptologie dans les cabinets dauphinois (XVIIIe – XIXe siècles), S. 9), 22.1.1814 (Vol. 4, f 2-3).
7.2.1814 (Vol 4, f 13 und Rochas, S. 296), 8.3.1814 (Vol. 4, f 23 und Rochas, S. 328, 329), 28.6.1814 (Vol. 4, f 65).

Manuskripte zu Histoire naturelle de la province du Dauphiné. Manuscrits des Bibliothèques Publiques de France, Départements, Tome VII. Grenoble par Fournier, Maignien, Prudhomme. Paris 1899, S. 588-589. Ancien fonds.
705. Plan proposé par M. Faujas de Saint-Fonds pour l'exécution de l'histoire naturelle de la province de Dauphiné. Année 1776.
761. Mémoire sur les glands de mer et balanites, 1777.
767. Mémoire sur les gjpses et sélénites, avec la description des différentes carrières de plâtre de la province de Dauphiné.
768. Mémoire sur la mine d'argent des Chalances, commune d'Allmont-en-Oisans, dans le Haut-Dauphiné.
769. Mémoire sur la mine de fer d'Allevard dans le Haut-Dauphiné (U 1273).
774. Mémoire sur les pétrifications végétales et les bois pétrifiés 1776.

Manuskript, Notes de voyages dans le midi de la France NAF749: http://archivesetmanuscrits.bnf.fr/ead.html?id=FRBNFEAD000041482

Literatur

Aus Gründen der Lesbarkeit wurde auf Fuß- oder Endnoten verzichtet. Die Nachweise sind nach Kapiteln in der Reihenfolge des Textes oft in Blöcken organisiert und gelegentlich mit Schlagworten versehen, die eine problemlose Zuordnung zum Text ermöglichen. Am Ende der Liste werden mehrfach in Kurzform zitierte Werke nach Alphabet aufgeführt (S. 241).

Jesuitenzögling und Provinznotabler (S. 9-15)

Pierre Claude Victoire Boiste, Dictionnaire portatif de géographie universelle ancienne et moderne. Paris 1786, S. 193.

Adolphe de Coston, Histoire de Montélimar et des familles principales qui ont habité cette ville. Montélimar 1878-1891. I, S. 384 (Richon), S. 514-516 (Faujas), IV, S. 125-127 (Boisset).

Galerie historique des contemporains, ou Nouvelle biographie. Gerrit Van Lennep, Pierre Louis Pascal Jullian, Philippe Lesbroussart – Tome seconde. Bruxelles 1818.
Biographie universelle et portative des contemporains, Paris 1836.
Biographie universelle acienne et moderne, Paris 1838.
Brief von Champollion-Figeac aus Grenoble an seinen jüngeren Bruder in Paris vom 23.11.1807.
Stendhal »Mémoires d'un tourist«, 1837. Paris 1929.

Encyclopédie, Tome III, 635-637.
Joseph Bertrand, d'Alembert, Paris 1889, S. 154-169. Zugang über d'Alembert Wikipedia.
Christian Friedrich Mylius, Malerische Fußreise durch das südliche Frankreich und einen Theil von Ober-Italien. Carlsruhe 1818. 1. Bd., 2. Abt., S. 22.
J-B Dumas, Histoire de l'Académie Royale de Lyon, Lyon 1839.

Clarisse Coulomb, Les Pères de la Patrie. La société parlementaire en Dauphiné au temps des Lumières, Grenoble, Presses universitaires de Grenoble, 2006, S. 236.
L.W.B. Brockliss, Calvet's Web. Oxford 2002, S. 81.

Advokat und Amtsrichter im Ancien Régime (S. 17-23)

Coulomb, S. 237-239, 408.
Schulin, S. 165.

Voltaire, Friedrich der Große. Briefwechsel. München 2004, S. 606, Brief vom 30.3.1776.
Coulomb, S. 279 ff., einschließlich Servan und Comte de Suze.

Vizille, Cheynet: Coston IV, 12-19.
Prozess gegen die Jesuiten, Rousseau: Coulomb, S. 306-308, 391-394.
Théophile Dufour, Recherches Bibliographiques sur les oeuvres imprimées de J.J. Rousseau, Tome 2, Paris 1925, S. 255. Brief an Jean-Étienne Liotard vom 23.12.1768 aus Bourgoin.

Marguerite Richon: Peyrard. Bulletin der »Association Universtitaire d'Etudes Dromoises« Nr. 22, April 1971.

Brockliss, S. 116, 117.
Die Kinder: Francus Mazon, Voyage autour de Privas. Privas 1882. Justin Brun-Durand, Dictionnaire biographique et biblio-iconographique de la Drôme, Vol. 1. Grenoble 1901. Auguste Lacour, Histoire de la Guadeloupe IV. Basse-Terre, Gouadeloupe 1880, S. 33-39.

Vidaud de la Tour an Faujas: Registre des lettres écrites dans la province. Bibliothèque de Grenoble, Q. 4, manuscrit 1619. Brief vom 24.8.1768.
Bulletin de l'Académie delphinale 1904, Grenoble 1905.
Antoine Joseph Michel Servan, Discours de Monsieur Servan, Avocat général dans la cause du comte de Suze de la Demoiselle Bon chanteuse à l'opéra, Lyon 1772.
Coulomb, S. 416.

Die Parallelwelt eines frustierten Juristen (S. 25-31)

Essai de minéralogie de l'Isle Saint-Domingue dans la Partie française adressé à M. Faujas de Saint-Fond par M. de Genton, ancien officier d'infanterie. In: Observation sur la physique, Tome XXXI, S. 173. Paris 1787.

Faujas de Saint Fond, Histoire naturelle de la province du Dauphiné, Grenoble 1781, S. 315. Darin: Certificats ou Procès verbeaux, qui furent communiqués par les officiers de la communauté ou par le subdélégué de Saint-Paul-Trois-Châteaux.
Vierseitige Nachricht von: Revol, E. 1773, Relation des Tremblements de Terre Pricipalement Ressentis à Clansayes. Arch. Mun. Clansayes, 10 Mai. A. Lacroix, L'Arondissement de Montélimar, Tome 3, S. 246-254, Valence 1873, referiert diese Nachricht.

Louis de Sade (1753-1832), Préceptes Politique à l'Usage d'une monarchie No. 4. Paris 1822. S. 34.

Les Attaches Dauphinoises de Condorcet par J. de Coursac. In: Bulletin de la Société d'Archéologie et de Statistique de la Drôme 316e livraison 1954 (décembre), Tome LXXIII.

Briefwechsel Calvet – Gaillard vom 15.2./28.3./15.4./28.4./28.5./28.7./ 29.8./5.10.1771 (alle Angaben aus Brockliss). BMA MS 2355. N° 59 (10.11.1774) bis N° 113 (14.3.1784). Fondation Calvet 63, rue Joseph Vernet 84000 Avignon.

Horace-Bénédict de Saussure, Voyage dans les Alpes…, Tome VI, S.116. Neuchâtel 1796.

Correspondances de Séguier conservées à la bibliothèque municipale de Nîmes, par François Pugnière (inventaire de ms 84, 103, 111, 129, 132, 133, 135-150, 303, 309-313, 355, 415-417, 498). Emmanuelle Chapron, L'Europe à Nîmes, les carnets de Jean-François Séguier. Edition Berthélemy, Avignon 2008. Institut Européen Séguier – Université de Nîmes.

Faujas de Saint-Fond, Histoire naturelle de la province du Dauphiné. Grenoble 1781.

Stendhal, Vie de Henri Brylard, dt. von Walter Widmer, Das Leben des Henry Brulard, München 1956.

Biographie universelle ancienne et moderne. Nouvelle édition, Publiée sous la direction de M. Michaud, Tome Treizième, Paris 1811.

Joelle Rochas, Du Cabinet de curiosité au Muséum: les origines scientifiques du Muséum d'histoire naturelle de Grenoble, 1773-1855. www.needocs.com/…/du-cabinet-de-curiosites-au-museum-les-origines-scientifiques-du-museum-d-histoire-naturelle-de-grenoble-1773-18.

Faujas de Saint-Fond, Mémoire sur des Bois de Cerfs Fossiles, Trouvés en creusant un Puits, dans les environs de Montélimar en Dauphiné. Kupferstiche von Gautier-Dagoty, Toulouse. Grenoble 1776.

Oeuvres de Bernard Palissy revues sur les exemplaires de la Bibliothèque du Roi avec des notes de M. Faujas de Saint Fond et Gobet. Paris 1777. Gobet zu Voltaire, S. XXXII-XXXIII.

Voltaires Correspondence, ed. Théodore Besterman. 26.4.1777. Geneva 1953-65.

Brockliss, S. 394.

Bergbau als vermutete Geldquelle (S. 33-37)

Rapport de la Commission des armes, poudres et exploitation des mines, au Comité de salut public, sur la mine de fer de la Voulte, du 4 messidor, l'an 2. (22.6.1794). In: Journal des Mines, vendem, l'an 3 (Sept. 1794).

La Voulte, Journal des Mines XLV, S. 658-660.

Michel, J.J. Dizé, Précis historique sur la vie et les traveaux de Jean d'Arcet. Paris an X (1802).

Gillispie, Science and Polity in France, Princeton University Press 2004. S. 183, S. 311, 325, 388 ff., 393.

Revue ezyclopédique ou analyse raisonnée des productions les plus remarquable dans la politique, les sciences, l'industrie et les beaux-arts. Tome LII, Paris Okt. 1831.

C. Faure in »Éducation et patrimoine – de la nature sans l'homme à l'homme, online« (zitiert Archives départementales de l'Ardèchet: 3M5, 6M54, 15M1, 6M44).

Abbé Auguste Roche, Mines et fondéries de la Voulte, 1896.

Jean Blavier, Publié dans le Livre du centenaire (Ecole Polytechnique). Gauthier-Villars et fils, TOME III, 1897.

Famille Frerejean, Wikipedia. Leider ohne Quellenangaben.

Journal des Mines, vendem, l'an 3 (Sept. 1794).

Die anvisierte Landung in Paris gelingt (S. 39-45)

Collection Nadault de Buffon. Correspondance de Buffon, édition électronique, Lettre L272 an Faujas vom 28.3.1777.

Faujas de Saint-Fond, Recherches sur les volcans eteints du Vivarais et du Velay avec un Discours sur les Volcans brûlans, des Mémoires analytiques sur les Schorls, la Zéolite, le Basalte, la Pouzzolane, les Laves & différentes Substances qui s'y trouvent engagées, &c. A Grenoble Chez Joseph Cuchet, Imprimeur-Libraire de Monseigneur le Duc d'Orléans. A Paris Chez Nyon ainé, Libraire. Née et Masquelier, Graveurs, 1778.

Dena Goodman, The Republic of Letters, Cornell University Press 1994, S. 175. Sie zitiert Arnold Hauser.

Jean-Étienne Guettard, Mémoire sur des différentes parties des sciences et art«, Bd. 4, Paris 1783, S. 650 ff.

Der Streit Guettard-Faujas bei Ellenberger: Les distorsions du récit de la découverte des volcans d'Auvergne (Précisions nouvelles sur la découverte du volcanisme en France: Nicolas Guettard, ses prédécesseurs, ses émules clermontois. COMITÉ FRANÇAIS D'HISTOIRE DE LA GÉOLOGIE (COFRHIGEO) (séance du 16 juin 1978).

Anne-François Garçon, Les métaux non ferreux en France aux XVIII et XIX siècle. Ruptures, blocages, évolution au sein des systèmes techniques. Thèse nouvelle – EHESS, 1995.

Faujas de Saint-Fond, Minéralogie des volcans, ou description de toutes les substances produites ou rejetées par les feu souterrains. Paris 1784.

Lacroix, Notice historique sur Déodat de Dolomieu 2.12.1918, PDF.

Ein halbherziger Physiokrat: Unternehmer für Pouzzolan (S. 47-51)

In »France, Jourdan, Decrusy, Recueil général des anciennes lois francaises depuis l'an 420«, 1833 werden die beiden Arrêt du Conseil d'état du roi benannt.
23.8.1783 A.C. (Arrêt du Conseil) concernant le commerce des pouzzolanes françaises (Band 27, S. 315).
Brockliss, S. 117.
Brief Faujas an de la Rochefoucauld aus Paris, Oktober 1783. Archives communales de Mantes-la-Jolie. Repertoire numérique, Sous Série 3 S. Fond de l'ancienne collection des manuscripts de la bibliothèque de Mantes (Nr. 1413).

Brief Faujas an Jacques Molinos und Jacques-Guillaume Legrand vom 14.4.1783. Smithsonian Search Center, Catalogue Source N° ocm10150 585.

Faujas de Saint-Fond, Recherches sur la pouzzolane, sur la théorie de la chaux (Kalk) et sur la cause de la dureté du mortie. Paris 1778. S. 50.
Faujas de Saint-Fond, Mémoire sur la manière de reconnaître la differentes espèces de pouzzolane et les employer dans les constructions sous l'eau et hors de l'eau, Paris 1780.
William Hamilton, Observations of Mount Vesuvius, Mount Aetna and other volcanoes, in a series of letters to the Royal Society ..., London 1772.
Faujas de St. Fond. Paris 19.1. 1783 an Franklin. 639039 = 038-u627.html franklinpapers.org.
Logé chez duc de Chaulnes, rue de Bondy.
Annales T. 3, 1804, S. 403.

Die Epochen der Natur und die Erde ein Schrumpfkopf (S. 53-55)

Étienne Ducros, Voyage de Ducros en Ardèche avec Faujas et Adanson. Comptabilité du Cabinet histoire naturelle de Grenoble reprise par V. Piraus, 1779-1782 (Bibliotheque Municipal Grenoble, R 870, t. 2).

Correspondance inédite de Buffon. Bd. 2, S. 109, Nr. CCLXXII. Montbard, 3.10.1781. Paris 1860.
Bulletin de la Société des sciences naturelles et historiques de l'Ardèche. Société des sciences naturelles et historiques de l'Ardèche, S. 79. Privas 1861-1877.

Voyage de Paris (S. 57-63)

Manuscrit de Faujas 1782 (25.7.82-17.4.83) conservée aux archives départementales de l'Isère J542. Referiert von Guillaume Comparato, L'Homme, les Fluides et la Vie. Physique, Médicine et Universalisme au Coeur des Années Mesmer. Sept 2010. Und in Comparato, Témoignages de la vie scientifique, culturelle et mondaine du Paris des lumières. Le voyage de Paris de Barthélemy Faujas de Saint-Fond entre 1782 et 1783, Tome 1, 2011, online.

Briefe Faujas an Franklin 16.6. und 18.6.1783. American Philosophical Society. A.L.S. 3p. XXVIII, 171.

Straucheln auf Pariser Bühne (S. 65-69)

Goodman, S. 159ff.

R. Taton, Condorcet et Syvestre-François Lacroix. Revue d'histoire des sciences et de leurs applications 1959, Vol. 12, S. 127.

Michael R. Lynn, Enlightenment in the Public Sphere: The Musée de Monsieur and Scientific Culture in Late Eighteenth-Century Paris. Eighteenth-Century Studies, Vol. 32, No. 4, Sites and Margins of the Public Sphere (Summer, 1999), pp. 463-476 Published by: The Johns Hopkins University Press Article Stable, http://www.jstor.org/stable/30053928

Liste de toutes les personnes qui composent le premier Musée autorisé par le gouvernement, sous la protection de Monsieur et de Madame, S. 3-46. Paris: Imprimé par ordre du Conseil du Musée, 1785.

Histoire de Paris rue par rue, maison par maison, Charles Lefeuve, 1875.

Thomas Bentley, Journal of a visit to Paris, 1776. University of Sussex Library 1977, S. 277.

Anonym: Mémoires secrets pour servir à l'histoire de la Republique des Lettres en France depuis MDCCLXII jusq'à nos jours; ou un Journal d'un observateur, Tome 24, Paris 1784. S. 84/85.

Description des expériences de la machine aérostatique de MM. de Montgolfier et de celles auxquelles cette découverte a donné lieu, suivie de recherches sur la hauteur à laquelle est parvenu le ballon du Champ-de-Mars… (2 Bde., 1783-1784). Dt: Beschreibung der Versuche mit der Luftkugel, 1783. Zitate aus der deutschen Ausgabe.

Charles, Second mémoire sur l'aérostatique, manusrit 1784, Bibliothèque de l'Institut, Ms. 2104, pièce N° XIX, PDF, S. 8-9.

Allgemeine Deutsche Bibliothek, Bd. 67, 1. St., Geschichte der Aerostatik, historisch, physisch und mathematisch ausgeführt, 1r und 2r Theil., (S. 215). Hg. Friedrich Nicolai, Berlin und Stettin 1786.

Christoph Martin Wieland, Sämmtliche Werke 33-34, Leipzig 1840, S. 143.

Brief Cadet de Vaux, Verkauf und Beschreibung durch Traces Ecrites (Paris, 75006, France, Buchnummer 5918): »M. Cadet de Vaux présente l'assurance de son respect à monsieur de Born, et a l'honneur de lui donner connaissance de la petite gentillesse de M. Faujas [le géologue Faujas de Saint-Fond]». Il se rendra chez le naturaliste et antiquaire Philippe de Joubert «pour concerter sur l'objet dont il est question et qui se réduit, à ce qu'il paraît, à une lettre de M. Chaptal qui déclare approuver le contenu de la lettre insérée et qu'elle est l'effet de l'autorisation qu'il a donnée à un tiers pour la publier [...]. [Probablement dans le Journal de Paris qu'il avait fondé en 1777].

Jean-Antoine Chaptal (1756-1832) war damals Professor für Chemie in Montpellier, er wurde 1801 unter Napoleon Innenminister und zu einem der einflussreichsten Chemiker seiner Zeit. Philippe-Laurent de Joubert (1729-1792) war Trésorier général des États de Languedoc und ein berühmter Bibliophiler, der von Jacques Louis David porträtiert wurde. Georges Sage (1740-1824) war 1783 der erste Direktor der École des Mines, die aus seiner eigenen Privatschule hervorgegangen ist, und ein bekannter Mineraloge mit großer Sammlung. An dieser Schule unterrichtete Faujas.

De la Croix, Polverel, Mémoire pour M.Faujas de Saint-Fond, ancien lieutenant général, civil & criminel en la sénéchaussée de Montélimar, contre les auteurs du »Journal de Paris« (Paris 1784). Digitalisiert von Bayerische Staatsbibliothek.

England und Schottland: frecher Industriespion und verwöhnter Geologe (S. 71-80)

Heather Ewing, The lost world of James Smithson. New York 2007, S. 70-97, 368.

Andreani, Diario di Viaggio di un Gentilhuomo Milanese, Parigi-Londra 1785, Milan 1975.

Walter Johnson, A Memoir on the Scientific Character and Researches of James Smithson. Philadelphia 1844. S. 4, 5, 71-97, 139, 140.

Faujas de Saint-Fond, Voyage en Angleterre, en Écosse et aux îles Hébrides..., 2 Bände. Paris 1797.

Daniel Perston, William Thorton (20 May 1759-28 Mar. 1828), American National Biography, vol 21. New York and Oxford, 1999, S. 609-611.

Alfred Morrison, Catalogue of the collection of autograph letters and historical documents London 1883, S. 90-92.

Manuskript der Reise: Vente aux enchères du Mercredi 25 novembre 2009, Piasa – Paris. Document provenant des anciennes collections du docteur Lucien Graux (1878-1944) et de Charles Dollfus (1893-1981). Bibliothèque du docteur Lucien-Graux, deuxième partie. Verkauft am 26.1.1957 in der Galerie Charpentier Paris. Dollfus war Flieger und Historiker der Luftfahrt.

30.5.1786 Brief Faujas an William Herschel (Herschel Archive, Royal astronomical Society-RAS. Index 13.F.4). 14.5.1788 Brief Faujas an Herschel (Herschel Archive, Royal astronomical society-RAS, Index 13. F. 5).

Vom Mineninspektor nur verwischte Spuren (S. 81-90)

Louis Aguillon, L'oeuvre des Ingénieurs du Corps des mines (1794-1894). Ecole Polytechnique, Livre du Centenaire (1794-1894), tome III, Gauthier-Villars, 1897.

B.G. Sage à M. Heron de Villefosse, Inspecteur Divisionnaire des mines, Maître de Requêtes, Paris 17 avril 1816.

Peter M. Jones, Commerce des Lumières. The international trade in technology 1763-1815. In: Quaderns D'Història de L'Enginyeria, Vol. X, 2009. PDF.

C. Ballot, La Revolution technique et les débuts de la grande exploitation dans la Métallurgie francaise, l'introduction de la fonte au coke en France et la fondation de Creusot. In: Revue d'histoire des doctrines économiques et sociales, Paris 1912.

Lettre Buffon an Faujas 5.8.1786 und 9.8.1787. Correspondance inédite de Buffon: à laquelle ont été réunies les … Band 2, Paris 1860.

Brevet »d'adjoint à la garde du Cabinet de sa Majesté«, signé par Louis XVI et contresigné par le baron de Breteuil, avec, en marge, une attestation de serment signée par Buffon, 9 juillet 1787.

Lettre Faujas an Buffon 2.9.1785. Beide Bibliothèque du muséum d'histoire naturelle Paris, Accession number: Ms 2528/58-59.

Essai sur le goudron du charbon de terre et sur la manière de l'employer pourcaréner les vaisseaux, Paris, 1790, S. 38, und Journal de Physique … Bd. 27/1785.

Encyclopédie Méthodique, Chimie, Pharmacie et Métallurgie. Fourcroy Chemie, Chaussier Pharmacie, Duhamel Métallurgie. Tome 3, Paris 1795/96, S. 237-242.

Questions constitutionelles sur le commerce et l'industrie, et projet d'un impôt direct sur les commerçans & gens à industrie, en remplacement des impôts quelconques sur le commerce & industrie: proposés à l'Assemblée nationale par des négocians françois, réd. par Joseph-Jean-Chrysostôme Farcot, … chez Le Clere (Paris) 1790, S. 17.

Descriptions des arts et métiers, Band 18, herausgegeben von J. E. Bertrand, Paris 1779, S. 335-343.

Jurisprudence générale, Repertoire méthodique et alphabétique de législation, de doctrine et de jurisprudence en matière de droit civil, commercial, criminel, administratif, de droit des gens et de droit publique. Nouvelle édition, considérablement augmentée et précédée d'un essai sur l'histoire générale du droit français; par M.D. Dalloz ainé, tome 42, deuxième partie. Trésor publique- chap. 3, sect. 5, art. 4., S. 1263. Paris au bureau de la jurisprudence générale 1862.

Jean-Baptiste Sirey, Jurisprudence du Conseil d'État, depuis 1806... Paris 1818, Bd. 2, S. 402.

Germain Roche, Félix Lebon, Recueil général des arrêts du Conseil d'État... Paris 1839, Bd. 1, S. 259.

Weit mehr als nur Geologe (S. 91-93)

Journal de physique, de chimie, d'histoire naturelle et des arts 28.4.1783, Band 27/1785, S. 190-192.

Briefwechsel/Johann Heinrich Merck. Herausgegeben von Ulrike Leuschner in Verbindung mit Julia Bohnengel, Yvonne Hoffmann und Amélie Krebs. 5 Bände. Göttingen, 2007. Brief Nr. 767. 1.7.1783.

Camper: Emile den Tex, Was basalt derived from water or from fire? Dutch contributions to an 18th-century controversy. In »Dutch Pioneers of the Earth Science« Edited by Jacques L.R. Touret and Robert P.W. Visser. Koninklijke Nederlandse Akademie van Wetenschappen, Amsterdam 2004, S. 52,53. Daraus die Quelle: A.G. Camper. 1787-1788. Itinéraire de Paris par Lion, Grenoble, Montélimar, le Vivarais, Avignon, Aix, Marseille à Livorne par mer, Florence, Siene, Rome, Naples de 20 Juin à 16 Octobre 1788. Ms. Amsterdam, University Library, II E 2.

Arthur Young, Travels During the Years 1787, 1788 and 1789, Undertaken More Particularly with a View of Ascertaining the Cultivation, Resources, and National Prosperity, of the Kingdom of France. London 1792.

Lucien Scheler: Antoine-Laurent Lavoisier et le Journal d'Histoire Naturelle. Rapport vom 27.1.1787 Lavoisier, Sage und Bertholet. Revue d'histoire des sciences et de leurs applications 1961, Vol. 14, S. 1.

Bulletin de la société archéol... Drôme. Tome 27, 1893 S. 70-72.

Der Tod Buffons und die Reliquien der Vernunft (S. 95-97)

Brief an Ducros: Joelle Rochas, Du Cabinet de curiosité au Muséum: les origines scientifiques du Muséum d'histoire naturelle de Grenoble, 1773-1855, S. 255.

Geschichte des Kleinhirns: Huguette Hugonnet, Taulignan, notre village. Assoc. des Onzes Tour 1995.

Georg Holmsten, Voltaire. Hamburg 1988, S. 150ff.

Nachfolge: Brief Faujas an d'Angeviller 15.7.1788 in: E.C. Spary, Utopias Garden, The University of Chicago Press 2000, S. 161.
Historische Nachrichten und politische Betrachtungen über die französische Revolution (Christoph Girtanner, Bd. 1, Berlin 1791, 2. Aufl. 1794).

Jean-Baptiste Louis Romé de l'Isle, L'action du feu centrale bannie sur la surface de la terre et le soleil rétabli dans ses droits. Paris 1779.
Faujas an Derome Delisle 21.8.1780 aus Paris. » Faujas asks his dear friend, whether he has got a parcel through Malesherbes, and he would be surprised if not, because Malesherbes ist very exact in fulfilling those tasks. He wanted him publish it in the Journal of l'abbé Rozier (Journal de Physique). Faujas promesses to hold back an exemple of the new Cochiology (! probably Conchology) to the price paid in libraries. And he expects to see him next october«. Smithsonian Institution Libraries, Special Collections (oCoLC) ocm10150585.

Revolutionär in der Provinz (S. 99-101)

Coston IV, S. 39-43, 73-74 (eine gute Beschreibung der *grand peur*).
Affiches du Dauphiné, 12 et 26 décembre 1789.
Vedettes des Alpes Nr. 9 vom 29.11.1789, S. 71, zit. nach Edmond Maignien, Bibliographie historique du Dauphiné pendant la Revolution françaises, Grenoble 1891, S. 210.
Bulletin de la Société d'Archéologie et de Statistique de la Drôme (1914), S. 161.
Cf.D. Faucher, La Revolution à Loriol, 1788-1790, Auszug aus den Annales de l'Université de Grenoble XXVI, 1914, S. 62-64.
Bulletin de la Société d'Archéologie et de Statistique de la Drôme. Tome 55, 1921, S. 56, 149.
Jerôme Croyet, Les fêtes révolutionnaire en Dauphiné, 2007. Online.

Surveillans: Revue du Dauphiné. Publ. sous la dir. d'Olivier Jules, 1839, T. 5, S. 11 ff.

Voltaire – Friedrich der Große, Briefwechsel. München 2012. (24.10.1766), S. 492.
Camp de Jalès: Bulletin de la société d'archéologie et de statistique de la Drôme, Tome 49, 1915, S. 126.

Inventaire sommaire de la correspondance politique du Chevalier Joseph-Hycinthe de Perron de Saint Martin, Gouverneur du Duché de Savoie (8.9.1790-12.10.1791). In: Mémoires et document publiées par la Société savoisienne d'histoire et d'archéologie. Tome 77, Chambery 1952-54, S. 11.

Revolutionär in Paris (S. 103-107)

Mémoires de Larevellière-Lepaueaux: membre du Directoire executif de la République Française et de l'Institut national Paris 1895, Bd 1, S. 74.

Discours prononcé au Comité de la Propagande« par M. Duport. Paris, 1790. Bayerische Staatsbibliothek digital.

Mitglieder des Comité de la Propagande: Präsident: l'abbé Sieyès. Finanziert vom Herzog von Orléans, dem Herzog von Rochefoucault und den Beiträgen ihrer Mitglieder: Condorcet, Mirabeau, Barnave, Duport, Pethion, les trois frères de Lameth, Boissy d'Anglas, Dupont de Némours, Robespierre, Chapelier, Clark, Cholderos de Laclos, La Fayette, Bailly, Marmontel, Suard, Carra, Faujas de Saint Fond, Mercier, Camille Desmoulins, Guillotin, l'abbé Grégoire, Barrère, Verne de Genève, Laborde, Volney, Champfort, Keralio, Rabaud St. Etienne, Beaumarchais, Jurine du Luc de Lyon, Delay d'Agier maire de Romans, Grimm, Gouvion, L Couteulx, Populus, Vandemonde, comte de Choiseul-Gouffier (Marie-Gabriel-Florent-Auguste de Choiseul-Gouffier, sein Onkel war der ehemalige Marineminister Étienne-François Choiseul), Renaud de st. Jean d'Angely, Barral, de Toulongeon, Hérault, etc. (Liste mit 185 Mitgliedern, darunter auch Ausländer).

Observations de M. Faujas, Adjoint à la garde du cabinet d'Histoire naturelle du roi, spécialement chargé des correspondances des jardins du cabinet, Sur le rapport du comité des Finances de l'Assemblée Nationale, article: Jardin du Roi et Cabinet d'Histoire Naturelle, page 83. Paris, 1790. Bibliothèque du Muséum F. P. 171.

Louis Liard, L'enseignement supérieure en France, T. 2, 1789-1893, Paris 1894, S. 257ff.

Chappey, S. 158-173.

Archives parlementaire de 1787 à 1860, Première série 1787-1799. Tome XVIII du 12 Aout au 15 Sept. 1790, S. 177-178. Paris 1875.

Gillispie, S. 183.

Chappey, S. 158-173.

Blutige Jahre und nationales Aufbäumen (S. 109-115)

Jean Sentou, Révolution et Contre-Révolution dans la France du Midi: 1789-1799. Presses universitaires du Mirail, 1991, S. 22.

Pingaud, Léonce, 1841-1923: Un agent secret sous la revolution et l'empire: le comte d'Antraigues. Paris: E. Plon, Nourrit, 1893.

Jacquéline Chaumié, Le réseau d'Antraigues et la contre-révolution, Paris 1965.

Spary, S. 178. Der Brief wird zitiert aus: Joseph Fayet, La Révolution française et la science, 1959, S. 81, und Fayet entnimmt ihn Alfred Lacroix, sa correspondance, sa vie anventureuse… Tome II, page 51 note. Eigene Übersetzung.

Faujas verschwindet aus Paris (S. 117-124)

Mémoires de l'abbé Morellet, de l'Académie française, sur le dix-huitième siècle et sur la Révolution. Bd. 2, Paris, 1821, S. 62 ff., 110.

Louis de Launay, Une grande famille de savants: Les BRONGNIART. Librairie G. RAPILLY ET FILS (1940) (liefert interessante Details über die unruhigen Jahre).

Andreas Fahrmeir, Revolutionen und Reformen. Europa 1789-1850. München 2010.

Baron de Coston, Bonapartes erste Jahre; von der Geburt bis zu seiner Ernennung als commandirender General von Italien. Leipzig 1840.

Docteur Cabanes, Le Cabinet Secret de l'Histoire. Nouvelle Edition, revue et très augmentée. Quatrième série. Paris 1905, S. 62.

Anne-Marie Duport, Congrès des société populaires tenu à Valence en 1793: résistance au fédéralisme et anticipations politiques. Comité des travaux historiques et scientifiques, 1986.

Michael L. Kennedy, The Jacobin clubs in the French Revolution, 1793-1795, Berghahn Books, 2000.

Robert Poidebard, La Vie agitée d'Imbert-Colomès, premier échevin et commandant de la ville de Lyon en 1789. Société des bibliophiles lyonnais, 1942, S. 100-120.

Bulletin de la Société d'Archéologie et de Statistique de la Drôme. Tome 56, 1922, S. 362.

En avril 1913, M. D. Faucher présentait au Congrès des Sociétés-Savantes de Grenoble un mémoire sur le Comité de surveillance révolutionnaire de Loriol {Dauphiné) (1) (15 frimaire *an* II-Ier vendémiaire – *an* III (15.12.1793-2.11.1794), t. VII, S. 121-51.

Wissenschaftler im Krieg: Gillispie, S. 39. Soboul, S. 317.

Commission Temporaire des Arts: Mitgliederliste des ersten Treffens Ende August in der Bibliothèque Centrale du Muséum d'Histoire Naturelle Paris, Manuskript 315, CIPCN, 2:508-510. (Spary, S. 232).

Louis Tuetey, Procès verbaux de la commission temporaires des arts. Tome I, Paris 1812, http://annales.org/archives/1834.html

A.W. Köhler und C.A.S. Hoffmann »Neues bergmännisches Journal« Band 1, Freyberg 1795: Mitglieder des Bergwerks – Kollegiums: F.P.N. Gillet (Laumont), Lefebvre (Hellancourt), Lelievre. Inspektores. Guillot (Duhamel, der Vater), Monnet, Hassenfratz, Faujas (Saind-Fond), Schreiber, ehemaliger Vorsteher der Bergwerke von Allemont, Vauquelin, Baillet (Beloy). Ingenieurs. Guillot (Duhamel der Sohn). Lenoir. Miché. Laverriere. Odelin. Giroud. Anfry. Muthuen. Machieu (von Valenciennes). Mathieu (von Moulins). Brongniart. Aufseher über die Sammlungen. Haüy. Macquart«.

Requisitionen in Belgien, Holland und Deutschland (S. 125-134)

Der Plünderungszug ist in seinem Ablauf am besten bei Gillispie, S. 434 bis 444 beschrieben. Er unternimmt auch den Versuch einer quantitativen Bilanz. Die Spannungen zwischen den drei meist unabhängig voneinander agierenden Plünderungsgruppen werden deutlich bei Bénédicte Savoy, Kunstraub, Napoleons Konfiszierungen in Deutschland und die europäischen Folgen, Wien, Köln, Weimar 2011 S. 33-50.
Die Requisitionsroute nach Thouin: Cambrai – Valenciennes – Mons – Brüssel – Château et jardin de Lacken (in diesem Landsitz des österreichischen Generalgouverneurs haben sie unter Zerstörung der Kamine selbst die Marmorgesimse entfernt) – Malines (Mechelen) – Louvain (Löwen) – Tirlemont (Tienen) – Liège (Lüttich) – Château de Ceré (Céré-la-Ronde) – Château de Hamal – Tongres (Tongeren) – Buttes (Erdhügel) – Verviers – Theu (Theux) – Spa – Aix-la-Chapelle (Aachen) – Juliers (Jülich) – Bergheim (in der Umgebung Bemerkungen zum cleveren Holzeinschlag und zur Forstwirtschaft) – Cologne (Köln) – Brühl – Liblar (Torfstecherei) – Bonn – Château de Poppelsdorf – Montagne volcanique de Godesberg – Andernach – Koblenz – Abbaye de Laach (Maria Laach, da war Thouin nur mit Faujas auf der Suche nach Mühlsteinen aus Lava bei Niedermendig, und sie haben Saphire gefunden) – Maastricht (hier interessiert sich Thouin für Tabakkulturen und -verarbeitung, kein Wort zu Faujas' Krokodil) – Yglen (Geleen!) – Bois-le-Duc (Hertogenbosch) – Cuilembourg (Culemborg) – Utrecht – Amsterdam – Harlem – Schevenigue (Scheveningen) – La Haye (Den Haag) – Delft – Rotterdam – Den Haag – Amsterdam – Meuden (Muiden) – Naerden (Naarden) – Sousdeck (Soest) – Amersfort (Amersfoort) – Château de Loo (Het Loo, Palast des Stathouder, die Elephanten Hans und Parkie) – Zutphen – Duren (Dieren) – Velp – Arnheim – Reinken (Renkum) – Den Haag – Leyde (Leiden, dort Brugmans, S. 279) – Den Haag – Purmerend – Monnickendam (Käsefabrikation in Nordholland) – Amsterdam – Gorcum (Gorinchem) – Waahl – Dunes – Breda – Anvers (Antwerpen) – Alost (Aalst) – Gand (Gent) – Courtray – Lille – Arras – Péronne – Tourbe.

Agent d'éxtraction: Proces-verbaux du Comité d'Instruction Publique de la Convention national. Tome 4, S. 398-401, Paris 1901.

G. Hubrecht, Les assignats en Belgique. Revue belge de philologie et d'histoire, 1951, Vol. 29, S. 455.

Carmélia Opsomer, Un foyer d'études sous l'Ancien Régime: le Collège des Jésuites anglais de Liège.
F. Boyer, «Les conquêtes scientifiques de la Convention en Belgique et dans les Pays Rhénans (1794-1795)», in: Revue d'Histoire Moderne et Contemporaine, 18 (1971), S. 354-374.

Laserna Santander, Mémoire historique sur la Bibliothèque dite de Bourgogne présentement Bibliothèque publique de Bruxelles, S. 94 ff. Bruxelles 1809.
Leujeunia N° 187 17/2009 J. Beaujean, Quelques pages de la botanique au pays de Liège aux 18ième et 19ième siècles.

Brief Faujas vom 23.7.1795 aus dem *Jardin des Plantes*, *6 fructidor* III (23 août 1795). Bibliothèque municipale de Grenoble. Manuscrit de la réserve. Cote N. 3623.

Adolf Schmidt, Baron Hupsch (!) und sein Kabinett: Ein Beitrag zur Geschichte der Hofbibliothek und des Museums zu Darmstadt, 1906, S. 81-83.

Der Brief mit vollständiger Requisitionsliste: Magazin encyclopédique 1 (1795), S. 362-382 Faujas, Thouin, Lettres des membres composant la Commission des sciences et arts, près les armées de Sambre et Meuse, à la Commission temporaire des arts.
Bénédicte Savoy, Kunstraub, Wien 2011 und TU Berlin, Fachgebiet Kunstgeschichte. Kunsthistorisches Projekt zur Erforschung einer »Geteilten Sammlung« – Graphische Bestände des ehemaligen Kölner Jesuitenkollegs in Paris.

Abtei Maria Laach: 1.1.1795 und 6.1.1795 Rapports aus Bonn (Gillispie, S. 436-439). Essai de Géologie, Bd. 2, S. 631.
Lage nach dem Sturz Robespierres: Soboul, S. 389-450.
Essai de Géologie, Bd. 2, S. 341.
André Thouin, Voyage dans la Belgique, la Hollande et l'Italie, Band 1, S. 218.
Faujas in Rotterdam: Van Marum Papers, fiche No. 64-65, http://www.BritishOnlineArchives.co.uk.

Amandine Péquignot, Philippe Landegabe, Michèle Lemaire, L'histoire retrouvée de l'éléphant Hans. PDF. Hans wird von Thouin, Bd. 1, S. 257-260 ausführlich besprochen.

Reaktionen auf die Requisitionen:
Raie Thouin: Histoire naturelle de Lacépède, comprenant les cétacés, les quadrupèdes ovipares, les serpents et les poissons. Nouvelle édition 1855, S. 521.

Procès-verbaux du Comité d'instruction publique de la Convention nationale. Publiés et annotés par J. Guillaume Tome cinquième, 17 Fructidore an II (3. Sept. 1794 – 30 Ventôse an II (20.3.1795), Paris 1904.
Décade philosophique, littéraire et politique. Band 6, N° 47, 1795, S. 257-263: Carrières, de meules de moulin, à Nieder-Mennich, à quatre lieues d'Andernach. Band 7, N° 52, 1795, S. 1-11: Fin de la description des carrières volcaniques de Nieder-Mennich, près d'Andernach.
Letouzey Yvonne, Le Jardin des plantes à la croisée des chemins avec André Thouin (1747-1834), Paris, Muséum d'histoire naturelle, 1989.
André Thouin, Voyage dans la Belgique, la Hollande et Italie. Paris 1841, Band 1, S. 351.

Rückgabeforderungen:
Teunis Willem van Heiningen, The correspondence of Sebald Justinus Brugmans (1763-1819) The Hague 2009, S. 162-169.

Terror und Elend. Frankreich 1795/96:
La Révolution à Montélimar. L'affrontement entre Thermidoriens et anciens partisans de la Terreur, fait une victime innocente. A Valence, de l'imprimerie de Jean-Jacques Viret, 1795.
Coston IV, S. 318-321.
Wolfgang Kruse, Die Französische Revolution, Paderborn 2005, S. 73.
Frankreich im Jahre 1796. Aus den Briefen deutscher Männer aus Paris, Altona 1796, Band 2, S. 110 f.
(Diese Briefe deutscher Männer wurden vom ehemaligen Kapellmeister am Berliner Hof, Reichardt, zusammen mit Peter Poel 1795-1805 in Hamburg herausgegeben. Reichardt war 1792 Revolutionstourist in Paris gewesen und hatte seine Stelle nach seiner Rückkehr verloren, Poel hatte 1789 Bordeaux besucht).
Bonaparte dans une lettre au savant Oriani datée du 5 prairial an IV (24 mai 1796). In: Nicole DHombres, Revue du Souvenir Napoléonien, Numéro 340, 04/1985, S. 2-26.
Torfstecherei: Faujas, Journal des mines Band 2, Nr. 36 1796/97, Mémoire sur la terre d'ombre ou terre brune de Cologne, S. 893-913.
Brief Faujas (unbekannter Adressat) 16.3.1797, Ms 2017 (14) Bibliothèque municipale de Lyon.

Wieder von der Politik eingeholt: Der Staatsstreich vom 18. fructidor (S. 135-137)

Louis Adolph Thiers (der die Pariser Kommune zusammenschießen lassen wird), Histoire de la Revolution françaises, 1823-1827, T. 9, 9. Aufl., Paris 1839, S. 206-207.
Mémoires de Larevellière-Lépeaux: membre du Directoire executif de la République Française et de l'Institut national, Paris 1895, S. 357.
Fahrmeir, S. 87.

Konterrevolution in Montélimar: Coston IV, S. 330-331.
Buchoz. Brief Faujas vom 8.12.1797: Les Procès-Verbaux du Directoire Exécutif AnV-AnVIII. Tome III, 22.9.-20.12.1797.

Die Kunst des Mutmaßens
Spion oder Wissenschaftler? (S. 139-151)

Ferdinand Boyer, Un voyage scientifique après Campo Formio. Trois lettres de Barthélemy Faujas de Saint-Fond à ses collègues du Muséum. Revue d'histoire des sciences XXIX/4, 1976. Persée online.

Guillaume Depping, »La Première Exposition à Paris en 1798«, in: *L'Exposition de Paris (1889) publiée avec la collaboration d'écrivans spéciaux* (Paris: Charaire et Fils, 1889).
Alexander von Humboldt, Gesammelte Werke, Bd. 11, 1849, S. 167.
Alexander von Humboldt, Briefe aus Amerika 1799-1804. Hg. Ulrike Moheit. Berlin 1993, Brief 162 an Antoine Laurent de Jussieu, S. 312.
Brief v. Humboldt an Faujas ohne Datum in den *Essai de Géologie,* Bd. 2, S. 450.

Essai de Géologie, Bd. 2, S. 189. Felsenmeer.
Ilona Knoll, Der Mannheimer Botaniker Friedrich Casimir Medicus (1736-1808). Heidelberg 2003.

Essai de Géologie II, S. 572, 584, 577, 417.
Heinrich Zschokke. Miszellen für die neue Weltkunde 4, Aarau, 13. Jan. 1810.
Villefosse, De la richesse minérale. Bd. 1, Paris 1810, S. 165.
Voyage géologique depuis Mayence jusqu'à Oberstein par Creutznach, Marten-Stein et Kirn, Annales T. 5, 1804 S. 293-315.
Voyage géologique à Oberstein. Annales T. 6, 1805, S. 53-80.

Georg Christoph Lichtenberg, Schriften und Briefe. Frankfurt 1994. Bd. 4, S. 801. Brief vom 26.9.1798.

Deutsche Magazin, Hg. Christian Ulrich Detlev von Eggers, Band 19, 1800, S. 568.
Anonym, Ein Blick ins französische Direktorium und ein Wort über die Propaganda im Jahr 1799, S. 562 ff.

Die Gesellschaft naturforschender Freunde zu Berlin, neue Schriften, Bd. 2 1799, Mitteilung Landsberg aus den Tagebüchern der GNF.
Zwei Briefe von Faujas an die GNF 1798, 1799. Archiv der Gesellschaft naturforschender Freunde zu Berlin (Museum für Naturkunde der Humboldt Universität, Historische Schriftsammlung).

In Faujas' Bibliothek, die 1820 versteigert wurde, fanden sich von Karsten »Observations minéralogiques sur les montagnes de la Hesse«, 1791 und »Occupations de la Société de Berlin, 1775-1779 und »Écrits des naturalistes de cette Société«, 1780-1784, aber nicht dessen mineralogische Tabellen von 1800.
Karsten: Villefosse I, S. 243.
Karsten-Cuvier: Rudwick, S. 503.

Naturforschende Gesellschaft ›Jena‹, Jena: Göpferdt 1.1794–8/9.1801/02 [?] Unibliothek Jena u. Staatsbibliothek Berlin, Handschriften- und Sondersammlungen. 8 Hist. Nat. X. 41/2 (2-9).

Annales de chimie ou Recueil de mémoires concernant la chimie. (Sur la manière de faire cristalliser les méteaux nobles avec quelques remarques sur cet objet). Tome 28, 1798, S. 87.
Chemische Annalen von Crell 1797, Band 2, St. 8, S. 105.
Friedrich Mossdorf, Encyclopädie der Freimaurerei, Band 2. Leipzig 1824.
The Great Soviet Encyclopedia, 3rd Edition (1970-1979). © 2010 The Gale Group, Inc.
Arthur Kleinschmidt, »Russland's Geschichte und Politik dargestellt in der Geschichte des Russischen hohen Adels«, Kassel 1877, S. 192-193.
Roberjot: Procès verbaux du Directoire, t. V, PV 5 ind 4. Archives nationales Paris.

Ein Krokodil und der Verfall der wissenschaftlichen Reputation (S. 153-162)

Faujas-Saint-Fond (sic!), Histoire naturelle de la montagne de Saint-Pierre de Maestricht, Paris An VII (1799) Das manchmal zusätzlich angegebene Datum 1798 resultiert aus dem revolutionären Veröffentlichungsjahr VII: einen zweiten Band gibt es nicht, aber 100 Exemplare in Großfolio auf Velin von 1803.

J.B.G.M. Bory de Saint-Vincent, Annales générales des sciences physiques (de juillet 1819 à juin 1821). Bruxelles, S. 187-273.

Mulder, Eric Wolfgang Amadeus. 2004. »Maastricht Cretaceous finds and Dutch pioneers in vertebrate palaeontology«. In: Touret, J.L.R. & Visser, R.P.W. (eds). *Dutch pioneers of the earth sciences*, pp. 165-176. Royal Netherlands Academy of Arts and Sciences (KNAW), Amsterdam.

Rudwick, Abbildung S. 372. Jeffersons Ansicht, S. 374-375. Auseinandersetzung mit Cuvier, S. 370-373, S. 383-385, S. 402-403, S. 406-407. Lamarcks Transformismus, S. 388-392.

Faujas' Vorlesung 1.5.1802 in Essai de Géologie I, S. 3-7 und 22-23.

Florence F.J.M. Pieters, The Mosasaur collections of the Museum National d'Histoire Naturelle of Paris Bulletin de la Societe Geologique de France, January 2012, v. 183, p. 35-53 Abstract.

J.B.J. Breton, Voyage dans les départemens de la France, Enrichi de Tableaux Géographiques et d'Estampes., Paris 1801, S. 20-24. chanoine Gobin.

Leujeunia, Revue de Botanique, Nouvelle série No.184, Dec. 2008, par J. Beaujean, S. 50, Candolle.

Mémoire sur une défense fossile, Annales T. 2, 1803.

Bulletin de la Société des sciences naturelles et historiques de l'Ardèche. Privas 1861-1877, S. 34.

M. André, Théorie de la surface actuelle de la terre, ou, plutôt, Recherches impartiales sur le temps et l'agent de l'arrangement actuel de la surface de la terre, fondées, uniquement, sur les faits, sans système et sans hypothèse. Paris 1806 (André ist Fr. Chrysologue de Gy (1728-1808), ein ehemaliger Kapuzinermönch, der während der Revolution laizistisch wurde).

Cuvier et al., Rapport sur un ouvrage manuscrit de M. André…« in den Journal des Mines Nr. 126, Juni 1807, S. 413-430.

Rudwick, S. 446-459.

Cuvier, Brongniart, Essai sur la géographie minéralogique des environs de Paris. Annales T. 11, 1808.

Faujas, Des coquilles fossiles des environs de Mayence. Annales T. 8, 1806.

Daubedard de Férrusac, Notice sur les Terrains d'eau douce observés en divers lieux, et sur les Fossiles terrestres et fluviatiles. Annales T. 19, 1812.

Brief Faujas vom 9.7.1810. Chroniques Dauphinoises. Documents inédits. Vienne 1880.

Cyprien Brard, Mémoire sur les Coquilles fossiles du genre Lymnée qui se trouvent aux environs de Paris, Annales T. 14, 1809, S. 426-440. Terrains d'eau douce, T. 15, 1810.

Rachel Laudan, From Mineralogy to Geology, Chicago 1987. S. 12, 13, 16.

Charles Darwin, Brief an Henry Fawcett 1861, zit. nach Peter Rothe, Gesteine, Darmstadt 1994, S. IX.

William Maclure, Observations on the geology of the United States of America with some remarks on the effect produced on the nature and fertility of soils, by the decomposition of the different classes of rocks; and an

application to the fertility of every state in the Union, in reference to the accompanying geological map. Philadelphia 1817, S. 14.
William Maclure, John S. Doskey. European Journals of William Maclure (Memoirs of the American Philosophical Society 1988, S. 236).

Jean Gaudant, L'exploration géologique du Bassin Parisien. Quelques pionniers, le plus souvent méconnus. COMITÉ FRANÇAIS D'HISTOIRE DE LA GÉOLOGIE (COFRHIGEO) (séance du 23 mai 1990).
Chroniques Dauphinoises III-IV, S. 314, ADI, Fonds Champollion, Vol. 2 doc. N° 265.
Rudwick, S. 486-490.
Faujas-Saint-Fond, Des coquilles fossiles des environs de Mayence, Annales T. 8, 1806, S. 372.
Cuvier, Brongniart, Essai sur la géographie minéralogique des environs de Paris, Annales T. 8, 1808, S. 421-458.
François Sulpice Beudant, Mémoires sur la possibilité de faire vivre des mollusques fluviatiles dans les eaux salées, et … les eaux douces, considérée sous le rapport de la géologie. Journal de Physique 1826. Gelesen in der Académie des sciences am 13.5.1816.
Robert Jameson, Mineralogy of the Scottish Isles: with mineralogical observations made in a tour through different parts of the mainland of Scotland: and dissertations upon peat and kelp, Vol. 1 Edinburgh 1800, S. 5.
Emile den Tex, Was basalt derived from water or from fire? Dutch contributions to an 18th-century controversy. In: Dutch Pioneers of the Earth Science. Koninklijke Nederlandse Akademie van Wetenschappen, Amsterdam 2004, S. 50-51.
Rapport Historique sur les Progrès des Sciences Naturelles depuis 1789 et sur leur État actuel. Présenté à Sa Majesté l'Empereur et Roi, en son Conseil d'état, le 6 Février 1808, par la Classe des Sciences physiques et mathématiques de l'Institut, conformément à l'arrêté du Gouvernement du 13 Ventôse an x. Redigé par M. Cuvier, Paris 1810.

Ein trügerischer Frieden und ein Feuerwerk von Publikationen (S. 163-171)

Roger Dufraisse, Napoleon. Revolutionär und Monarch. München 2002.
Soldat Pie: Brief Faujas an den prefet du départément de la Drôme 18.7.1800. Société d'archéologie et de statistique T. 17, S. 442.
Brief Faujas an Geoffroy Saint-Hilaire 29 ventôse an IX (20.3.1801) aus dem *Jardin des Plantes*, Smithonian Insitution Libraries, Special Collections (oCoLC) ocm10150585.
Brief Faujas aus Montélimar an Louis Claude Desaulces de Freycinet, 11.6.1804. Libraries Australia http://trove.nla.gov.au/work/3884742238 847422, Manuscript reference no.: MS Acc10.186.

Jean-Daniel Candaux, Nicolas-Théodore de Saussure et ses archives. Un survol documentaire (Suisse), dans Paul Robin, Jean-Paul Aechlimann et Christian Feller [dir.], Histoire et agronomie. Entre ruptures et durée, collection Colloques et séminaires, Paris, IRD éditions, 2007, pp. 269-283.

Brugnatelli, Diario del viaggio compiuto in Svizzera e in Francia con A. Volta nel 1801«, Pavia 1953.

Leben des Grafen Kaspar von Sternberg.Von ihm selbst beschrieben, nebst einem Akademischen Vortrag über der Grafen Kaspar und Franz Sternberg Leben und Wirken für Wissenschaft und Kunst in Böhmen, zur fünfzigjährigen Feier der Gründung des Böhmischen Museums. Herausgegeben von Dr. Franz Palacky. Prag 1868, S. 64.

Sternberg, Annales T. 5, 1805, S. 462-470.

Bulletin Société d'Encouragement pour l'industrie nationale. Procès-verbeaux des scéances An XI (1802-3) – 1812.

Recherche de C. Faujas, Sur une Terre propre à faire des briques, qui nagent sur l'eau. Magasin encyclopédique 1800, tome 34, S. 386.

Faujas an Molard. Aus dem *Jardin des Plantes* 21.10.1812. Katalog der Handschriften (Catalogus van de handschriften in de Universiteitsbibliotheek Vrije Universiteit Amsterdam) 45 At i.

Faujas de Saint-Fond, Notice sur un essai de culture de la patate rouge de Philadelphie dans les environs de Paris. Annales T. 5, 1804.

Jean Brelot,Gustave Duhem, Histoire de Lons-le-Saunier, 1957, S. 13.

Louis Aguillon, Notice Historique de l'Ecole des Mines de Paris. École Polytechnique, Livre du Centenaire (1794-1894), tome III, Gauthier-Villars, 1897. IV. Kap. Recherches pour la création des écoles pratiques 1795-1802.

Zertifikat vom 21.7.1799 für Leopoldo Fabbroni, er habe »théorie de la terre« bei Faujas studiert. Muséum National d'Histoire Naturelle, B F113.

S.W., F.R.S.F.A.S. = Stephen Weston, The Praise of Paris or, a sketch of the capital; in extracts of letters from France in the summer of 1802, London 1803, S. 57-59.

Intelligenzblatt der Allgemeinen Literaturzeitung Nr. 141 vom 21. August 1802.

Wahlrecht für die écoles spéciales: 29.11.1804 Séance du lundi 28 brumaire an 13. Procès-verbeaux de l'Académie. Tome III 1804-1807, S. 152 ff.

Lazzaro Spallanzani, Voyage dans les deux Siciles et dans quelques parties des Apennins, Paris an VIII (1799/1800) 6 Bände, übersetzt von Amaury Duval (Bd. 1) und G. Toscan (Bd. 2-6). Mit Anmerkungen von Faujas de St. Fond. Ab Band 4 keine Anmerkungen. Band 1, S. 198 ein Hinweis auf zwei Abbildungen in La Décade Philosophique Nr. 48 und 52. Die Literaturangabe von Faujas ist nicht korrekt. Die Beiträge zum Vulkansteinbruch in Nieder-Mennich sind in Band 6, Nr. 47, S. 257-263 und in Band 7, Nr. 52, S. 1-11, mit einer Abbildung des Steinbruchs.

Faujas de Saint-Fond, Essai de Géologie ou Mémoires pour servir à l'histoire du globe, Paris 1803 (Band 1), 1809 (Band 2).

Société d'Émulation de la Vendée BIB PC 16 art. 17 – Jean-Augustin Poëy-d'Avant et son cabinet d'antiquités/A. Bitton. In: Annuaire départemental de la Société d'émulation de la Vendée, 1889, 3e série, vol. 9, p. 62-80. Vie et oeuvre de Jean-Augustin Poëy-d'Avant (1736-1801), avec des extraits de sa correpondance, échangée avec divers grands savants de son époque (de Jussieu, Lakanal, Berholet, Faujas, Cavoleau). Brief Faujas vom 18.10.1800.

Für die Reiseroute 1800: Magasin encyclopédique 1800, Tome 34, S. 386.

Brief Faujas an Oberlin vom 26.11.1800. Bibliothèque National de France (BnF), Archives et manuscrits. Recueil des lettres adressées à Oberlin. Allemand 192-204 cote (http://archivesetmanuscrits.bnf.fr/).

Voyage géologique depuis Mayence jusqu'à Oberstein, par Creutznach, Martenstein und Kirn. Annales T. 5, 1806, S. 293.

Voyage géologique à Oberstein. Annales T. 6, 1805, S. 53.

Mémoire sur les roches de trapps. Annales T. 19, 1812, S. 471.

Essai de Géologie, II, S. 264.

Histoire naturelle des roches de trapps considéré sous les rapports de la géologie et la minéralogie. 2. vollständig überarbeitete Ausgabe, Paris 1813, S. 49.

François Ellenberger. La Dispute des Lignites du Soissonnais, Séance du 23.2.1983. Travaux du Comité Français d'histoire de la géologie, 2. série, T. 1, 1983.

1805-1807: Italien und darüber hinaus (S. 173-179)

Marzari Pencati, Descrzione del Tachigoniometro, nuovo strimento geodetico. Milano 1811, S. 72.

Molon, Francesco. Sulla la vita e Studi del Co. Giuseppe Marzari-Pencati geologo vicentino. Vicenza, Burato, 1874.

Corsa del bacino di Rodona et per la Ligyria d'occîdente, etc.; c'est-à-dire, Course dans le bassin du Rhôn et et dans la Ligurie occidentale, ... par J. Marzari-Pencati, de Vicenze, de la Société Olympique; Membre de la Société, des Naturalistes de Genève. A Vicenze, de l'imprimerie de Paroni. 1806.

Essai de Géologie II, S. 375.

Annales T. 3, 1804, S. 139.

Essai de Géologie, Bd. 2, S. 642.
Voyage géologique au volcan éteint de Beaulieu (Annales T. 5, 1806).
Sur le gisement des poissons fossiles et sur les empreintes de plantes d'une des carrières à plâtre des environs d'Aix, département des Bouches-du-Rhône« (Annales T. 9, 1808, S. 220).
Voyage géologique de Nice à Menton, Vintimille, Port-Maurice (Imperia)..., Annales T. 9, 1808, S. 189.
Voyage géologique sur le MONTE RAMAZZO dans les Apennins de la Ligurie...«, Annales T. 8, 1806, S. 313.
Guiseppe Pipino, Oro, Miniere, Storia. Miscellanea di giacimentologia e storia mineraria italiana, 2003, S. 136.

Lettre à M. Lacépède sur les poisson fossiles du golfe de *la Spezzia* et de la mer de Gènes. Annales T. 8, 1806, S. 365.

Mémoires par Humbert-Bazile, son secrétaire, mis en ordre, annotés et augmentés de documents inédits par Henri Nadault de Buffon, Paris 1863, S. 174.

Virgilio Ilari e Piero Corociani, La Marina Ligure di Napoleone (1797-1814).

Essai de Géologie, Bd. 2, S. 518.
Brief Faujas aus Padua an die Kollegen im Muséum 13.1.1806. Bibliothèque Muséum nationale d'histoire naturelle Paris: Ms 1975/751.
Marzari-Pencati, Cenni geologic e litologici sulle Province Venete e sul Tirolo in den Supplementen der Zeitung: Osservatore Veneziano Nro. 118-127, 1819. Journal de physique, de chimie, d'histoire naturelle et des arts, Band 93, 1821, S. 181-193.
LETTRE de M. RAMPASSE, ci-devant officier d'infanterie légère corse, à M. FAUJAS-DE-SAINT-FOND BASTIA, 8 Janvier 1806 Adressée à Mr Faujas de-Saint-Fond suivie de sa réponse datée 10 mai 1806. Paris chez Tourneisen. In den Essai de Géologie, Bd. 2, S. 690 eine Diskussion des Briefes, der als Korrespondenz in den Annales T. 8, 1806, S. 470-475, abgedruckt ist.
10.4.1807 Brief von Maximilien Spinola über einige wenig bekannte Fische im Golf von Genua: Lettre sur quelques poissons peu connus du golfe de Gênes, adressée à M. Faujas de Saint-Fond. Annales T. 10, S. 366-380.

20.1.1807 Francesco Orazio Scortegagna (oder Scortigagna) offener Brief an Faujas über einen versteinerten Fisch: »Memoria epistolare per servire di schiarimento alla descrizione di un pesce petrificato scavato in altissimo nelle vicinanze di Bolca ... a Monsieur Faujas-de-Saint-Fond ... Padova, nel seminario«.

Ein erheblicher Teil der wissenschaftlichen Ausbeute dieser Reise ist im 2. Band seiner »Essai de géologie« von 1809 ab Seite 506 beschrieben. Die Annales veröffentlichen zwischen 1806 und 1808 zahlreiche Beiträge von

Faujas, Vauquelin, Laugier u.a., in denen auch Orte zur Sprache kommen, die von Faujas selbst nicht erwähnt werden und in denen einzelne Fundstücke einer chemischen Analyse unterzogen werden.

Der Geologe im Krieg (S. 181-193)

Consiglio delle miniere: Fonti documentarie Legislazione storica Contesti istituzionali Regno d'Italia (1805-1814). *Bollettino delle leggi del Regno d'Italia. Parte seconda. Dal 1 Luglio al 31 Dicembre 1805*, Milano, Presso la regia stamperia Veladini in Contrada S. Radegonda, 1805.

Giuseppe Pipino, Oro, Miniera, Storia. Miscellanea di Giacimentologica (Lagerstättenkunde) et storia mineraria italiana, Museo Storica d'oro, Ovada 2003.

Donata Brianta, Europa mineraria. Circulazione delle élites e trasferimento tecnologico (Secoli XVIII-XIX) 2007, S. 385.

Brocchi und Cortesi: Rudwick S. 522. Ménard de la Groie, Sur un nouveau genre de Coquille de la famille des Solénoides. Annales T. 9, S. 113.

Napoleon, Archives de l'Empire. Instructions pour un officier chargé d'étudier les mouvements de troupes en Souabe et dans le Tyrol au maréchal Berthier Paris, 9 nivôse an XIII (30 décembre 1804). In: Jean Servant, Les Espions de Napoleon, Paris 1957.

Napoleon: Stuttgart, 19 janvier 1806 Au maréchal Berthier. In Braunau wird am 26.8.1806 der Nürnberger Buchhändler Palm auf Befehl Napoleons erschossen. Bernadotte hat am 24.2.1806 das Fürstentum Ansbach besetzt, es kam am 24.5.1806 an Bayern wie schon zuvor das Fürstentum Eichstätt am 11.3.1806.

Napoleon: Stuttgart, 20 janvier 1806 A M. Lebrun. Paris, 31 janvier 1806 Au maréchal Berthier. Beide Briefe in: Correspondance de Napoléon Ier publiée par l'ordre de l'Empereur Napoléon III. Tome 11, Paris 1863.

Mémoires et correspondance politique et militaire du prince Eugène, Paris 1858, Bd. 2.

Violette M. Montagu, Eugène de Beauharnais, The Adopted Son of Napoleon. London.

21.10.1806 Brief Eugène de Beauharnais aus Udine an Faujas. Verkauf durch Librairie Ancienne Clagahé 38 rue Auguste Comte.

Baader, Projet d'une nouvelle machine hydraulique pour remplacer l'ancienne machine de Marly, suivi d'un Apercu d'un autre moyen de fournir des eaux de la ville er aux jardins de Versailles, sans employer la force motrice de la rivière. Paris 1806.

Oberdeutsche Litteraturzeitung (sic!) Nr. 95, 15.8.1806. Datum des Briefes 1.8.1806.

Weber, Wolfhard, »Reichenbach, Georg Friedrich von«, in: Neue Deutsche Biographie 21 (2003), S. 302-304 [Onlinefassung], http://www. deutsche-biographie.de/pnd118788183.html.

Extrait d'une Lettre écrite par un Voyageur attaché aux Salines du Royaume de Bavière, ... sur les Tablettes de graduation, imaginées par M. Baader, juin 1807, Journal des mines Nov. 1807, S. 379-382.

Allgemeiner Anzeiger der Deutschen Nr. 189, 15.9.1807.

Description et Théorie des Soufflets cylindriques anglais, ... Par Joseph Baader, ... Journal des mines Febr. 1809, Nr. 146, S. 81-128, Fortsetzung in Nr. 147.

Rogere Dufraisse, L'Influence de la Politique Economique Napoléonienne sur l'Economie des Etat du Rheinbund. S. 271-287 (L'Allemagne à l'epoque napoléonienne), Bonn 1992.

Brugnatelli, Luigi Valentino. Beobachtungen über einige besondere Eigenschaften der Kohle. Gehlen, Journ. II., 1806, pp. 553-563. Annales de Chimie et de Physique 1807. Tome 64, S. 317.

Caffarelli und Cadolino: Virgilio Ilari e Piero Crociani, La Marina italiana di Napoleone (1796-1814), Online Journal de Chimie et de Physique vom 31.10.1807 (Tome 64, S. 317).

Archives Beauharnais (Beauharnais Papers) Princeton University Library – Collections – Beauharnais Italy – Nr. 14 Call number C0645 – Electronic access: Subseries 2 B Caffarelli 1806-1810 (Box 38, Folder 1) – Report to Beauharnais from Marie-Francois Caffarelli – 1.3.1807. http://www.princeton.edu/~rbsc.

Jean François Albanis de Beaumont, Tagebuch der Reise nach Paris vom 14.2.-18.3.1808. Sabaudia, Revue historique, artistiue, scientifiue, industrielle et littéraire du pays des Allobroges et de l'ancien Duché de Savoie. Chambery 1872.

Général Désiré Chlapowski, Mémoires sur les guerres de Napoléon 1806-1813«, Paris 1908, S. 61.

Menso Folkerts, Gleb K. Michajlov (Hg.), Graf Georg von Buquoy und die Dynamik der Systeme mit veränderlichen Massen. Die Reise eines böhmischen Grundherrn und Naturforschers nach Paris (1815). Augsburg 2010, S. 137.

Archives nationales Paris. Grande Chancellerie de la Légion d'honneur. LH/3271-LH/3363 Dossiers de secours et pensions aux Légionnaires. Faujas de Saint-Fond. 1808-1814 (Faujas unter LH 3359 serie N3b und propositions individuelles unter LH 3113 serie M2a) III2112.

Fossilien menschlicher Geschichte (S. 195-196

Brief Faujas vom 4.11.1810: Chroniques Dauphinoises III-IV, S. 292.

Abbildung in: Brard, Mémoires de l'Académie royale des sciences, belles-lettres et arts de Lyon. Tome 12, 1862, S. 223-224.

Baron Walckenaer, Géographie ancienne historique et comparée des Gaules cisalpine et transalpine, Tome 2, S. 209, 210. Briefe vom 1. und 2. Mai 1810. Paris 1839.

Bulletin de la société d'archéologie et de statistique de la Drôme, Tome 49, 1915. Brief vom 14.4.1817 an Vincent Delacroix.

Mémoires de l'académie celtique ou Recherches sur les antiquités celtiques, gauloises et françaises. LAS du Jardin des plantes [à Paris], le 16 mai 1810 à M. Bellanger, architecte du gouvernement. Collection Crawford.

C.P. Brard, Lettre à Champollion-Figeac sur les insectes découverts dans une momie égyptienne du cabinet des antiquités de Grenoble, Musée de Servoz (Savoie), 21 décembre 1812 (ADI, Fonds Champollion, vol. 3, document n° 295.

27.3.1812 Lettre Faujas à Champollion-Figeac, Loriol (ADI, Fonds. Champollion, vol. 3, document n° 185). Auch zugänglich in: Rochas, Curiosité et momies: la part de l'égyptologie dans les cabinets dauphinois (XVIIIe – XIXe siècles), S. 9. Es geht um Rezepte für Hautkrankheiten aus alten koptischen Manuskripten.

8.3.1814 Lettre de Faujas aus Loriol an Champollon-Figeac (ADI, Fonds Champollion, Vol.4. f 23 und (S. 328, 329). Es geht um den Verlust eines Löwenfells durch Schlamperei der Post, das Faujas von Loriol aus nach Paris zur Konservierung geschickt hat. Und um seine Sorge um Brard, der wahrscheinlich wegen Kriegshandlungen um Genf in Servoz festsitzt (westlich von Chamonix am Mont Blanc, wo Brard seit 1813 Minendirektor – Kupfer, Blei, Silber – geworden war).

Alle Briefe: Bibliothèques municipales Grenoble.

Brief Jacques Josef Champollion an seinen Bruder vom 23.11.1807. Chroniques Dauphinoises III-IV, S. 391.

H. Hartleben. Champollion. Sein Leben und Werk. Bd. 1, Berlin 1906.

Die letzten Jahre unter Napoleon (S. 197-198)

Antoine Guillois, Le salon de madame Helvetius. Paris 1894, S. 243.

Mémoires du duc de Rovigo, pour servir à l'histoire de l'Empereur Napoléon. Paris 1828.

Catalogue D'Un Cabinet De Livres [de Faujas de St.-Ford], Plus Particulièrement Sur Les Sciences Naturelles Et Sur Les Arts, Les Belles-Lettres ...: Dont la vente se fera le Lundi 1er Juin 1812. Berlin, Staatsbibliothek zu Berlin – Preußischer Kulturbesitz, Haus Potsdamer Straße 1a, Unter den Linden, Rara-Lesesaal Sign. RLS Dr 269. PPN: 36609386X.

Sur le gisement d'un Charbon fossile (lignite) du département du Gard. Journal des mines Febr. 1810, N° 158, S. 155.

Mémoire sur le phornium tenax, improprement appelé lin de la Nouvelle-Zélande. Annales T. 19, 1812.

Georges Lefebvre, Napoleon. Stuttgart 2009, S. 352.

Von den Bourbonen zu den Bourbonen (S. 199-200)

Histoire naturelle de diverses substances silicieuses, passées à l'état de pechstein ou pierre de poix, par l'action des feux souterrains (Mémoires T. 2, 1815).

Nouvelle notices sur les plantes fossiles renfermées dans un schiste marneux des environs du Chaummerac et de Rochesauve (T. 2, 1815).

Des émaux, des verres et des pierres ponces des volcans brûlants et des volcans éteints (T. 3, 1817). Die politischen Ereignisse und Hungerrevolten haben zwei Jahre zwischen Tome 2 und Tome 3 der Mémoires gelegt.

Notice sur quelques coquilles fossiles des environs de Bordeaux (T. 3, 1817).

Notice sur quelques-unes des plantes fossiles qu'on trouve dans les couches calcaires du Monte-Bolca, dans le Véronais, et de Vestena-Nova dans le Vincentin (T. 5, 1819).

10.6.1818 Letzte Vorlesung über Geologie im Jardin du Roi (in Freycinet, Essaie sur la vie … 1820).

The Carlyle Letters Online. Volume 1, 1812-1821. To Robert Mitchell 14 July 1819.

Humbert-Bazile et Henri Nadault de Buffon (Hg.). Buffon. Sa famille, ses collaborateurs et ses familiers, Bd. 1, S. 154, S. 163. Faujas, Carnet de Voyage. Paris 1863.

Dethier: Bulletin de l'Institut archéologique liégeoise. Tome XIII. Liège 1877, S. 101-102.

Gefecht in Loriol: Alphonse de Beauchamp, Histoire des campagnes de 1814 et 1815. Paris 1817. Séconde partie. Tome 1, S. 425.

Golo Mann, Friedrich von Gentz, Frankfurt 2011, S. 294.

18.7.1819: Tod in Loriol (S. 201-202)

Éloges de MM. Brugmans et Faujas de St.-Fond, par M. Bory de St.-Vincent, Bruxelles 1819, S. 7 ff.

Bory de Saint-Vincent, Annales générales des sciences physiques 1819, S. 187-273.

De Freycinet, Essai sur la vie, les opinions et les ouvrages de Barthélemy de St-Fond,, Administratuer du Jardin Du Roi, Professeur de Géologie au Muséum d'Histoire Naturelle, Membre de diverses Sociétés Savantes; et Chevalier de la Légion d'Honneur. Valence 1820.

La France littéraire, ou Dictionnaire bibliographique des savants … Joseph Marie Quérard, Paris 1829.

Coston I, S. 515.

Catalogue Des Livres De Feu M. B. Faujas De Saint-Fond, Professeur, Administrateur du Jardin du Roi, du Musée d'Histoire naturelle, ...: Dont la Vente se fera le Mardi 7 Mars 1820 ... Berlin, Staatsbibliothek zu Berlin RLS Dl 1249. PPN: 427804620.

Alphabetische Liste mehrfach zitierter Werke

L.W.B. *Brockliss*, Calvet's Web, Oxford 2002.

Jean-Luc *Chappey*, Des naturalistes en Révolution. Les procès-verbaux de la Société d'histoire naturelle de Paris (1790-1798), Paris, CTHS, 2009.

Adolphe de *Coston*, Histoire de Montélimar et des familles principales qui ont habité cette ville, Montélimar, 4 Bände, 1878-1891.

Clarisse *Coulomb,* Les Pères de la Patrie. La société parlementaire en Dauphiné au temps des Lumières, Grenoble 2006.

Heather *Ewing*, The lost world of James Smithson, New York 2007.

Andreas *Fahrmeir*, Revolutionen und Reformen. Europa 1789-1850, München 2010.

Charles Coulston *Gillispie*, Science and Polity in France, Princeton University Press 2004.

Dena *Goodman*, The Republic of Letters, Cornell University Press 1994.

Martin J.S. *Rudwick*, Bursting the limits of time, University of Chicago Press 2005.

Ernst *Schulin*, Die Französische Revolution, 4. Auflage, München 2004.

Albert *Soboul*, Die große Französische Revolution, Frankfurt 1983.

E.C. *Spary*, Utopias Garden, The University of Chicago Press 2000.

Zeittafel

17.5.1741	Barthélemy Faujas geboren in Montélimar
1753	*Collège de la Trinité* der Jesuiten von Lyon
1762	Advokat im *Parlement* von Grenoble
1765	Heiratet Marguerite Richon-Desmarais aus Taulignan. Vier Kinder *vice-sénéchal* in Montélimar (Präsident des erstinstanzlichen Gerichts) Erbt die Domäne Saint-Fond in Loriol und nennt sich Faujas de Saint-Fond
1771	Kontakte mit dem Medizinprofessor und Antiquitätensammler Calvet in Avignon und den Gründern des naturhistorischen Museums von Grenoble, *Père* Ducros, dem Arzt Gagnon und dem Intendanten des Dauphiné Pajot de Marcheval
1773	Eröffnung einer Eisenerzader in La Voulte an der Rhône
1774	Kontakt mit dem Präsidenten der wissenschaftlichen Gesellschaft Séguier in Nîmes. Erste Reise nach Paris
1775	Eröffnung eines Steinbruchs für Pouzzolan am Chenavari bei La Voulte
1775/76	Faujas de Saint-Fond zusammen mit den Botanikern Villars und Liotard und dem Arzt und Mineralogen Guettard im Auftrag von Pajot de Marcheval auf Erkundungsreise des Dauphiné zur Bereicherung des naturhistorischen Museums von Grenoble
1776	Faujas sucht Verbindung mit Buffon
1777	Neuausgabe der Werke des Alchemisten Bernard Palissy
1778	Erloschene Vulkane: *Recherches sur les volcans eteints du Vivarais et du Velay* Verkauft seine *charge de vice-sénéchal* und wird Adjudant Buffons im *Jardin du Roi* in Paris
1781	*Histoire naturelle de la province du Dauphiné*, die Ergebnisse der Reise von 1775
1782/83	Besuche von naturhistorischen, chemischen und technischen Kabinetten in Paris
1783	Propagandist der Ballonaufstiege Lehrer an der *École des Mines* (Bergbauschule) Zollrecht auf Pouzzolan
1784	Reise nach England und Schottland
1785	Kommissar zur Inspektion der Fabriken, der Kanonen und der Wälder Handelsprivileg für Teer. Teilhaber an einer Kohlegesellschaft

1788	Tod Buffons. Faujas bekommt dessen Kleinhirn
1789	Emissär des Kommandeurs der Nationalgarde Lafayette zur Vereinigung der Milizen des Vivarais (*Fédération de l'Étoile*)
1790	Teilnehmer am *Discours prononcé au Comité de la Propagande* (Freimaurer)
	Mitglied in der *Société d'histoire naturelle*
1791	Vorsitz in der Bruderschaft der Wächter in Loriol (*Société des frères surveillans*)
	Delegierter in Valence zur Bildung der konstitutionellen Kirche
	Haftbefehl des Königs von Sardinien
	Mitverfassers des demokratischen Statuts für den *Jardin des Plantes*
1792	Requisitionen in adligen Besitztümern in der Umgebung von Paris
1793	Gründung des *Muséum d'histoire naturelle*. Faujas wird Professor für Geologie und verschwindet aus Paris
	Schändung des Grabes der Madame Sévigné in Grignan
1794	Reorganisation der *Agence des Mines*. Faujas bleibt Bergwerksinspektor
1794/95	Requisitionen in Belgien, Holland und Deutschland
1797	Vermittllungsversuch zwischen Royalisten und Putschisten vor dem 18. *fructidor*.
	13 Jahre nach der Reise: *Voyage en Angleterre, en Écosse et aux îles Hébrides*
1798	Observationsreise nach Deutschland
1799	*Histoire naturelle de la montagne de Saint-Pierre de Maestrich*. Der Mosasaurus
1804	Mitglied in der *Académie celtique*
1805-1807	Reisen nach Italien. Mineninspektor in den Kriegen Napoleons
1807/08	Der Hieroglyphenentzifferer Champollion zur Pension bei Faujas
1814	Faujas feiert die Rückkehr der Bourbonen
1815	Rückgabeverhandlungen über die Requisitionen in Holland
18.7.1819	Tod in Loriol

Der Autor

Helmut Veil, geb. 1943, war Allgemeinarzt in Frankfurt am Main und beschäftigt sich seit Jahrzehnten mit der Geschichte der Naturwissenschaften. Er untersucht die kulturellen und ideellen Voraussetzungen epochaler Gärungsprozesse der Naturerkenntnis, in denen sich festgefügte Erklärungsmuster zersetzen und neue noch nicht etabliert haben.

Bisher erschienen

Von der Meteorologie der Sphären zum irdischen Vakuum. Wissenschaft und Religion im Barock. Ein intellektuelles Milieu – wiederbelebt aus Erasmus Franciscis Diskurs über die Luft · 2009 · ISBN 978-3-934157-99-6 · Hardcover · 384 Seiten · 51 Abbildungen · Buchausgabe: 42,– Euro · E-Book (PDF): 18,– Euro

Geistesblitz und kühne Vermutung. Eine historische Studie zur Spekulation in den Naturwissenschaften – Ptolemäus, Cusanus, Fracastorius, Stahl, Yukawa · 2010 · ISBN 978-3-941743-08-3 · Broschiert · 120 Seiten · 18 Abbildungen · Buchausgabe: 19,80 Euro · E-Book (PDF): 9,80 Euro